U0161130

发电厂和变电站
电磁兼容导则

国际大电网会议（CIGRE） 著

温才权　刘洪顺　黄叙银　焦重庆　张卫东

陈希艳　李　宁　余　江　庞福滨　赵明敏

何学东　赵　军　黄　健　胡　鑫　译

中国电力出版社
CHINA ELECTRIC POWER PRESS

版权说明：

本书由温才权、刘洪顺等译自 CIGRE 所著的 *CIGRE Technical Brochure 535 "EMC within Power Plants and substations"*。

《发电厂和变电站电磁兼容导则》经 CIGRE 许可，*EMC within Power Plants and substations*, © 2013。

图书在版编目（CIP）数据

发电厂和变电站电磁兼容导则 / 国际大电网会议（CIGRE）著；温才权等译. —北京：中国电力出版社，2021.12
书名原文：EMC within Power Plants and substations
ISBN 978-7-5198-5955-8

Ⅰ．①发…　Ⅱ．①国…②温…　Ⅲ．①发电厂–电磁兼容性②变电所–电磁兼容性　Ⅳ．①TM62②TM63

中国版本图书馆 CIP 数据核字（2021）第 180953 号

北京市版权局著作权合同登记　图字：01-2022-5299

出版发行：中国电力出版社
地　　址：北京市东城区北京站西街 19 号（邮政编码 100005）
网　　址：http://www.cepp.sgcc.com.cn
责任编辑：罗　艳（010-63412315）
责任校对：黄　蓓　王海南
装帧设计：张俊霞
责任印制：石　雷

印　　刷：三河市百盛印装有限公司
版　　次：2021 年 12 月第一版
印　　次：2021 年 12 月北京第一次印刷
开　　本：710 毫米×1000 毫米　16 开本
印　　张：18
字　　数：319 千字
印　　数：0001—1000 册
定　　价：128.00 元

版 权 专 有　侵 权 必 究
本书如有印装质量问题，我社营销中心负责退换

译者序

电磁兼容是近年来引人注目的技术发展课题之一。在电力系统中，以微电子技术和计算机技术为基础的电子设备在保护、测控、通信等方面的广泛应用，提高了电力系统运行和管理的技术水平，但同时由于这些微电子设备都是电磁骚扰的敏感者，而电力系统本身又是一个强大的电磁骚扰源，特别是高压变电站的电磁环境更为恶劣，因而所面临的电磁兼容问题更为突出和尖锐，已成为国内外广大电力工作者关注的焦点。

从提出保护室等电位接地网的要求到现在，时间已过去 20 多年，在这期间，保护装置发生了翻天覆地的变化，国外发电厂和变电站的电磁兼容研究也取得了较大的进展。国际大电网组织 36.04 工作组在 1997 年 12 月出版了第一版的发电厂和变电站电磁兼容导则，2013 年 C4.208 工作组又对其进行了更新。它概括了此前在有关电磁骚扰源、骚扰的耦合路径和抑制骚扰的措施等的研究成果和实践经验，比较全面地论述了发电厂和变电站的电磁兼容问题。本导则最大的特点就是理论联系实际，既有有关规则的具体规定，又有从基本物理概念上对规定的解释和具体的实施措施，对电力设计、施工和运行维护部分有关的工程技术人员而言，无疑既是一份可操作的导则，又是一份很好的教材。

本导则由中国南方电网超高压输电公司梧州局组织翻译，第 3 章由刘洪顺、余江翻译，第 4 章由焦重庆、庞福滨、赵明敏翻译，第 5 章由张卫东、何学东、赵军翻译，第 6 章由陈希艳、李宁翻译，第 7 章由黄叙银、黄健、胡鑫、温才权翻译。李宁、赵军、温才权对全部译文进行校核。在此特别感谢原作者的辛勤付出，特别要感谢崔翔老师对本翻译工作的指导，还有杨吟梅、曹荣江、邵方殷对 1997 年第一版著作翻译的贡献。

由于导则内容涉及专业面较广，翻译出版时间仓促，错误难免，望读者指正。

译 者

2021 年 12 月

WG C4.208 工作组成员

W.H.Siew（召集人）—英国

Akihiro Ametani—日本

Xiang Cui—中国

Roy Hubbard—南非

Purshottam Kalky—印度

Qingmin Li—中国

Neil McDonagh—爱尔兰

Peeter Muttik—澳大利亚

William Radasky—美国

Patricio Munhoz Rojas—巴西

Pieter Pretorius—南非

Joao Saad Junior—巴西

Ener Salinas—瑞典

David Thomas—英国

John Van Coller—南非

Xiaowu Zhang—中国

编 委 会

W.H.Siew，A Ametani，R.Hubbard，Q Li，P.Muttik，P.Rojas，E.Salinas，D.Thomas，J.VanColler

导则编写过程中还得到了以下人士的大力支持：

Jean Hoeffelman（比利时）

目 录

① 概 述

随着发电厂、变电站、电力控制中心和电网的结构越发复杂，对可靠性的要求也越来越高。

为了满足相关的技术需求，越来越多的现代电子系统正在投入使用，与此同时，电磁兼容相关问题的重要性也愈发突显。目前应用的电子系统为用户提供了重要的计算能力及便捷可靠的信息，使在线自动化成为可能。本导则关注的重点场景主要是高压变电站和集中式发电厂，但其中涉及的基本原则也同样适用于电力系统中的其他场景。

技术的进步已经逐步降低了逻辑状态切换所需的能量，提高了能量传递的效率，降低了组件正常运行所需的能量。这些技术发展趋势也使现代自动化设备和通信设备对电磁干扰（EMI）的固有敏感度有所提高。

CIGRE 曾于 1997 年 12 月出版 EMC 导则 124，为电力系统电磁兼容方面的现场工程师提供参考。此后，电网控制与监测的情况已经发生重大改变，包括智能电网的引入、配电层面的变化，还包括光纤技术的广泛使用、分布式电子技术（或集成电子传感器/系统）的应用等。随着以上技术的进步，加之从导则用户处收集到的反馈，CIGRE 决定重新审定并更新原有的导则。特别要指出的是，本导则的总体结构已经基于用户的反馈做出相应调整。

由于导则各个章节均由不同成员进行编写，编委会已尽最大努力进行调整，以确保整体文件的一致性，但是可能仍然存在一些格式上的差异。

1.1 背 景 介 绍

在设备投入使用后，电磁干扰可能会导致设备出现错误或故障。经验表明，在很多情况下，电磁干扰的问题很难彻底解决，如果不能正确诊断问题所在并提出解决方案，那么问题仍会复现。

每一次干扰问题的发生，都会涉及骚扰源、耦合途径和敏感设备三大部分。一旦干扰与其耦合系数的乘积超过设备的抗扰度阈值，抗扰度裕量不足，就会产生干扰问题。因此，有效的电磁兼容（EMC）设计意味着需要连续获取和保持所需的适当裕度。

实际上，潜在骚扰源、耦合机理、耦合路径以及易受干扰设备的大量可能性组合，使得在设计阶段对每一种组合进行检查显得既困难且昂贵。此外，每个设备的具体配置以及所处的电磁环境都是独一无二的，且可能随时间产生变化，因此，要根据一个装置的测量结果对另一个装置的电磁环境进行假设也并不是完全准确的。

最实用的也是唯一的一个办法就是利用不同设备的设计者、建设者以及使用者的经验，对可能遇到的和需要管理的各种电磁环境进行分类：

（1）预估最恶劣的干扰情况，并在各种环境中选择合理的抗扰度。

（2）确保每种环境中的干扰水平均不超过阈值。

（3）规定不同的自动化及控制系统中各个功能的验收标准。

（4）规定能够提供所需抗扰度的设备和安装要求。

（5）规定相应的测试和验收程序，以验证以上各项已实现。

为反映自导则第一版发布以来进行的相应测量和已发布的 IEC 标准，CIGRE 研究委员会 C4 工作组（原研究委员会 36 工作组）确认了本次导则更新的必要性。此外，还根据导则用户的反馈对其中的内容进行了重新组织和调整，主要为负责电路测量、控制、保护、通信和监控的人提供参考和帮助。导则概述了可能遇到的问题、各种环境的特点、解决问题所采用的解决方案、实施解决方案所遵循的最佳方法以及为确保此类问题不再发生而推荐进行的测试项目等。

1.2　导　则　概　览

本节对本导则的每 1 章内容进行概述（从第 2 章开始）。

1.2.1　第 2 章

第 2 章：说明了本导则中使用的定义、计量单位和缩略语。如适用，相应内容均符合国际电工委员会（IEC）标准。

1.2.2　第 3 章

第 3 章：骚扰源，讲述了各种潜在的骚扰源，包括高压和低压设备、通信系统和自然大气现象等。

1.2.3　第 4 章

第 4 章：电磁骚扰的特征。对各种电磁环境进行了量化，同时还介绍了干扰水平的测定，以及不同组织所面临的干扰问题。

1.2.4　第 5 章

第 5 章：耦合机理及减缓方法。介绍了耦合机理，其中包括传导耦合、容性耦合、感性耦合和辐射耦合等类别，相应情况下电磁干扰可通过电缆和其他组件进行传播，并最终影响设备的敏感部件。同时本章还介绍了抑制耦合的方法。

1.2.5　第6章

第6章：实验室试验和现场试验以及干扰对系统运行的影响，本章介绍了抗扰度试验及验收标准，同时考虑了骚扰的性质和设备受影响的功能情况，如控制、保护、计量、录波、通信和监测等。

1.2.6　第7章

第7章：工程实施。主要介绍了新建或改扩建项目中，在包括概念设计、规范制定、施工、安装、调试、测试和维护等各个阶段中，采用电磁兼容设计的重要性以及实际设备安装建议和指南。

② 定义、计量单位和缩略语

本章对导则中涉及的术语、参数、符号和首字母缩略语的定义进行了说明。如适用，它们也符合国际电工委员会（IEC）标准。

以下大多数定义均摘自 IEC 60050 第 161 章：电磁兼容。相应标签参考 IEC 出版物。该列表涵盖了本导则中最常用的一些术语，以及一些未来即将纳入 IEC 60050（161）标准的条目待定。此外，本导则还增加了一些新的概念、术语、符号和缩略语内容。

2.1 基 本 概 念

器械/装备，APPARATUS（161/A）

由装置（或设备）的组成的具备最终用户所需的特定功能，预计可以作为独立的商品投放市场的组合。

（性能）降级，DEGRADATION（OF PERFORMANCE）（01-19）

装置、设备或系统的工作性能与正常性能的非期望偏离（术语"降低"可用于暂时失效或永久失效）。

骚扰源，DISTURBANCE SOURCE（IEC 61892-2）

任何能够引起电磁骚扰的元件、装备、设备、子系统或自然现象。

电磁兼容，ELECTROMAGNETIC COMPATIBILITY（EMC）（01-07）

设备或系统在其电磁环境中能正常工作且不对该环境中的任何事物构成不能承受的电磁骚扰的能力。

电磁骚扰，ELECTROMAGNETIC DISTURBANCE（01-05）

任何可能引起装置、设备或系统性能降低或者对有生命或非生物产生不良影响的电磁现象。

（电磁）发射，（ELECTROMAGNETIC）EMISSION（01-08）

从源向外发出电磁能的现象。

电磁环境，ELECTROMAGNETIC ENVIRONMENT（01-01）

存在于给定场所的所有电磁现象的总和。

电磁干扰，ELECTROMAGNETIC INTERFERENCE（EMI）（01-06）

由电磁骚扰引起的设备、传输通道或系统性能的下降。

电磁噪声，ELECTROMAGNETIC NOISE（01-02）

一种明显不传送信息的时变电磁现象，它可能与有用信号叠加或组合。

（电磁）敏感度，（ELECTROMAGNETIC）SUSCEPTIBILITY（01-21）

在有电磁骚扰的情况下，装置、设备或系统不能避免性能降低的能力。

（对骚扰的）抗扰度，IMMUNITY（TO A DISTURBANCE）（01-20）

装置、设备或系统面临电磁骚扰不降低运行性能的能力。

干扰抑制，INTERFERENCE SUPPRESSION（IEC 62333-2）

抑制或消除电磁干扰的措施。

设施，INSTALLATION（161/A）

为实现某一特定目标而在某一特定地点由若干装备或系统构成的组合，但不会作为单一功能的单元投放市场或投入使用。

端口，PORT（IEC 61000-6-5）

给定装备与外部电磁环境的特定界面。

系统，SYSTEM（161/A）

为实现某一特定目标而组合起来的一组装备，将可以作为单一功能的单元投放市场或投入使用。

横电磁波（TEM）模式，TRANSVERSE ELECTROMAGNETIC（TEM）MODE（IEC 62132-2）

电磁波的传输方向上的电场和磁场分量远远小于垂直于传输方向上的分

量的一种波导模式。

2.2　干　扰　控　制

（电磁）兼容水平，（ELECTROMAGNETIC）COMPATIBILITY LEVEL（03－10）

为了在设定发射限值和抗扰度限值时能相互协调，而规定作为参考电平的电磁骚扰电平。按照惯例，实际的骚扰电平超过所选择的兼容电平的概率是很小的。这个概率的分布完全取决于评估电平（时间、位置、间隔等的样本）的方法，但通常95%概率的电平会被定义为兼容电平。

（电磁）兼容裕量，（ELECTROMAGNETIC）COMPATIBILITY MARGIN（03－17）

装置、设备或系统的抗扰度电平与骚扰源的发射限值之间的差值。

电磁屏蔽，ELECTROMAGNETIC SCREEN（03－26）

用导电材料减少交变电磁场向指定区域穿透的屏蔽。

（来自骚扰源的）发射限值，EMISSION LIMIT（from a disturbing source）（03－12）

规定的电磁骚扰源的最大发射电平。

抗扰度水平，IMMUNITY LEVEL（03－14）

将某给定的电磁骚扰施加于某一装置、设备或系统而其仍能正常工作并保持所需性能等级时的最大骚扰电平。

屏蔽，SCREEN（03－25）

用来减少电场、磁场或电磁场向指定区域穿透的装置。

滤波器，FILTER（IEC 61000－3－2）

一种有选择地改变电磁发射频率成分的电子装置。在大多数情况下，滤波器用于增强期望频率的信号，同时抑制不期望频率的信号。滤波器通常按照信号频段进行分类，如低通、高通、带通、带阻、全通滤波器等。

电气隔离，GALVANIC ISOLATION（IEC 60601-1）

将骚扰源和敏感部分电磁隔离的技术措施，通常通过光电隔离器、隔离变压器和继电器来实现。

2.3　骚　扰　波　形

脉冲群（脉冲或振荡），BURST（of pulses or oscillations）（02-07）

一串数量有限且清晰可辨的脉冲或持续时间有限的振荡。

脉冲，PULSE（02-02）

在短时间内突变，随后又迅速返回其初始值的物理量。

（脉冲的）上升时间，RISE TIME（of a pulse）（02-05）

脉冲瞬时值首次从给定下限值上升到给定上限值所经历的时间（除非另有规定，否则下限值和上限值固定为脉冲峰值的 10% 和 90%）。

瞬态，TRANSIENT（02-01）

在两相邻稳定状态之间变化的物理量与物理现象，其变化时间小于所关注的时间尺度。

脉冲群重复率，RATE OF REPETITION OF BURSTS（IEC 61000-4-5）

在指定周期或有限时间段内脉冲重复的次数。

2.4　骚　　扰

共模电压（不对称电压），COMMON MODE VOLTAGE（asymmetrical voltage）（04-09）

每个导体与规定参考点（通常是地或机壳）之间的相电压的平均值。

差模电压（对称电压），DIFFERENTIAL MODE VOLTAGE（symmetrical voltage）（04 – 08）

一组规定的带电导体中任意两根之间的电压。

骚扰场强，DISTURBANCE FIELD STRENGTH（04 – 02）

在规定条件下测得的给定位置上由电磁骚扰产生的场强。

骚扰电压，DISTURBANCE VOLTAGE（04 – 01）

在规定条件下测得的两分离导体上两点间由电磁骚扰引起的电压。

静电放电，ELECTROSTATIC DISCHARGE（ESD）（01 – 22）

具有不同静电电位的物体互相靠近或直接接触引起的电荷转移。

雷电骚扰，LIGHTNING DISTURBANCE（IEC 61000 – 3 – 2）

由雷电产生的综合电磁效应，通常由静电耦合、电磁感应和辐射发射组成。

2.5 搭 接 与 接 地

搭接，BONDING

将设备、系统或设施的外露导电部分连接在一起的操作，其目的是保证其至少在低频率条件下具有相同的电势（出于安全考虑，搭接通常包括——但不一定必须包括——与相邻接地装置的就近连接）。（IEC 61000 – 5 – 2 中的 3.1）

搭接网络，BONDING NETWORK

接地系统的导体，不与土壤接触，一端与接地网络相连，另一端与设备、系统或装置相连。

译者注：国内又称之为等电位接地网、二次接地网。

接地极，EARTH ELECTRODE

与大地紧密接触并电气连接的一个或多个导电部件。（IEV 60826 – 04 – 01）

接地，EARTHING

将设备、系统或设施暴露的导电部分与接地极或接地系统的其他元件相连。（IEC 61000−5−2 中的 3.12）

大地、地，EARTH，GROUND

大地或任何其他导体、组合导体形成的大型导电体，其任何一点上的电位通常视为零。（IEV 61826−04−01）

接地网络，EARTHING NETWORK

接地系统的导体不与土壤接触，将设备、系统或设施与接地电极或其他接地方式相连。（IEC 61000−5−2 中的 3.11）

接地，GROUNDING

将设备、系统或设施的暴露的或其他选定的导电部分与搭接网络或其他接地网络相连。

接地系统，GROUNDING SYSTEM

由搭接网络和接地网络共同组成的组合网络。

2.6 计量单位及相关符号

根据国际单位制（SI），导则中使用的符号与相应的计量单位如下：

电导（导纳、电纳）	西门子（S）	G（Y）
电导率	西门子每米（S/m）	σ
电流密度	安培每平方米（A/m²）	J
电容	法拉（F）	C
电流	安培（A）	I
电场强度	伏特每米（V/m）	E
电阻（阻抗、电抗）	欧姆（Ω）	R（Z, X）
频率	赫兹（Hz）	f
角频率	弧度/秒（rad/s）	ω
自感、互感	亨利（H）	L, M

		d, D, R, x（距离）
		r（半径）
长度	米（m）	l（长度）
		h（高度）
		δ（深度）
		λ（波长）
磁场强度	安培每米（A/m）	H
磁通	韦伯（Wb）	$\varPhi$
磁通密度	特斯拉（T）	B
磁导率	亨利每米（H/m）	μ
介电常数	法拉每米（F/m）	ε
电位差、电压、电位	伏特（V）	V, U
功率	瓦（W）	P
电阻率	欧姆·米（Ω·m）	ρ
时间、脉冲上升时间、脉冲宽度	秒（s）	t, τ
速度	米每秒（m/s）	v
	分贝（dB），是表示两个量之间比值的无量纲数值。当表示两个功率值 W_1 与 W_2 之比时 dB=10 log（W_1/W_2）	
声音强度	如果阻抗相同，测量电压（U_1, U_2）或电流（I_1, I_2），则 dB 的表达式可以进一步表达为 dB=20 log（U_1/U_2） dB=20 log（I_1/I_2）	

2.7 缩 略 语

以下列表包括本导则中常用的缩略语。

AGBN	Above Ground Bonding Network	地上搭接网络
AIS	Air Insulated Substation	空气绝缘变电站
ATP	Alternative Transients Program	选择性暂态程序
CB	Circuit Breaker	断路器
CISPR	International Special Committee on	国际无线电干扰特别

	Radio Interference	委员会
CM	Common Mode	共模
CMRR	Common Mode Rejection Ratio	共模抑制比
CRT	Cathode Ray Tube	阴极射线管
CT	Current Transformer	电流互感器
DM	Differential Mode	差模
DS	Disconnector	隔离开关
EHF	Extremely High Frequency（30～300GHz）	极高频（30～300GHz）
EHV	Extra High Voltage（330～1000kV）	超/特高压（330～1000kV）
ELF	Extremely Low Frequency（3～30Hz）	极低频（3～30Hz）
EMC	ElectroMagnetic Compatibility	电磁兼容
EMF	Electromotive Force	电动势
EMI	ElectroMagnetic Interference	电磁干扰
EMTP	ElectroMagnetic Transients Program	电磁暂态程序
ERP	Effective Radiated Power	有效辐射功率
ESD	ElectroStatic Discharge	静电放电
ESDS	ElectroStatic Discharge Sensitivity	静电放电敏感度
FR	Failure Rate	故障率
GIC	Geomagnetically Induced Currents	地磁感应电流
GIS	Gas-Insulated Substation	气体绝缘变电站
GPR	Ground Potential Rise	地电位升高
HEMP	High Altitude ElectroMagnetic Pulse	高空电磁脉冲
HF	High Frequency（3～30MHz）	高频（3～30MHz）
HV	High Voltage（1～330kV）	高压（1～330kV）
IBN	Isolated Bonding Network	隔离搭接网络
IC	Integrated Circuit	集成电路
IEC	International Electrotechnical Commission	国际电工委员会
IGP	Integrated Ground Plane	综合的接地平面
IKL	IsoKeraunic Level	年平均雷电水平
LCD	Liquid Crystal Display	液晶显示器
LF	Low Frequency（30～300kHz）	低频（30～300kHz）

LPS	Lightning Protection System	雷电防护系统
LS	Lightning Surge	雷电浪涌
MDF	Main Distribution Frame	总配线架
MGN	MultiGround Neutral	多接地中性点
MHD-EMP	MagnetoHydrodynamic （Nuclear）ElectroMagnetic Pulse	磁流体动力（核）电磁脉冲
MTBF	Mean Time Between Failure	平均失效间隔时间
MTTF	Mean Time To Failure	平均无故障工作时间
NEMP	Nuclear ElectroMagnetic Pulse	核电磁脉冲
PCM	Pulse Code Modulation	脉冲编码调制
PE	Protective Earth	保护接地
PEC	Parallel Earthing Conductor	平行接地导体
RF	Radio Frequency	射频
SE	Shielding Effectiveness	屏蔽效能
SGEMP	System Generated ElectroMagnetic Pulse	系统电磁脉冲
SPD	Surge Protective Device	浪涌保护器
SREMP	Source Region ElectroMagnetic Pulse	源域电磁脉冲
SS	Switching Surge	操作浪涌
TA	Transfer Admittance	转移导纳
TE	Transverse Electric	横向电场
TEM	Transverse ElectroMagnetic	横向电磁波
TI	Transfer Impedance	转移阻抗
TL	Transmission Line	传输线
TLM	Transmission Line Model	传输线模型
TM	Transverse Magnetic	横向磁场
UNIPEDE	International Union of Producers and Distributors of Electrical Energy	国际电能生产者与配电者联合会
UHF	Ultra High Frequency（3000～3000MHz）	特高频（300～3000MHz）
UHV	Ultra High Voltage（≥800kV for AC and DC transmission）	特高压（交直流输电≥800kV）
UPS	Uninterruptible Power Supply	不间断电源

VHF	Very High Frequency（30～300MHz）	甚高频（30～300MHz）
VLF	Very Low Frequency（3～30kHz）	甚低频（3～30kHz）
VT	Voltage Transformer	电压互感器

参 考 文 献

［2.1］ IEC 61000－4－5. Electromagnetic compatibility（EMC）—Part 4－5：Testing and measurement technique-Surge immunity test［S］. Second edition，2005.

［2.2］ IEC 60364－5－54. Low-voltage electrical installations—Part 5－54：Selection and erection of electrical equipment-Earthing arrangements and protective conductors［S］. Edition 3.0，2011.

［2.3］ IEC 61000－4－3. Electromagnetic compatibility（EMC）—Part 4－3：Testing and measurement technique-Radiated，radio frequency electromagnetic field immunity test［S］. Edition 3.1，2008.

［2.4］ IEC 60050－161. International Electrotechnical Vocabulary-Chapter 161：Electromagnetic compatibility（EMC）［S］. First Edition（1990），Amendment 1（1997），Amendment 2（1998）.

［2.5］ IEC 60050－604. International Electrotechnical Vocabulary-Chapter 604：Generation，transmission and distribution of electricity-Operation［S］. Edition 1.0，1987.

［2.6］ IEC 61892－2. Mobile and fixed offshore units-Electrical installations—Part 2：System design［S］. Edition 1.0，2005.

［2.7］ IEC 62333－2. Noise suppression sheet for digital devices and equipment—Part 2：Measuring methods［S］. First Edition，2006.

［2.8］ IEC 62132－2. Integrated circuits-Measurement of electromagnetic immunity—Part 2：Measurement of radiated immunity-TEM cell and wideband TEM cell method［S］. Edition 1.0，2010.

［2.9］ IEC 61000－3－2. Electromagnetic compatibility（EMC）—Part 3－2：Limits for harmonic current emissions［S］. Edition 3.2，2009.

［2.10］ IEC 61000－5－2. Electromagnetic compatibility（EMC）—Part 5－2：Installation and mitigation guidelines-Earthing and Cabling［S］. Edition 1.0，1997.

［2.11］ IEC 60601－1. Medical electrical equipment—Part 1：General requirements for basic safety and essential performance［S］. Third Edition，2005.

骚扰源

③

本章主要涵盖了可能的骚扰源，包括高压和低压设备、通信系统和自然大气现象，同时还从幅度、频率和持续时间等方面对骚扰源进行了特征分析。

3.1　概　　述

可能影响发电厂、变电站和控制中心等处电力设施辅助系统的典型骚扰源如下：

（1）高压回路中断路器或隔离开关操作引起的电气暂态现象。

（2）高压回路中绝缘击穿或避雷器和火花隙放电引起的电气暂态现象。

（3）高压装置产生的工频电场和磁场。

（4）接地系统中短路电流引起的电位升高。

除了上述电气设备所特有的骚扰源外，来自其他方面的骚扰源还有：

（1）雷电引起的电磁暂态现象。这类现象在其他装置中也会出现，尤其是存在于接地的高压结构设施和电力线路。

（2）低压设备开关操作引起的快速暂态。

（3）静电放电。

（4）电气设施内、外部的无线电发射装置产生的高频场。

（5）装置中其他电气或电子设备的高频传导和辐射干扰。

（6）供电线路的低频传导骚扰。

最后，针对特定情况，需要考虑以下两种类型的电磁干扰：

（1）核电磁脉冲（NEMP）。

（2）地磁干扰。

图 3-1 简单描述了在相关发电厂和变电站的环境中，上述一些骚扰源的情况。

本章分析了该领域最新文献的基础上，总结了上述骚扰源的主要特征（波形、幅值、发生频度等）。

3.2　高压电路中开关操作引起的暂态现象

发电厂和变电站中断路器和隔离开关的分合操作会产生电磁干扰，这是因为此类操作会在开关设备触头位置产生电压突变ΔU[3.1]，如图 3-1 所示。

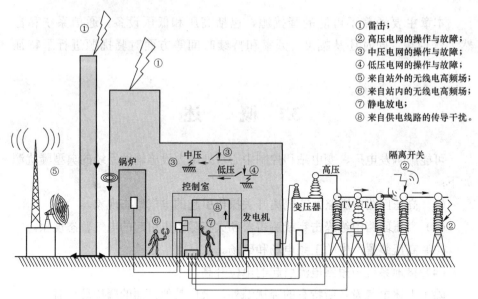

① 雷击；
② 高压电网的操作与故障；
③ 中压电网的操作与故障；
④ 低压电网的操作与故障；
⑤ 来自站外的无线电高频场；
⑥ 来自站内的无线电高频场；
⑦ 静电放电；
⑧ 来自供电线路的传导干扰。

图 3－1　可能影响发电厂及变电站中敏感电子设备和二次系统的骚扰源的示意图
（在导则 CIGRE 124 前一版本基础上修改）

对于相同的 ΔU，突变时间 Δt 主要取决于开关触头之间的距离：其范围从 GIS 变电站的几纳秒到 AIS 变电站的几十纳秒或几百纳秒不等。

3.2.1　隔离开关操作引起的电磁干扰

隔离开关分合操作中，在操作时间（几十毫秒到几秒）之内可能发生多次（5000 次或更多）电压突变（重燃），电压突变 ΔU 的数值可高达 2p.u.（标幺值）。

电压突变 ΔU 将在回路中产生电压和电流的阻尼振荡（重燃情况下引发系列振荡）。

电流的初始值（峰值）与 ΔU 和回路的波阻抗之间的比例成正比。对于 115～500kV 系统，波阻抗与系统电压基本无关。因此，可认为峰值电流与系统电压成正比。

阻尼振荡波的波形中，波前陡度与突变持续时间相关，而振荡频率则取决于电路特性。AIS 变电站里典型频率范围为几十千赫兹至几兆赫兹，而 GIS 变电站的典型频率范围为几十兆赫兹。

电压和电流的振荡波沿母线传播，产生电磁场。

图 3－2 为断开 500kV 隔离开关时，母线正下方的地面上的磁场和电场测量结果。

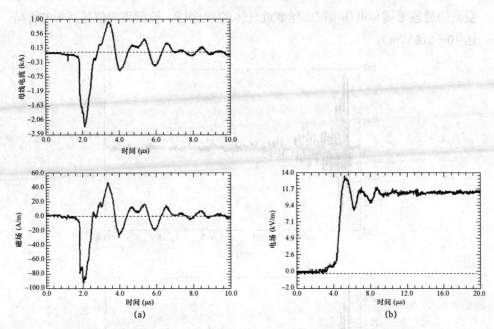

图 3-2　500kV AIS 变电站隔离开关断开时，母线电流和磁场的测量结果
(a) 磁场变化与母线电流的变化趋势相似；(b) 电场变化与母线电流的变化趋势明显不同

　　磁场和电流成正比［见图 3-2 (a)］，而电场则取决于电荷及磁场的时间导数，因此其表现出不同的变化特性，如图 3-2 (b) 所示。这里需要注意的是，由于所使用的仪器不同，图示的刻度比例也不同，电场波形的时间刻度需要乘以 2。磁场变化和电流类似，在几微秒之后即降到接近于零。而电场是导体上电压和电荷的函数，在开关操作过程中，由于电流中断引起的残留电荷，电场将接近于一个非零的恒定值。不同电压等级 AIS 变电站中，开关操作在母线正下方产生的暂态电场和磁场的典型值如表 3-1 所示。

表 3-1　　　AIS 变电站中隔离开关操作产生的暂态电场和磁场的
典型值（断路器操作产生的数值低于隔离开关操作）[3.2]

系统电压（kV）	磁场（A/m）	电场（kV/m）
115	35	5
230	70	7
500	150	13

19

图 3-3 显示了 500kV GIS 变电站隔离开关断开时,在外壳下方的地面上测量到的暂态磁场和电场情况。越靠近气体/空气套管,检测到的值越高(电场高达 10～20kV/m)。

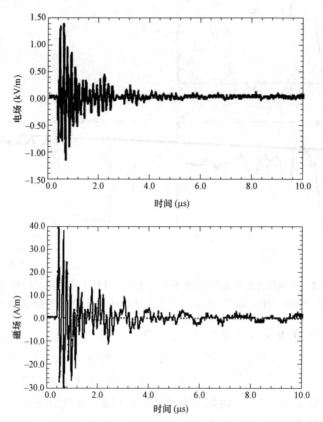

图 3-3　500kV GIS 变电站中断开隔离开关时磁场和电场变化[3.2]

与图 3-2 中 AIS 变电站的结果相比,GIS 变电站的结果有以下主要差异:

(1)主频要高很多(通常是 10～100 倍)。

(2)峰值较低。

(3)暂态阻尼更高。

(4)短时间后电场接近于零。

金属外壳及其接地可能是电磁场降低的主要原因,特别是对电场的影响比较明显。

3.2.2　断路器操作引起的电磁干扰

在断路器闭合操作所产生的电压突变 ΔU 通常等于 1p.u.的对地工频峰值电

压。单相线路故障清除后三相重合闸时，该数值可能达到 1.2～1.3p.u.。

文献［3.33］研究了断路器操作对 220kV AIS 变电站的影响，并在波斯尼亚和黑塞哥维那的发电厂进行了实测，以确定可能导致继电器跳闸的一次和二次回路上的操作过电压。

实验测量了 Grabovica 水电站内 AIS 变电站中断路器和隔离开关操作过程中产生的过电压，记录了隔离器和断路器的系统侧电压 CVD1 和负荷侧电压 CVD2，以及 TA 和 TV 的共模（CM）电压。共模电压，即导线对地电压，是评估设备抗扰度的主要参数。表 3-2 给出了 Grabovica AIS 变电站中开关操作产生的瞬时过电压的实测值。励磁母线长度为 18～26.5m。

表 3-2　　　　　　　　　Grabovica AIS 变电站过电压实测值

测试电路 / 测量点	母线电压		TV		TA	
	CVD1（kV$_p$）	CVD2（kV$_p$）	计量（V$_p$）	保护（V$_p$）	计量（V$_p$）	保护（V$_p$）
测试电路（DC、TV、C、QF、TA、T、CVD1、CVD2）	344	66	720	408	136	108
	295	82	940	488	144	102
测试电路（DC、TV、C、QF、TA、CVD1、CVD2）	261	102	460	400	—	—
	274	102	400	—	—	—
测试电路（DC、TV、C、QF、TA、T、CVD1、CVD2）	197	271（多次击穿）	976	236	—	—

隔离开关操作时，最多可产生 500 次击穿（脉冲）。隔离开关闭合（C）持续约 50~70 个周期（即 1000~1400ms），但隔离开关的断开（O）时间持续约为 70~100 个周期（即 1400~2000ms）。记录的母线上最高过电压值 ΔU 可达 344kVp，暂态期间的主要频率 f_d 为 0.536MHz。

经验表明，在连接点处可能产生较高电场，如套管或接地点，必须注意这些连接点[3.23]。本章附录 A 给出了 AIS 变电站和 GIS 变电站中与峰值相关的重要数据。在本章附录 B 汇总了与 GIS 变电站无线电和瞬态干扰有关的暂态电场数据。

3.3 高压电路中绝缘击穿、避雷器和火花间隙 放电引起的暂态现象

绝缘击穿和火花间隙放电都会导致快速电压突变，由此产生与高压开关操作类似的暂态冲击。随后产生的入地电流将在电力设施中造成工频电压升高。工频电压升高的幅度与击穿电压大致成正比，击穿电压可能远高于开关的重燃电压。绝缘击穿电压可能达到对地电压峰值的 3~6p.u.。这种情况很少见，但会引起非常严重的电磁干扰，特别是对击穿点附近的设备。

火花间隙放电通常不像绝缘击穿那么严重，因为火花间隙放电电压较低，且击穿位置相对固定。带火花间隙的避雷器放电过程的高频暂态与普通火花间隙相似。由于避雷器两端电压较低，限制了短路电流水平，所以这些瞬变的幅度一般较低。另外，无间隙避雷器可以从非导电模式平滑过渡到导电模式，不会产生高频瞬变。

3.4 高压装置产生的工频电磁场

电力设施周围存在工频和谐波频率的电场和磁场。

给定点处场强的大小分别取决于线路电压和电流以及线路结构（特别是导线对地高度、相间距离、相序布置和回路数量）。

CIGRE 36.01 工作组提出了计算和测量上述场强的一般准则"输电系统产生的电场和磁场"[3.3]。

图 3-4 给出了高压线档距中央横截面的电场和磁场分布[3.3]，电场随导线的高度而变化。

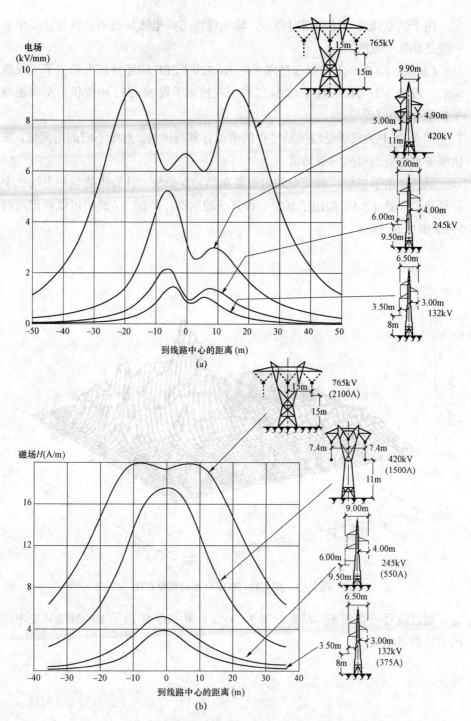

图 3-4 高压输电线路在地面产生的工频电磁场分布

（a）电场的垂直分量；（b）磁场

由于输电线路的结构相对简单，输电线路工频电磁场的测量值与计算结果一般是非常一致的。

CIGRÉ C4.205 工作组在技术手册 No.320 "ELF 磁场特征" 给出了工频磁场的一般特性[3.26]，CIGRÉ C4.204 工作组在技术手册 No.373 中提供了抑制磁场干扰的详细信息[3.27]。

图 3－4 中的磁场是根据括号中的电流计算得出的。对于不同的电流值，按比例关系可得出对应的磁场值。

另外，由于发电厂和变电站内设备布局的复杂性，计算电磁场的方法也十分复杂。文献［3.4］给出了其中一种方法的示例，从图 3－5 中可以看出站内 50Hz 磁场的分布。

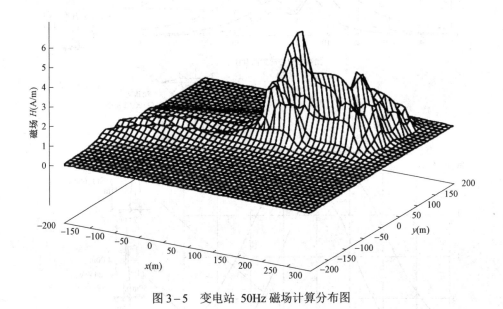

图 3－5 变电站 50Hz 磁场计算分布图

通过测量可得到实际结果。图 3－6（a）和（b）给出了 130/380kV 变电站的有关测量结果[3.5]。

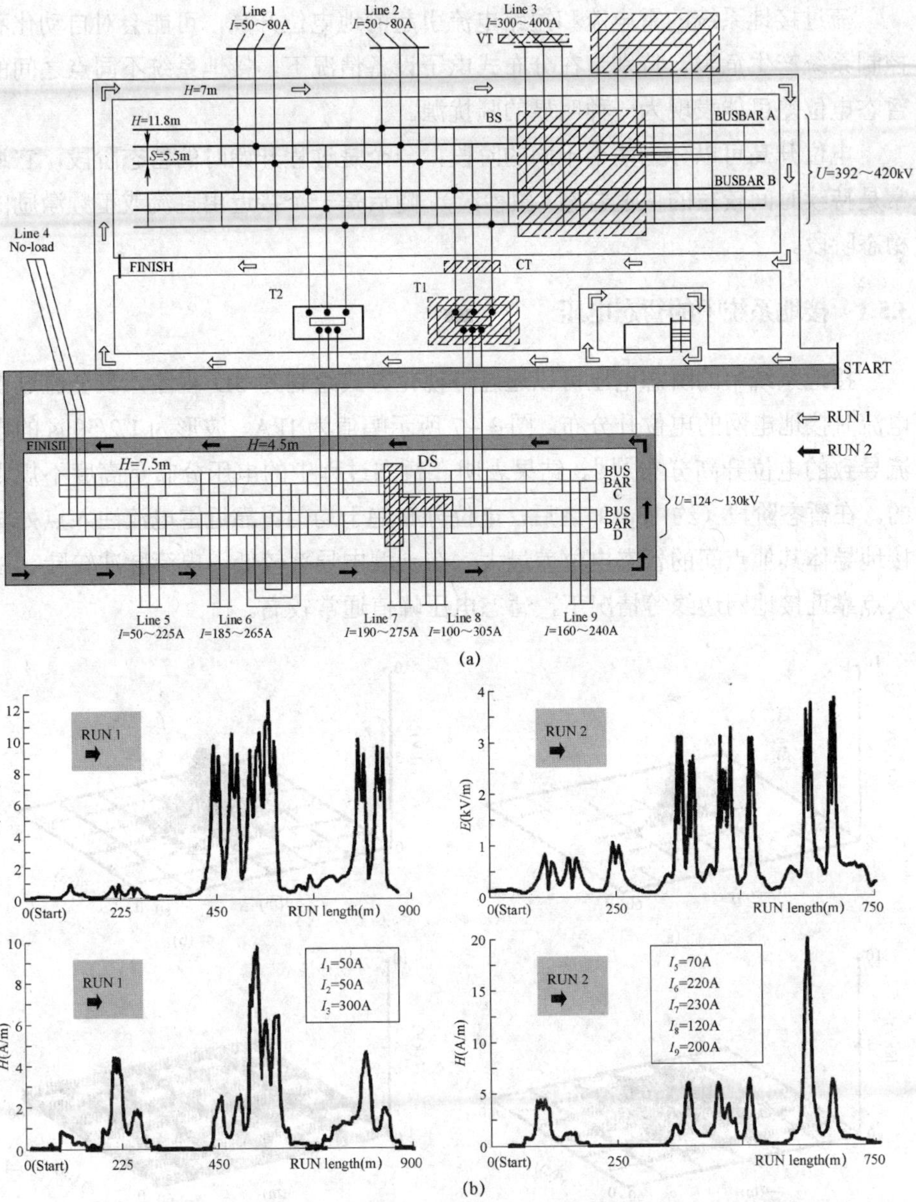

图 3-6 130/380kV 变电站工频电磁场测量

（a）130/380kV 变电站内工频电磁场的布局和测量；（b）130/380kV 变电站的工频电磁场测量：
依据图 3-6（a）RUN 1 和 RUN 2 的场域情况进行展示

3.5 接地系统中雷电和短路电流引起的电位升高

流过接地系统的雷电流和短路电流引起的地电位升高，可能会对自动化和控制系统产生危害。特别是在分布式电子设备情况下，接地系统不同点之间的暂态电位差可能表现为一种明显的骚扰源。

电位升高可以分为两个不同的阶段：一个是过程开始时的暂态阶段，它通常是持续时间较短的快速暂态（微秒级），随后是一个接近由直流或工频激励的稳态阶段。

3.5.1 接地系统中的暂态电压

接地系统中的瞬态电压可以通过可视化方式绘制为 3D 视图，表征流过雷电流时接地电网的电位升分布。图 3-7 所示幅值为 1kA、波形为 1.2/50μs 的电流导致的电位升高分布[3.19]。结果表明，暂态过程中的电压分布是高度不规则的。在暂态阶段（约 10μs）之后，电位分布趋于均匀。靠近雷电流注入点处与接地导体其他点间的暂态电位差最大。在土壤电导率较低、电流脉冲较陡、注入点靠近接地网边缘等情况下，暂态电压峰值通常较高。

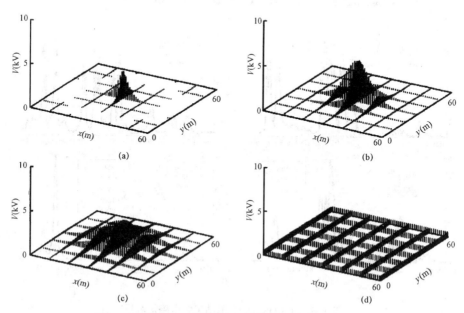

图 3-7 在 60m×60m 接地网导体重点注入 1.2/50μs、振幅为 1kA 的电流脉冲时产生的暂态电压差

（a）t=0.1μs；（b）t=0.5μs；（c）t=1μs；（d）t=10μs

3.5.2 工频短路电流在接地系统中引起的电位升高

系统发生快速暂态（输电线路和变电站中不同类型的故障所引发）后工频故障电流会流过电力设施的接地系统，其持续时间可达十分之几秒。

短路电流的幅值可以达到数十千安或者更大，主要取决于电网结构（支路之间的关联性）、故障与接地点的电气距离以及故障电压等级。

短路电流流过接地系统，在接地系统不同的两点间产生电位差。电位梯度的大小主要取决于土壤电阻率和接地网结构。连接电子设备的动力电缆或信号电缆可能受到高强度的电压和电流应力。

以前对接地系统中产生的电位差的估算主要靠比例模型，如图3-7所示的电解槽。

此后，研究人员开发了可计及土壤电阻率不均匀以及非线性影响的复杂的数值计算方法。

图3-8所示为某接地系统及其附近电位升高的分布图。

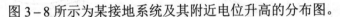
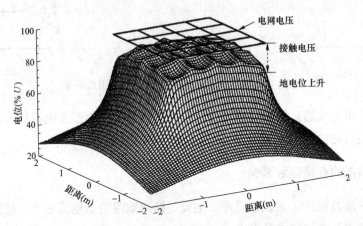

图3-8　接地系统及其附近的工频电压升高分布图

电力设施内部接地系统上电压升高的典型值变化范围很大，可达数十伏到上百伏每千安，最大电压升高可达5000V。

3.6　雷电引起的电气暂态现象

由于雷击电流在绝缘配合研究中的重要性，学术界对雷电流特性参数展开了长期研究。目前，已获取了可靠的正极性雷和负极性雷的基本参数（幅值、陡度、发生频度等）。

从电磁兼容方面考虑，雷电对电力设施的影响可能有以下三种形式，如图 3-9 所示，代表雷击的不同路径以及随后产生的电磁干扰（V_{m1}、V_{m2}、V_{m3}）对电气建筑和设备的影响[3.28]-[3.32]。主要与以下耦合机理有关[3.37],[3.38]。

（1）电力设施附近发生雷击，构件未直接遭受雷击，雷击电流产生的电磁场对设备的直接影响。

（2）电力设施构件（如电力线路、接地导体等）直接遭受雷击，由此产生的电流与设备之间的耦合。

（3）雷击产生的电磁场与电力线构件的耦合，随后构件中的雷击电流又与设备进一步耦合。

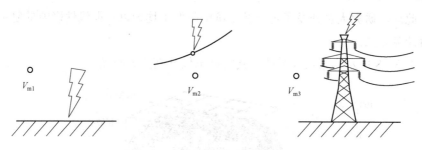

图 3-9　影响电气构件和设备的三种雷击场景

对于电力线路，第 2 种和第 3 种机理的构件中产生暂态电流的波形和幅值不同。波沿结构传播以及构件与设备之间的耦合是相似的。

3.6.1　雷击的直接辐射影响

对于涉及机理 1 的现象研究，主要是针对地闪回击电流进行了研究，回击电流的特点是携带的能量很大。

文献［3.7］基于不同的信道电流分布假设建立了数学模型。

文献［3.7］给出距雷击电流不同距离，地面处电场和磁场的计算公式。

应用麦克斯韦方程于垂直方向的雷电通道，计算与垂直通道距离为 d 处地面的电场和磁场，假设起始雷击通道是一个高度为 Z 的垂直天线，地平面是良导体，雷电通道截面半径远小于最小典型波长。

目前，已有不同的模型基于雷电流通道测量值开始计算 $i(z, t)$[3.7]。所确定的电磁场分量的准确度已满足工程应用。

图 3-10 给出了从雷击电流评估垂直电场和水平磁场的几何因素和

公式[3.7]。

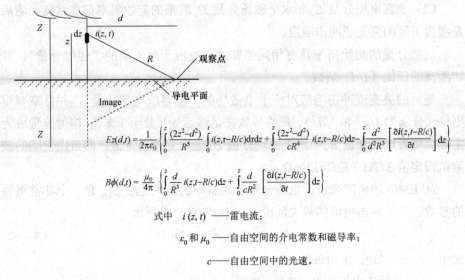

$$Ez(d,t)=\frac{1}{2\pi\varepsilon_0}\left\{\int_0^z\frac{(2z^2-d^2)}{R^5}\int_0^t i(z,\tau-R/c)d\tau dz+\int_0^z\frac{(2z^2-d^2)}{cR^4}i(z,\tau-R/c)dz-\int_0^z\frac{d^2}{d^2R^3}\left[\frac{\partial i(z,t-R/c)}{\partial t}\right]dz\right\}$$

$$B\phi(d,t)=\frac{\mu_0}{4\pi}\left\{\int_0^z\frac{d}{R^3}i(z,t-R/c)dz+\int_0^z\frac{d}{cR^2}\left[\frac{\partial i(z,t-R/c)}{\partial t}\right]dz\right\}$$

式中 $i(z,t)$ ——雷电流；

ε_0 和 μ_0 ——自由空间的介电常数和磁导率；

c ——自由空间中的光速。

图 3-10 根据雷击电流计算电场和磁场的几何因素和公式

图 3-11 给出了距离雷击点和回击点 5km 和 50km 处同时测到的电场和磁场[3.8]。

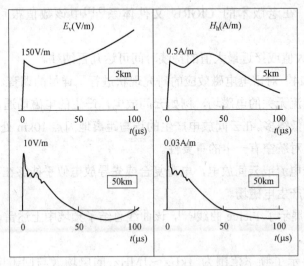

图 3-11 距离回击电流 5km 和 50km 处测得的典型垂直
电场分量 E_v 和水平磁场分量 H_h

根据上述研究，雷击产生的电磁场具有以下主要特征：

（1）垂直电场分量 E_v 和水平磁场分量 H_h 分别比水平分量 E_h 和垂直分量

H_v 大 10 倍或更多。

（2）垂直电场分量 E_v 和水平磁场分量 H_h 波形的起始斜率都非常陡，随后是缓慢下降的突变或冲击响应。

这些分量的初始斜率具有相同的陡度，对应于电磁场的"辐射分量"，并随距离的反比（$1/d$）衰减。

随后的突变或冲击响应对应于电磁场的"电容或电感分量"，并且衰减得更快（分别为 $1/d^3$ 和 $1/d^2$）。最终导致在足够远处（数十千米），辐射分量成为主导，垂直电场分量 E_v 和水平磁场分量 H_h 之比变为固定值，即自由空间的波阻抗固定值 377Ω（$E/H=120\pi\Omega$）。

从 EMC 的角度来看，电场分量起始斜率的最大陡度 S_{Em} 是一个非常重要的参数。它与回击电流的最大陡度 $S_{Im}=(dI/dt)_{max}$ 成正比

$$S_{Em}=[v/(2\pi\varepsilon_0 c^2)]S_{Im}/d \qquad (3-1)$$

式中　c——光速，$3\times10e^5$km/s；

$\quad\quad v$——回击电流速度（$0.2c$～$0.6c$）；

$\quad\quad \varepsilon_0$——空气的介电常数；

$\quad\quad d$——到雷电通道的距离，m。

根据近期对雷电的观测结果，S_{Im} 值可高达 300kA/μs[3.10]。受限于测量仪器的频率响应，在老版本的 CIGRE 文件体系[3.11]中该数值很可能被截断为 100kA/μs。

S_{Em} 的最大值或接近最大值的持续时间可达几百纳秒。

文献［3.24］对雷电电磁效应的研究现状进行了详尽的调查。

与回击电流无关的电磁场，例如云间放电，产生的电磁场通常比回击电流产生的电磁场低得多。在云间放电产生的场与距离地闪点 10km 处的场相当[3.6]。因此，它们仅对航空有一定的重要性。

除了回击电流或云间放电，电荷复合或先导放电似乎能够在甚高频－超高频频率范围内产生电磁场。

图 3－12 展示了 Pierce 曲线[3.9]，该曲线总结了频域中上述雷电活动产生的电场实测情况。

该曲线显示了频率范围为 1kHz～1MHz 的电场（与回击电流有关）和 VHF－UHF 范围（从几十兆赫至千兆赫）的电场，可能是由于电荷复合或先导放电。

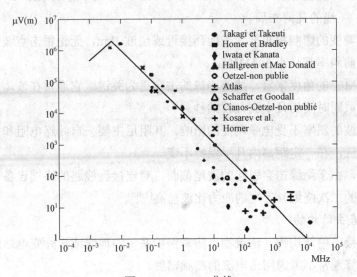

图 3-12 Pierce 曲线

注：用 1kHz 带通滤波器、在距离 10km 处测到的雷电活动辐射的电场峰值的平均频谱。

3.6.2 直击电力线路及其构件或其他电气设施

3.6.2.1 直击电力线路

直击电力线路产生沿线路传播的行波。回击路径直接影响线路雷击点的绝缘耐受特性，不影响行波沿线路传播。

雷电直击线路相线，电压波的波头和波尾与雷电流的波形有关。

波前上升时间非常短，只有几分之一微秒，最大上升斜率可能达到 50MV/μs。假设没有闪络，则

$$V_{max\ slope} = S_{Im} Z_c / 2 \qquad (3-2)$$

式中　Z_c——线路波阻抗。波尾时间为几十微秒数量级，不超过 50μs。

反击情况下，雷击塔架或架空地线，随后对相导线造成绝缘击穿时，电压波的波前时间为几十纳秒（对于大间隙可达几百纳秒），波尾持续时间比雷电直击相线小，为 5~15μs。

在这两种情况下，电压高于冲击电晕起始电压 U_0 部分的波前的斜率 S 因电晕迅速衰减，经一定距离 d（单位：m）后斜率降为 S_d。从实用的角度，S_d 可按下式由 S（单位：kV/m²）计算得出[3.39]

$$S_d = \frac{S}{1 + AdS} \qquad (3-3)$$

式中 A——畸变参数，约为 $10^{-6}\mu s/(kV\cdot m)$，取决于起始电压 U_0 和线路导
　　　线的几何布局。

电晕畸变的影响很重要。当距离接近或超过 1km，无论雷击点波形的形状
如何，波前斜率都将小于 1MV/μs。

从 EMC 的角度来看，线路绝缘的击穿更为关键。它通常在波尾处突然截
断电压，截断时间为几十到几百纳秒。

截断波的斜率不受电晕畸变的影响，其阻尼主要来自线路电阻和电导引起
的泄漏效应，在一定距离内几乎保持不变。

因此，由于绝缘击穿引起的波尾截断，对连接到线路的终端设备（例如电
流互感器的二次绕组）产生的应力比波前高[3.40]。

3.6.2.2　直击结构物

雷直接击中结构物（建筑物、防雷保护系统的地线或户外变电站的地线）
的影响计算通常不考虑回击电流的高频辐射。

从 EMC 的角度看，在这种情况下，冲击电流沿被击结构不同路径的分配，
对设备内部或邻近设备的设计起到主要作用。

可区分为以下两种主要干扰机理：

（1）低频机理，与接地系统电压电位升高密切相关，与雷电流幅值直接
相关。

（2）高频机理，主要与被击结构的空间布置有关（次重要因素是其接地系
统），与雷电流的斜率直接相关。

文献［3.6］和文献［3.29］-［3.31］提出这样的概念：在雷电最后的电流
复合阶段，波突然发生之后，机理（2）可能立即产生巨大影响。然而，目前关
于这种现象的基本参数（例如崩塌时间），知识储备相对有限。

从实用考虑，雷直击结构物可视为一准稳态现象，可以用回路理论来模拟
实际情况，尤其是当被击结构物可以用一组互连的导电分支来近似时。经典的
回路理论为计算冲击电流分布提供了便捷的分析方法。

文献［3.12］基于电路方法建立了一个模型，并在缩小比例尺结构物模型
上进行了实验室测试以验证该方法。

为了简化电路分析，电感回路参数采用了 4.5.1 中的分布参数。分析在各
频域分别进行，然后将各频域的影响叠加。该模型的主要内容如下：

（1）将受干扰部分电路或设备直接作为网络的一部分来计算干扰，由此得
到在这些元件上的感应电压和电流。利用这种方法，如果被击结构物分割得足
够细，并在模型中适当考虑杂散电容，用此方法也可以处理波沿结构物传播的

问题。

（2）计算机模型计算并同时给出不同分支电流的全部相互作用。计算支路电阻时考虑了集肤效应。集中参数的电阻、电感和电容（RLC 支路）可被接入任何相邻节点之间。如果支路之间的距离与支路长度相比足够大，则可忽略互感。

（3）大地的影响可以引入位于地下一定深度处、与频率和土壤电阻率相关的镜像导线来考虑。

从图 3-13 可以看出，实验室试验结果与计算结果吻合[3.12]。

对于必须考虑传播现象的场合，研究人员正基于线路理论研究更复杂的方法，考虑以下因素：

（1）结构物不同分段的分布自感和互感及电容；

（2）根据 Carson 方法或其他更新的理论（如 D'Amore 和 Sarto）对大地进行高频模拟。

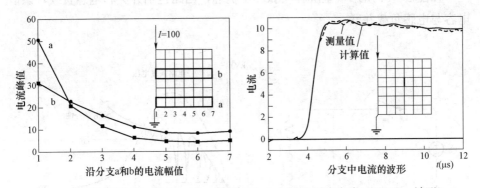

图 3-13　对细铜线网（直径 1mm，间距 500mm）注入雷击电流（1.2/50μs 波形），
分支电流的实验室测量和计算结果

3.6.3　对输电线路或结构物的电磁辐射以及随后与设备的耦合

这种机理对中压和低压配电线路非常重要（作用于低压电网的传导干扰，如由感应过电压引起的中压线路故障电压骤降和短时中断)，但对高压线路的重要性小得多。

这种耦合的结果是电压/电流波沿线路传播，与雷击高压线路相似。

波的幅值大小取决于雷击点与线路之间的距离，随线路高度的增加而增加，并因地线（若有）的屏蔽作用而明显减小。

中压和低压线路的过电压幅值经常超过绝缘耐受水平，从而产生绝缘击穿并导致电压截波。

在靠近雷击点的线路部分，电压波的波前与直接雷击相似，而波尾时间却短得多，为 5~10μs。前面讨论过的直接雷击导线或反击情况下电晕衰减和绝缘击穿的有关现象在此也适用。

当结构物尺寸较小时，所积累的电磁能量比电力线积累的电磁能量小。如果设备正确接地，结构物转移到连接或附近设备的干扰低于雷电直接辐射。在这种情况下，结构物起到屏蔽辐射场的作用。

3.7 低压设备开关操作引起的电快速瞬变

当开关断开电磁铁或电动机等感性负载时，开关触点间会产生不希望看到的所谓喷弧现象。这种现象产生电气快速瞬变过程，其特征是上升时间短、持续时间短、能量低、发生频率高[3.20]。

以图 3-14 所示模型解释喷弧产生机理，回路包括开关和电感负载，杂散电容与电感负载并联。

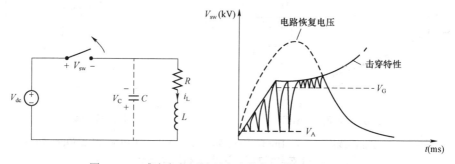

图 3-14 感应负载下喷弧产生的机理模型和波形曲线

当开关闭合时，稳态电流 $I=V_{dc}/R$ 流过电感 L。当开关断开时，电感中的电流不能突变。因此，电流流向杂散电容，对电容进行充电并增加开关触点间电压。

当开关间触点电压超过其绝缘击穿电压时，发生短时放电，开关触点电压下降到 V_A。电容器再次开始充电。

这将使得开关触点电压波形呈现上升（电容器充电）和快速下降（开关击穿）交替的过程，这一现象称做喷弧：

（1）电容充电后，通过开关放电的电流主要受开关接线局部的电阻和电感限制。

（2）如果开关电流继续超过最小的电弧自持电流 I_A（从 0.1A 至 1A），电弧自持；否则，电弧熄灭，电容重新开始充电。

（3）开关再次超过开关击穿电压，开关电压降至 V_A（空气中约为 12V）；如果电弧不可持续，电容器再次开始充电。

（4）最终，最初储存的能量被耗散，电容电压衰减为零。

此外，图 3-14 表明，随着触点间距离的增加，也可能发展辉光放电，并且可能自持，也可能不自持（空气中 V_G=280V，I_G 在 1～100mA 变化），成为小型喷弧。

喷弧频谱很宽，有可能引起 EMC 问题。为了减少其发生，必须防止开关电压超过击穿电压。

如图 3-15 所示，与电感并联一个足够大的电容，可降低开关电压和电压的起始上升速度。

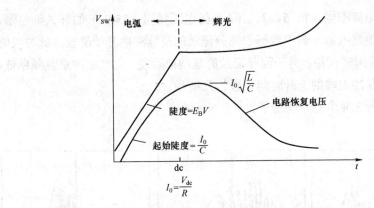

图 3-15　减小电路恢复电压的触点保护

关于开关瞬态的产生机理，其典型参数为：

（1）脉冲持续时间，主要取决于关断前电感中存储的能量。

（2）单一暂态的重复率。

（3）脉冲群暂态变化的幅值。

重复率和振幅主要由开关触点的机械和电气特性（触点断开速度、断开过程中触点间的电压）决定，在不同的实验室对其进行测量，来确定快速瞬变/脉冲群的典型特征参数。

以一个由 160mH 电感和 6Ω 电阻组成，时间常数为 26ms 的继电器控制的

开关负载为例，表3-3为断开上述线圈、直接在开关触点处的测量结果。通过
继电器切换电感负载，获得不同的脉冲。

表3-3　　　　　　　　不同开关继电器产生的电气快速暂态参数

参数	开关继电器					
	水银继电器 A 1A	水银继电器 B 1A	1A	5A	7A	10A
尖峰重复频率范围 （kHz）	70 17	46 12	1700 11	470 12	700 12	1000 9
尖峰持续时间范围 （μs）	9 35	10 39	0，35 50	0，28 50	0，7 46	0，3 70
突发持续时间（ms）	0，3	0，2	2，5	2	2，4	2，4
尖峰幅度范围（kV）	1，9 4，2	1，8 5，2	0，3 2，4	0，1 2，0	0，2 2，5	0，1 2，2

选用额定电流不同（1、5、7、10A）但电压相同（250V）的开关继电器，
其中两个是水银继电器。表中数据一部分记录的是脉冲串开始阶段，脉冲尖峰
重复频率高、持续时间短；另一部分记录的是结束阶段，尖峰脉冲重复频率低、
持续时间长。脉冲尖峰的上升时间一般为几纳秒。

图3-16为脉冲串的一些例子。

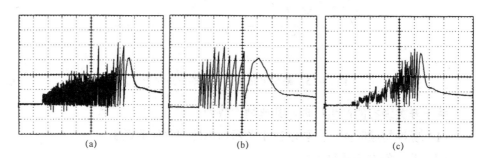

(a)　　　　　　　　　　　(b)　　　　　　　　　　　(c)

图3-16　不同继电器产生的脉冲串

(a) 500V，400μs 10A 开关继电器；(b) 1000V，100μs 1A（水银）继电器；

(c) 500V，500μs 5A 开关继电器

接触器也会产生电气瞬变。特别是对于三相设备，整个暂态过程包括由多
次操作产生的一系列脉冲串，如图3-17所示。所报道的暂态现象（不易复现）
是由一个接触器切换一个380V、几千瓦的交流电动机产生的。

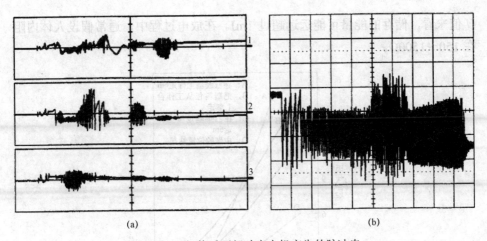

图 3-17 切换千瓦级功率电机产生的脉冲串

(a) 500V，500μs 整个操作波形；(b) 200V，10μs 一相快速瞬变局部波形

3.8 静 电 放 电

人体带电通常是由摩擦电效应引起的。在摩擦电效应中，电荷来源于两种材料之间的摩擦，其中一种是非导电材料（塑料、合成材料）[3.21]。充电受以下因素影响：

（1）空气的相对湿度，因为当相对湿度较高时电荷被更快地带走。

（2）介电材料的绝缘电阻，由鞋底、地毯、衣服和轮子引入。

（3）绝缘材料的介电常数。

（4）人或家具相对于参考地的电容。

（5）走路时有节奏的动作。

（6）皮肤表面电阻（有关人员出汗）。

（7）两种材料之间的表面压力。

根据环境的不同，摩擦起电可以建立起相当高的电位（10～25kV），存储能量几兆焦耳。图 3-18 给出了人的充电电压随相对湿度变化的关系。

静电能量放电可以产生快速上升的电流脉冲（上升时间从几百皮秒到几纳秒），其幅值可达几十安，持续时间可达上百纳秒，这取决于电压水平和回路参数。

在充电过程中，人体就像一个容值为 100～200pF 的电容器。如果人体姿势发生改变，对周围环境的电容会改变，因此充电电压也随之变化。例如，当一个人从椅子上站起来时，电容 C 减少，电压 U 增加。从图 3-18 所示的电压

U 值来看，储存的能量可能远远超过 1mJ。在放电过程中，通常假设人体内阻在 150~1500Ω。

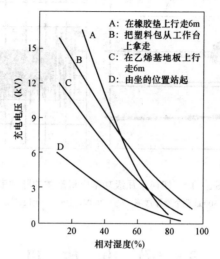

图 3-18 充电电压与相对湿度的关系[3.22]

根据下文的简化电路，可以得出如图 3-19 所示的放电电路模型。人体以 R_B，L_B，C_B 模拟，前臂以 R_H，L_H，C_H 模拟。因此，手/前臂 $R-L-C$ 路径会产生典型的峰值的初始峰值。

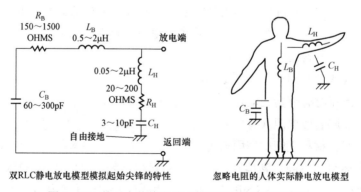

图 3-19 基于人体静电放电模型的计算机模拟[3.21]

静电放电是一种非常快速的现象。此外，它有时会在一个"慢"脉冲的起始位置处出现一个非常快的"先导脉冲"。

从图 3-20 中可以十分清楚地看出操作员采用手持式工具实际测量的充电电压达到 8kV，测量系统带宽为 1GHz。

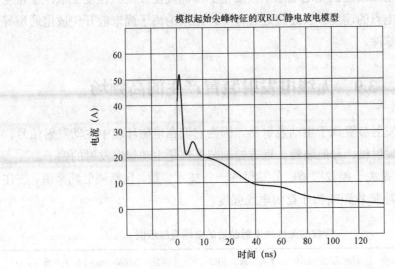

图 3-20 手持金属物体（钥匙）的操作者的典型电流放电

快速预脉冲主要发生在低充电电压下。当涉及干扰时，预脉冲的存在与否对干扰现象的效果有很大影响。

图 3-21 是完整静电放电脉冲（预脉冲和慢脉冲）的频谱密度。陡的初始尖峰明显增加了高频端的频谱密度，因为大部分耦合机理是高通型，所以，起始尖峰是非常重要的。

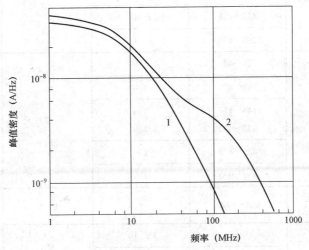

图 3-21 完整的静电放电频谱

1—"慢"脉冲；2—全部脉冲[3.22]

在出现电晕效应的充电电压下，放电脉冲的陡度在很大程度上取决于带电物体接近放电点的速度。快速接近过程中，注入的离子尚未散开使放电通道导通，形成陡脉冲。

3.9　无线电发射装置产生的高频场

无线电发射装置属于主动发射器，因为它们在电磁环境中主动发射信号。广播无线电发射机、导航装置、远方控制装置都是主动辐射发射的例子。

表3-4是关于授权广播服务发射的一些技术参数，包括辐射功率值、居住区的典型发射/接收距离和计算的电场强度。

表3-4　　　　　　　授权的无线电发射装置的电场强度示例

来源	频率范围（MHz）	典型最大 ERP（W）	典型最小距离（m）	相关电场（V/m）
低频广播和海运	0.014~0.5	2.5×10^6	2×10^3	5.5
AM广播	0.2~1.6	800×10^3	500	12.5
高频非专业	1.8~30	1×10^3	10	22
高频通信，包括广播	1.6~30	10×10^3	1×10^3	0.1
居民频段	27~28	12	10	2.5
非专业甚高频/特高频	50~52	8×10^3	10	65
	144~146	8×10^3		
	432~438	8×10^3		
	1290~1300	8×10^3		
固定和移动通信	29~40	130	2	40
	68~87	130		
	146~174	130		
	422~432	130		
	438~470	130		
	860~990	130		
便携式电话，包括无绳电话和移动电话	900~1990	5	0，5	30
甚高频电视	48~68	320×10^3	500	8
	174~230	320×10^3		
调频广播	88~108	100×10^3	250	9

续表

来源	频率范围（MHz）	典型最大 ERP（W）	典型最小距离（m）	相关电场（V/m）
特高频电视	470~853	500×10^3	500	10
（军用*）雷达	1000~30 000	10×10^6	200	110
对讲机	27~1000	5	0,5	30

* 典型最小距离处的计算电场，括号内容为译者加注。

对于不同的应用，计算了典型距离处的场强。除 VLF 范围（0.014~0.5MHz），所有的计算都是按照远场条件应用的标准计算的。

表 3-4 中电场强度（取自 IEC 1000-2-3，1992）是按式（3-4）算出的最大值

$$E=k(ERP)0.5r^{-1} \tag{3-4}$$

式中　　r——最小距离，m；

ERP——有效辐射功率，W；

k——常数。对于表 3-4 中的干扰源，除步话机 k 取 3 外，对其他骚扰源 k 取 7（见 IEC 61000-4-3）。

在这里采用的模型中，假设发射天线是一半波偶极子，位于远场（发射源与观测点之间的距离大于 $\lambda/2\pi$，λ 是场的波长，大于发射源自身尺寸），位于自由空间（E/H=377 Ω）。

此外，表 3-4 还列举了军用雷达的数据。这些数据是按最小距离 200m 计算得出的，因为发电厂或变电站可能位于使用雷达的地方附近（例如沿海）。

辐射也可能来自表 3-4 中列出的发射装置以外的设备，例如遥控设备、车库门开启装置、闯入警铃等。这些设备工作在指定频带，而且输出功率相对较低。

3.10　来自电气或电子设备的无线电频率

除前几节所述的骚扰源外，电力设施中还面临其他高频骚扰源（如电动机、发电机、换流器、照明设备和电子系统等）。

这些无线电频率传导骚扰源和辐射骚扰源的特性，可依据专门的产品标准和 CISPR 出版物[3.15]-[3.18]中的对应条款确定发射限值。

3.11 来自电网的低频骚扰

自动化和控制系统通常由专用电网供电。在这种情况下，可以通过考虑供电系统的特性和电网中接入的骚扰负荷的影响来评估电源的骚扰特性。

接有电子设备或系统的公用电网，来自供电电源的骚扰可以根据电压质量的有关标准（例如，IEC 61000－2 系列）来进行评估[3.34], [3.35]。

3.12 核 电 磁 脉 冲

"核电磁脉冲"一词涵盖了许多种类的核电磁脉冲，包括地表核爆电磁脉冲（SREMP）和空间核爆电磁脉冲（SGEMP）。高空（30km 以上）核爆炸（HEMP）会产生三种可在地球表面观察到的电磁脉冲：

（1）早期 HEMP（快速脉冲）。

（2）中期 HEMP（中速脉冲）。

（3）晚期磁流体动力 HEMP（慢速脉冲）。

早期 HEMP 与 X 射线、γ 射线和中子与空气分子相互作用产生的康普顿电子偏转有关，这是核武器在高空引爆的结果，如图 3－22 所示。这些电子受大地磁场影响持续偏转，横向电子流产生横向电场，并向下传播到大地表面。

早期 HEMP 的特点是电场峰值大（10kV/m）、上升时间快（ns）、脉冲持续时间短（约 100ns），波阻抗为 377Ω。

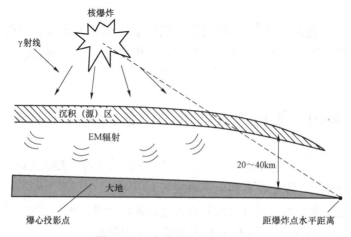

图 3－22 高空爆炸早期 HEMP

　　紧随着起始的快 HEMP 暂态，扩散的 γ 射线和由武器中子非弹性碰撞产生的 γ 射线建立起的附加游离，产生了 HEMP 的第二部分（中期）信号。其场强大小为 10～100V/m，持续时间为一至数十毫秒。

　　最后一种 HEMP 被称为磁流体动力 HEMP（MHD-EMP），由同一次核爆炸产生，其特征是电场幅值较低，一般为数十毫伏/米、上升时间慢（秒级）和持续时间长（数百秒）。

　　图 3-23 取自 IEC 61000-2-9（1996），显示了三种 HEMP 对总电场贡献的时间特性，总电场的定义如下

$$E(t)=E_1(t)+E_2(t)+E_3(t) \tag{3-5}$$

式中　E_1——早期高空电磁脉冲的电场；

　　　　E_2——中期高空电磁脉冲的电场；

　　　　E_3——MHD-HEMP。

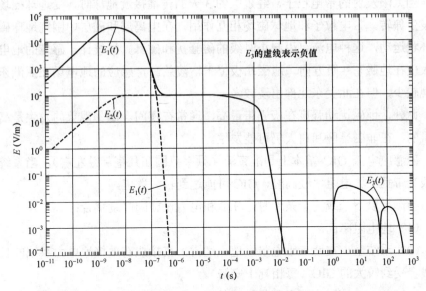

图 3-23　HEMP 全过程波形

　　HEMP 必须具备两个条件才能对电力系统构成威胁。它们都与高空电磁脉冲和电力装置的耦合有关：

　　（1）传输线必须足够长，以便在端点之间形成较大的电位差。

　　（2）输电线两端的直流接地阻抗都必须低，线路中流过直流电流（例如几百安培可导致变压器铁芯饱和）。

　　特别地，MHD-HEMP 在长输电线中产生感应电流，引起谐波和相位不平

衡，损坏电力系统的主要部件（例如变压器）。MHD-HEMP 引起的场会引起如同磁暴时出现的感应效应，这种情况在北欧国家的电话网络中经常发生（大地电流）。

3.13 地 磁 干 扰

地球磁场的变化在电力系统中产生地磁感应电流（GIC）[3.13], [3.14]。GIC 的主要来源是太阳。

太阳扰动释放出大量的带电粒子，这些粒子叠加到来自太阳的恒定带电粒子流（太阳风）上。太阳喷射在很大程度上与太阳黑子周期有关。偶尔"电晕空穴"也会引起磁暴，这是在太阳表面的漏泄"击穿"。多数喷射通常发生在太阳黑子活跃期，并且喷射高峰倾向于在黑子周期的衰减部分出现。

当太阳发射的带电粒子，经过大约 3 天的传播接近地球时，受地球磁场影响发生偏转。带电粒子和地球磁场相互作用，在电离层和磁层中围绕地球磁极呈环状运动，这种电流可引起小时级的磁骚扰和磁暴。据统计，感应的地电场最大值在地磁东–西方向。地磁北极位于格陵兰岛，感应的地电场在亚洲东部出现较少，但在北美东北部出现较多。

此外，地磁扰动强度在极光带最高，通常在夜间。磁暴现象的发生是高度随机的，在非磁暴区和白天仍可能发生。

磁感应电流 GIC 基本上是准直流（频率范围在几毫赫兹左右），当系统位于极光带且土壤电阻率较高时，GIC 可能达到较大数值。

当满足以下一或两个条件时，GIC 和电力设施间高度耦合：

（1）地电阻率高。

（2）系统至少在两点小电阻接地。通常，直接或有效接地电力系统的长输电线会受到较大的 GIC（每相几十安培）。

（3）当 GIC 流过变压器的接地连接时，变压器的铁心深度饱和会引起变压器受到热损坏、电压和线路电流畸变、输电网络中的无功功率流动受到干扰等问题。

（4）由于产生谐波，控制装置和继电保护可能处于非正常工作状态。即使是中性点有隔离设备，也可能因谐波而受损。

在北美，这些问题被认为是导致变压器故障的原因，最坏的情况下甚至是大范围停电[3.13]。例如，图 3–24 显示了在 $07.45U_T$ 时产生的向东 2mV/m 电场。这是魁北克水电系统断电的原因。有趣的是，3h 后出现较大幅度的磁场变化，磁场变化较慢，产生的电场反而较小。后来的磁场扰动及其相关的电场，也造成了北美许多地区的电力系统问题。

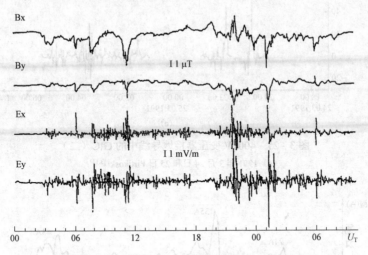

图 3-24 在渥太华磁天文台记录的磁场和魁北克测得电场[3.13]

磁暴现象已在北欧电力系统造成几起线路和变压器跳闸。图 3-25 显示了在芬兰观察到的记录 GIC 的示例[3.14]。由这些 GIC 引起的线路电流如图 3-26 所示。

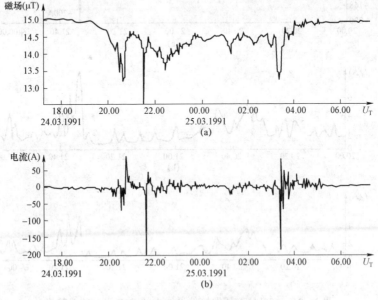

图 3-25 400kV 变压器接地导线中的 GIC（一）

（a）努尔米贾尔维地磁场北分量的变化；

（b）Rauma 400kV 变压器接地导线中相应的 GIC（1min 平均值）

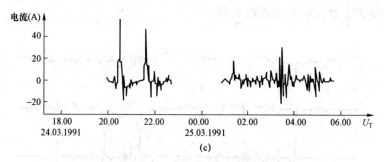

图 3-25   400kV 变压器接地导线中的 GIC（二）

（c）1991 年 3 月 24 日和 25 日 Pirtikoski[3.14]

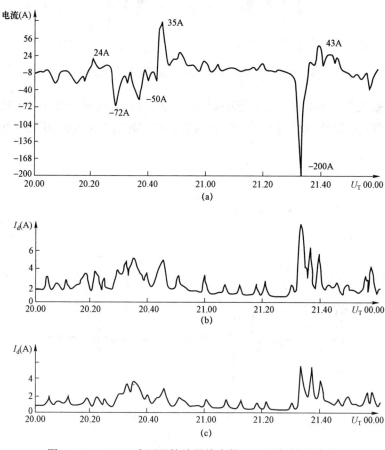

图 3-26   400kV 变压器接地导线中的 GIC 引起的总畸变

（a）400kV 交流电的总电流畸变，从北部进入 Rauma 的线路；（b）从南部进入 Rauma 的线路；

（c）Rauma 变压器，记录于 1991 年 3 月 24 日[3.14]

3.14 附 录 A

空气绝缘变电站 EMI（峰值）数据见表 3－5①。

表 3－5 空气绝缘变电站 EMI（峰值）数据[3.1]

参考文献和注释	数据类型	瞬态场 磁场 H At 0m (A/m)	瞬态场 磁场 H At 10m (A/m)	瞬态场 电场 E At 0m (kV/m)	瞬态场 电场 E At 10m (kV/m)	主要频率 H 或 E (MHz)	主要频率 I 或 U (MHz)	重复频率 (kHz)	不良的EMI屏蔽 U_{cm} (kV)	耦合式电容电压互感器（屏蔽电缆）U_{cm} (kV)	耦合式… I_{wire} (A)	感应电压/电流互感器（屏蔽电缆）U_{cm} (kV)	感应… I_{wire} (A)	感应… I_{shield} (A)	其他 不良屏蔽 U_{cm} (kV)	其他 一般屏蔽 U_{cm} (kV)	其他 良好屏蔽 U_{cm} (kV)	其他 I_{shield} (A)
Eriksson[8]	X, 1						0.2~5					0.1~1.5						
Wiggins[1]	A, 1	26/36	/5.1	7/9.3	/1.8	2~3	1~5	0.1~40			/0.9	/0.25	/0.6					4.4/32
Pretorius[7]	A, 2			/6.6		/1.8												
Wong[15]	A, 2						0.2~1		1~4						1~24	0.1~0.5		
Naumoy[3]	B, 2											/0.32						
Wiggins[1]	B, 1	50/60	/15	5.5/7	/1.7	1~2		>0.1	/3		/1.5		/0.6		1			3.6/40
Gavazza[14]	B, 3								1.5~3.7	0.4	0.85			90				
Pretorius[7]	C, 2			/6 break		/3.3												

❶ Imposimato, C, Eriksson, A, Hoefelman, J, Pretorius, P H, Siew, W H, Wong, P S, EMI Characterisation of HVAC Substations-Updated Data and Influence on Immunity Assessment. CIGRE 会议, 巴黎, 法国, 2002 年 8 月。

续表

参考文献和注释	数据类型	瞬态场 磁场 H At 0m (A/m)	瞬态场 磁场 H At 10m	瞬态场 电场 E At 0m (kV/m)	瞬态场 电场 E At 10m (kV/m)	主要频率 H或E (MHz)	主要频率 I或U (MHz)	重复频率 (kHz)	电压互感器和电流互感器二次回路中的电压和电流 耦合式电容电压互感器（屏蔽电缆）不良的EMI屏蔽 U_{cm} (kV)	耦合式 U_{cm} (kV)	耦合式 I_{wire} (A)	感应电压/电流互感器（屏蔽电缆）U_{cm} (kV)	感应 I_{wire} (A)	感应 I_{shield} (A)	其他二次回路中的电压和电流 不良屏蔽 U_{cm} (kV)	一般屏蔽 U_{cm} (kV)	良好屏蔽 U_{cm} (kV)	屏蔽电流 I_{shield} (A)
Pretorius[7]	C, 2			/2.4disc													0.008	/7
Pretorius[7]	C, 2					/1.2	/4.4											/6
Stewart[10]	C, 2		/3		/0.9	0.5~26	0.04~2	0.3~2				0.2	3.6	1				
Stewart[10]	C, 2		/2		/1.3	0.6~18	0.002~1	0.3~2				0.07	0.7					
Stewart[10]	C, 2						0.005~5		3.5				5	4.2				
vDeursen[12]	D, 4													40				
Naumov[3]	D, 2	/16	/66			/3			/3.5			0.13/1						
Pretorius[7]	D, 2				/7.6													
Pretorius[7]	D, 2						/6.8											
Stewart[10]	D, 2				/20	0.4~30	0.5~11	0.3~2	95(III)				12	40				/15
Feser[4]	E, 1				5	0.1												
Wiggins[1]	E, 2	113/151	/27	14/16	/6.6	0.5	0.2~20	>0.1	/3.9	/2.4	/0.8		10					/40
Wong[15]	E, 2						0.2~1.6								1~15	0.1~1.2		

气体绝缘变电站 EMI（峰值）数据见表 3-6。

表 3-6　气体绝缘变电站 EMI（峰值）数据[3.1]

参考文献和注释	数据类型	瞬态场 磁场 H At 0m (A/m)	瞬态场 磁场 H At 10m (A/m)	瞬态场 电场 E At 0m (kV/m)	瞬态场 电场 E At 10m (kV/m)	主要频率 H或E (MHz)	主要频率 I或U (MHz)	重复频率 (kHz)	耦合式电容电压/电流互感器（二次回路屏蔽电缆）不良的EMI屏蔽 U_{cm} (kV)	耦合式…I_{wire} (A)	感应电压和电流互感器（屏蔽电缆）U_{cm} (kV)	感应…I_{wire} (A)	感应…I_{shield} (A)	其他 不良屏蔽 U_{cm} (kV)	其他 一般屏蔽 U_{cm} (kV)	其他 良好屏蔽 U_{cm} (kV)	其他 屏蔽电流 I_{shield} (A)
Eriksson[8]	X, 1						0.1~55				0.2~2.6						
Blaum[2]	A, 3			0.2/0.6		40~70	14~50				0.4						
Harvey[6]	A, 3			0.3~0.6		20~25											
Feser[4]	A, 2			/2	<0.1	/70	6~20										
Bauer[5]	A, 4			1.3/2	/0.3		/140				/0.8	/0.5	/0.5				0.2
Tabara[9]	A, 3	/13		/1.5		/100	/100				1.5/2		8~20				
Hoeffelman[11]	A, 3	15/25	0.5/1.2	/3.6		0.3~50	0.3~50				0.1		/12	/2		0.02	
Wiggins[1]	B, 1	/57				40~115	1~20				0.4	/7.4		/2.9			/8.1
Wong[15]	B, 2						1~4							0.2~4	0.1~0.2		
Blaum[2]	D, 3					11~26					0.4/0.65		6				
vDeursen[13]	D, 4					0.4~8	0.02~25	0.8~3			0.06						
Stewart[10]	D, 2		/3		/0.3	0.4~20	2.5~23	0.8~3			0.15	0.5	0.7				
Stewart[10]	D, 2		/10		/2.5				6			25	8.5				

49

续表

参考文献和注释	数据类型	瞬态场 磁场 H (A/m)		瞬态场 电场 E (kV/m)		主要频率 (MHz)		重复频率 (kHz)	电压互感器和电流互感器二次回路中的电压和电流 (屏蔽电缆) 耦合式电容电压互感器 (屏蔽电缆)				感应电压/电流互感器 (屏蔽电缆)			其他二次回路中的电压和电流			
		At 0m	At 10m	At 0m	At 10m	H 或 E	I 或 U		不良的 EMI 屏蔽 U_{cm} kV	U_{cm} kV	I_{wire} A	I_{shield} A	U_{cm} kV	I_{wire} A	I_{shield} A	不良屏蔽 U_{cm} kV	一般屏蔽 U_{cm} kV	良好屏蔽 U_{cm} kV	屏蔽电流 I_{shield} A
Feser[4]	D, 2				/10	/20													
Wiggins[1]	E, 1		/79		/5	10~20	6~10			/1.6	/12		/0.8	/12			/2		
Feser[4]	F, 2				/30	/10									/4.5				

注:
1. 表中峰值有四种选择：x=单次值；x/y=典型峰值与最大峰值（高）值；/y=最大（高）值；或 x—y=取值范围。
2. 变电站电压：A=110~150kV，B=220~230kV，C=275kV，D=380~420kV，E=500kV，F=765kV，X=40~400kV。
3. 测量权重：从 1（大型测量活动和/或详细报告）到 4（可用数据很少）。
4. 在端子排上测量。
5. 表 3-5 和表 3-6 的注释（注释编号与参考文献编号相同）：

[1] 断路器的电磁干扰水平低于隔离开关。表中的实地水平为地面水平。表中可能包含更高的频率。
[4] 在靠近 GIS 变电站外壳（10cm）很近或 SF₆ 气体套管附近进行了高电场测量。安装一个连接到 GIS 变电站外壳的金属网将表 2 中的 E 场在 1m 高度增加了 2 倍。最高屏蔽电流来自总线下方 26m 的测试电缆。
[6] 在靠近 GIS 开关外壳外侧的 AIS 母线侧进行测量，电场以距离的 3/2 次方衰减。
[7] 地面以上 1~2m 处测量的现场磁场水平。测量开关闭合操作产生的磁场水平。隔离开关分合操作产生的磁场强度更大（高达 4 倍）。
[9] TA 二次回路的电流幅值和频率均高于 VT 二次回路。外壳电流全是共模（CM）电流。
[10] 最高的磁场水平和频率来自断路器闭合操作。
[11] 其他电路：总线下 50m 通信电缆，两端接地，屏蔽双绞线（Z_t=0.1mΩ/m，300kHz）。
[12] 在现场柜外测量的通过电缆的总电流（穿墙电缆），里面的测量仪仅为外面的 5%。
[13] 测量柜外的 CM 电流和柜内的电压。
[14] 并联接地导线可将非屏蔽电缆上的感应 CM 电流降低 50%~60%。TA/VT 内部电容/电感耦合产生的噪声小于电场和共阻抗耦合。
[15] 敷设在电缆沟内的非屏蔽电缆上的感应电压低于敷设在电缆沟顶部石顶内或砾石顶部的空载试验感应电压。

3.15 附 录 B

GIS 变电站由于其布局紧凑，为空间有限的地区如城市地区提供了一种有潜力的传统变电站的替代方案。必须解决变电站内和周围地区的环境条件问题。Harvey，S.M.Wong，P.S.Balma，P.M.Ontario Hydro Res.Div.，Toronto，Ont.阐述了加拿大安大略省两个 GIS 变电站的无线电干扰（RI）和瞬态场测量结果。为了对比 GIS 变电站 RI 水平，还测量了多伦多地区两所医院外的 RI 水平[3.36]。瞬变场研究涵盖了开关操作过程中产生的电磁干扰（EMI）水平，包括 GIS 变电站内部和外部的测量。主要结果见表 3-7。

表 3-7　　　　　　　　瞬态现场数据汇总

场地	电磁干扰参数	距高压母线上 A 点的距离（ft）	峰值瞬时场（V/m）	主频（MHz）	达到 10%峰值的时间（ms）
1		35	260	20	3.1
		35	488	24	2.6
		35	584	24	2.5
2		60	244	22	1.4
		60	126	22	2.0
		60	152	25	2.6
3		100	53	11	1.7
		100	94	12	1.6
4		230	23	12	NA
		230	47	12	1.2
5		400	7	13	NA
		400	10	14	NA

测量结果表明，GIS 变电站的 RI 水平远低于背景水平，对背景贡献很小。

参 考 文 献

［3.1］ R.Cortina，A.Porrino，P.C.T.Van Der Laan，A.P.J.Van Deursen. Analysis of EMC problems on auxiliary equipment in electrical installations due to lightning and switching operations. CIGRE 1992，36－302.

［3.2］ C.M.Wiggins ， D.E.Thomas ， F.S.Nickel ， S.E.Wright. Transient Electromagnetic Interference in Substations. IEEE 1994 Winter Meeting N.Y.，94 WM 146－1 PWRD.

［3.3］ Working Group 36.01. Electric and magnetic fields produced by transmission systems. CIGRE GUIDE，1980.

［3.4］ F.Morillon，N.Recrosio，L.Quinchon，Ph.Adam，H.Lisik. Calculation of the electromagnetic field emitted by an EHV substation. CIGRE，1994，23/13－13.

［3.5］ D.Armanini，R.Conti，A.Mantini，P.Nicolini. Measurements of power-frequency magnetic fields around different industrial and household sources. CIGRE，1990，36－107.

［3.6］ P.Degauque，J.Hamelin. Compatibilitè èlectromagnétique. Dunod，Paris，1990.

［3.7］ C.A.Nucci，G.Diendorfer，M.A.Uman，M.Ianoz，C.Mazzetti. Lightning Return Stroke Current Models with Specified Channel-Base Current：A Review and Comparison. Journal of Geophysical Research，vol.95，No. D12，Nov. 1990.

［3.8］ Y.T.Lin，M.Uman，J.A.Tiller，R.D.Brantley，W.H.Beasely，E.P.Krider，C.D.Weidman. Characterization of lightning return stroke electric and magnetic fields from simultaneous two-station measurements. Journal of Geophysical Research，vol.84，6307－14，Nov.1979.

［3.9］ E.T.Pierce. Atmospherics and radio noise in lightning. vol.1，R.H.Golde，Academic Press，1977.

［3.10］ C.Leteinturier，C.D.Weidman，J.Hamelin. Current and electric field derivatives in triggered lightning return stokes. Journal of Geophysical Research，vol.95，1990.

［3.11］ R.B.Anderson ， A.J.Eriksson. Lightning parameters for Engineering Application. ELECTRA No. 69，1980.

［3.12］ R.Cortina，A.Porrino. Calculation of Impulse Current Distributions and Magnetic Fields in Lightning Protection Structures.A Computer Program and its Laboratory Validation. COMPUMAG，Sorrento 1991－Italy，063.

［3.13］ D.H.Boteler. Geomagnetically induced currents：present knowledge and future research. IEEE 1993 Winter Meeting Columbus，OH，Paper 93WM 063－8 PWRD.

［3.14］ J.Elovaara，P.Lindblad，A.Viljanen，T.Maekinen，R.Pirjola，S.Larsson，B.Kielen.

Geomagnetically induced currents in the Nordic power system and their effects on equipment, control protection and operation. CIGRE 1992, 36-301.

[3.15] EC 801-5. Electromagnetic Compatibility for Industrial-Process Measurement and Control Equipment—Part 5: Surge Immunity Requirements. draft, Geneva, IEC, Jul. 1992.

[3.16] EMI for Testing Medical Devices. AFJ EMC & Safety. application note Oct. 2004.

[3.17] CISPR Publication 18. Radio interference characteristics of overhead power lines and high-voltage equipment.

[3.18] CISPR Publication 22. Limits and methods of measurement of radio interference characteristics of information technology equipment.

[3.19] L.Grcev. Computer analysis of transient voltages in large grounding systems, IEEE transactions on Power Dellvery, vol.11, No. 2, Apr. 1996, 815-823.

[3.20] H.W.Ott. Noise reduction techniques in electronic systems, 2nd ed., Wiley, New York, 1988.

[3.21] P.Richman. Electrostatic discharge, Tutorial by Key-Tech, Zurich EMC, 6 Mar. 1989.

[3.22] J.J.Goedbloed. Electromagnetic Compatibility, University Press, Cambridge 1992.

[3.23] Joint Task Force 36/33. Modeling of fast transient effects in power networks and substations. CIGRE 1996, 36-204.

[3.24] M.Ianoz. Lightning electromagnetic effects on lines and cables. Proc.12th Int.Zurich Symp.EMC, 18-20 Feb. 1997, T3.

[3.25] Imposimato, C, Erikson, A, Hoefelman, J, Pretorius, P H, Siew, W H, Wong, P S. EMI Characterisation of HVAC Substations - Updated Data and Influence on Immunity Assessment, CIGRE Session, Paris, France, Aug. 2002.

[3.26] Technical Brochure No. 320. Characterization of ELF Magnetic Fields, CIGRÉ WG C4.205, April 2007 (Summary article published in ELECTRA 231 Apr. 2007).

[3.27] Technical Brochure No. 373. Mitigation Techniques of Power-Frequency Magnetic Fields Originated from Electric Power Systems. CIGRÉ WG C4.204, Feb. 2009.

[3.28] A.Ametani. Distributed-Parameter Circuit Theory" Corona Pub.Co., Tokyo, Feb. 1990 (in Japan).

[3.29] A.Ametani, K.Hashimoto and N.Nagaoka. Modeling of incoming lightning surges into a house in a low-voltage distribution system. Proceedings of EEUG 2005/Warsaw, 67-30, Sep. 2005.

〔3.30〕 A.Ametani.K.Matsuoka，H.Omura, Y.Nagai. Surge voltages and currents into a customer due to nearby lightning，Electric Power Systems Research，vol.79，428－435，2009.

〔3.31〕 A.Ametani，H.Motoyama，K.Ohkawara，H.Yamakawa, N.Suga. Electromagnetic disturbance of control circuits in power stations and substations experienced in Japan，IET Generation，Transmission and Distribution，vol.3，No.3，801－815，Sep. 2009.

〔3.32〕 A.Ametani, T.Kawamura. A Method of a Lightning Surge Analysis Recommended in Japan Using EMTP"，IEEE Trans.Power Delivery，vol.20，No.2，867－875，Apr. 2005.

〔3.33〕 Carsimamovic S.et al. Switching Overvoltages on Air-Insulated Substations（AIS）Due to Disconnector and Circuit Breaker Switching. C4－301，CIGRE 2006.

〔3.34〕 IEC/TR 61000－2－1 ed 1.0 Electromagnetic compatibility（EMC）—Part 2：Environment Section 1：Description of the environment-Electromagnetic environment for low frequency conducted disturbances and signalling in public power supply systems 1990.

〔3.35〕 IEC/TR 61000－2－14 ed 1.0 Electromagnetic compatibility（EMC）—Part 2－14：Environment-Overvoltages on public electricity distribution networks 13－12－2006.

〔3.36〕 Harvey，S.M.Wong，P.S.Balma，P.M. Radio interference and transient field from gas-insulated substations. IEEE Transactions in Power Delivery，vol.10，No. 1.Jan. 1995.

〔3.37〕 Durham M.O., Durham R.A. Lightning，Transient and HF Impact on Material Such as Corrugated Tubing. Frontiers of Power，Oklahoma State University，2008.

〔3.38〕 Soares A.Jr.，Schoeder M.A.O., Visacro S. Transient Voltages in Transmission Lines Caused by Direct Lightning Strikes. IEEE Transactions on Power Delivery，vol. 20，No.2，Apr. 2005.

〔3.39〕 Rizk，F.A.M. Modeling of Transmission Line Exposure to Direct Lightning Strokes. IEEE Transactions on Power Delivery，Vol 5，No 4 Nov. 1990.

〔3.40〕 Orságová J., Toman，P. Transient Overvoltages on Distribution Underground Cable Inserted in Overhead Line. 20th. International Conference on Electricity Distribution，0634, CIRED 2009.

4

电磁骚扰的特征

本章基于现场经验和实测结果，给出电磁骚扰水平的主要特征。

本章中的部分内容并不适用于所有情况。特别是，基于日本发电厂和变电站的现场经验总结的数据，不能直接适用于其他各国。然而，对于 GIS 变电站中雷击和开关操作下控制电路电磁骚扰水平，本工作组的另一位成员也提供了类似的结果。这些信息表明控制电路中电磁骚扰的基本特征是相似的。因此，本章内容可能在其他国家也有参考价值。

4.1　高压变电站内的电磁骚扰水平

本节基于前面章节中所述的 EMC 概念，评估变电站二次回路中可能出现的骚扰水平。[4.1]-[4.16]

4.1.1　高压电路中开关操作、绝缘击穿或闪络引起的骚扰

4.1.1.1　空气绝缘变电站（开关设备）（AIS）

骚扰水平取决于许多参数，其中最重要的有：

（1）开关操作产生的瞬态电压和电流。

（2）变电站电压等级。

（3）骚扰发射装置（骚扰源）和接收器（敏感对象）的相对位置。

（4）接地网的性质。

（5）电缆类型（屏蔽或非屏蔽）。

（6）（电缆）屏蔽层的接地方式。

这里将讨论两种耦合模式，其细节将在 5.2 说明。

（1）由于电流和电压波在母线和线路上传播而产生的磁（或电磁）耦合。

对母线下方和电压互感器附近瞬态电场的测量表明，其典型峰值大小在 1～10kV/m 范围内。

其频谱取决于变电站的尺寸，通常与变电站电压等级成反比。虽然曾有高达 200MHz 的记录，但通常频谱范围从几千赫兹到几兆赫兹。

高频暂态总的持续时间为 1～10μs，但在一次开关操作中，这些瞬变可能重复许多次。

开关操作期间，母线下方地面上长 100m 的未屏蔽电缆一端（另一端接地）的共模电压的典型值可达 3～4kV（对于 150kV 变电站）和 6～8kV（对于 400kV 变电站）。

两端接地屏蔽电缆的端部的共模电压取决于电缆的屏蔽效能（见第 5 章）

和频谱。

大致而言，在 200kHz～2MHz 频率范围，钢丝（螺旋缠绕）屏蔽的折减系数为几十分之一，非常好的铜编织带屏蔽或管状屏蔽的折减系数可达 1%以上（见 7.3.2.2）。

屏蔽层中的电流能轻易达到几十安培。

（2）由于电流流入电容性负载（如电压互感器）而产生的公共阻抗耦合和磁耦合（见图 4-1）。

在 400kV 变电站中，在直接靠近电容式电压互感器的电路（特别是电容式电压互感器的二次回路）中感应的共模电压能超过 10kV。当然，采用屏蔽电缆可以很大程度地降低上述电压，但难以达到第（1）条所述的折减系数。这是因为不可能把由电压 N 线、电压互感器的接地线以及二次回路的接地线所形成的环路面积减小到零。此外，电压互感器一次和二次绕组之间存在的杂散电容耦合，可在二次回路上导致高达数千伏的高频差模电压。此差模骚扰的频率可超过 10MHz，但通常会因电缆的阻尼（损耗）而衰减。

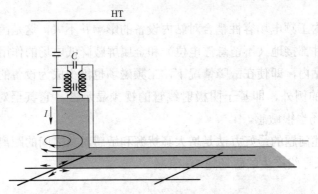

图 4-1　电压互感器接地引起的公共阻抗耦合和磁耦合

4.1.1.2　气体绝缘变电站（GIS）

和常规的 AIS 相比，GIS 有如下的根本性差别：

（1）电气部件的尺寸要小得多，因此，骚扰的频谱（其很大程度上受行波在母线上的多次反射过程影响）比 AIS 情况下至少高 10 倍[4.1]。

（2）GIS 的特性阻抗约为 AIS 特性阻抗的 20%（前者约 60Ω，后者约 300Ω），这将导致 GIS 与架空线路或空气绝缘母线连接处出现严重的阻抗失配。

这种失配是开关操作期间高驻波比，特别是高电流波的起因（电压波的幅值直接取决于电压等级，并与 AIS 情况下开关操作产生的电压幅值相当，然而电流波的幅值与特性阻抗成反比，因此 GIS 情况下电流波幅值比 AIS 情况更大）。

GIS 金属外壳上存在的屏蔽不连续点，例如在与架空线路或电缆的连接处是重要的电磁辐射源，辐射强度有时高于 10kV/m 和 50A/m。

如果这种不连续出现在安装了 GIS 的建筑物的外部，且该建筑物的屏蔽确保了 GIS 屏蔽的连续性，则不会造成严重影响。

这些问题通常出现在架空线路上。然而，当变电站的一部分是露天的，或当 GIS 外壳连接到屏蔽层未接地（或不正确接地）的电缆时，也会在电缆上引起严重的骚扰。

其后果是，开关操作期间在接地网和二次回路中感应出很高的电位。

在一些文献中，这些电位有一个不完全准确的名称：暂态地电位升（Transient Ground Potential Rise，TGPR）。TGPR 可高到足以引起彼此不直接接触的接地金属部件之间发生火花放电。

在 GIS 变电站中，由于高压设备和电子设备之间的距离相对更小，这些问题更加突出。

4.1.2 工频场引起的骚扰

变电站内工频电场容性耦合对站内设备的影响并不大，这是因为所有不带电的金属部件都接地（不留悬浮电位）和金属屏蔽降低电场的作用。

在变电站内，即使在故障情况下，工频磁场也极少成为设备的干扰源。但有一个重要的例外，即基于阴极射线管的视频显示器，它甚至对低至 1A/m（1μT）的磁场也很敏感。

避免上述问题的最好办法是增大骚扰源和敏感对象之间的距离 x。通有电流 I 的单根长导线产生的磁场随 $1/x$ 衰减

$$H = \frac{I}{2\pi x} \qquad (4-1)$$

对于两相或三相平衡系统，H 随 $1/x^2$ 衰减

$$H = kI\frac{d}{x^2} \qquad (4-2)$$

式中　d——导体之间的距离（假定远小于 x）；

k——一个与导线布置方式有关的常数，大约等于 0.2。

对于限制在有限体积内的电路（例如变压器，中压、低压变电站），假设 x 远大于该电路的最大尺寸，则 H 随 $1/x^3$ 衰减。

另一个解决办法是在骚扰源本身上想办法：通过减小导线间距来降低磁场强度。

如果这种方法不可行，另一种解决办法是用液晶显示器或其他类似的装置代替阴极射线管；此外，也可通过适当措施对阴极射线管或其所在房间进行屏蔽（见7.3.3）。

有时候，有源补偿方法（用电流可控的回路所产生的磁场来抵消骚扰磁场）也能用来减缓磁场骚扰问题。

总之，工频场对设备和装置干扰影响不大。但值得一提的是，故障条件下的感性和容性耦合可能是导致某些长导体结构（电缆、金属管线）出现严重骚扰问题的根源。4.2.4.2将对此做出解释。

4.1.3　故障电流引起的骚扰

接地故障电流由工频分量和高频分量组成（在这方面，这些电流与开关操作产生的电流有些相似）。单相故障导致母线电压迅速变化，其幅度与开关操作引起的浪涌相当。当接地网网格密度不够时，在高压设备、接地网和电缆屏蔽层中存在的工频环流，是故障期间出现低频电位差的主要原因。这些电流又可通过公共阻抗耦合或感性耦合在电路中感应出骚扰。在典型的变电站内，50kA的故障电流有可能引起的最高500V的骚扰电压。不过，在具有良好接地网并且电缆正确敷设的变电站内，最大电压应该不会超过200V。变电站内故障电流引起的骚扰问题主要出现在延伸到变电站接地网之外的电路上，因为这些电路直接承受地电位升高的影响。

4.1.3.1　地电位升

当电气装置发生接地故障时，入地电流使得接地极（接地回路、接地网）和邻近土壤的电位升高（相对于远方地电位）（见图3-8）。

从图3-8中可以看到：在同一接地网上的两点间电位升相差不大。所以，安装在这个接地网区域以内的电路将主要承受如前所述的感性耦合骚扰。

然而，对于跨入"受影响区"的电缆，情况就不同了。因为它将直接承受幅值等于地电位升的纵向电压。

地电位升通常等于接地网的接地电阻 R_g 与入地电流 I_g 的乘积

$$U = R_g I_g \qquad (4-3)$$

通常情况下，I_g 小于故障电流 I。后者是以下电流的总和：

（1）变电站变压器上的 I_a。

（2）无地线架空线路上的 I_b。

（3）有地线架空线路上的 I_c。

（4）电力电缆上的 I_d。

入地电流 I_g 不包括通过接地导体回流的部分。

它由式（4-4）**❶**给出

$$I_g = I_b + I_c \frac{R_c + j\omega(L_c - M_c)}{R_c + j\omega L_c} + I_d \frac{R_d}{R_d + j\omega L_d} \qquad (4-4)$$

式中　R_c 和 R_d ——地线和电力电缆屏蔽层的单位长度电阻；

　　ωL_c 和 ωL_d ——地线和电力电缆屏蔽层的单位长度电抗（以大地作为回流路径）（50Hz 时约为 0.7 Ω/km）；

　　ωM_c ——"地线-大地"回路和"故障线-大地"回路之间的单位长度互电抗（50Hz 时约为 0.25Ω/km）。

对于屏蔽层两端接地的屏蔽电缆，过电压 U 按屏蔽系数 k 降低［见 5.2.2.4，式（5-13）］

$$k = \frac{Rl}{R_g + R_g' + (R + j\omega L)l} \qquad (4-5)$$

式中　R ——电缆屏蔽层的单位长电阻；

　　R_g ——变电站的接地电阻；

　　R_g' ——远端变电站的接地电阻（假定这里不受故障电流影响）；

　　ωL ——电缆屏蔽层/大地回路的单位长电抗（50Hz 下，约 0.7Ω/km）。

另外，两个变电站之间存在接地连接时，将有电流 I_s 流过电缆屏蔽层，且将部分电位升引至远端

$$I_s = \frac{U}{R_g + R_g' + (R + j\omega L)l} \qquad (4-6)$$

$$U_g = \frac{UR_g}{R_g + R_g' + (R + j\omega L)l} \quad 和 \quad U_g' = \frac{UR_g'}{R_g + R_g' + (R + j\omega L)l} \qquad (4-7)$$

式中　U_g ——新的地电位升；

　　U_g' ——远方变电站的地电位升。

特别是当两个变电站相距不远时，应该检查这些电流和电压是否超过允许值、电缆屏蔽层电流是否过大。

单相接地引起的地电位升有时可超出 5kV，在保护不完善的电路中将引起过电压。

此外，如果通信电缆与架空线或电力电缆长距离并行，它将受到故障电流

---

❶ 对于有接地回路的导体阻抗，可以忽略接地电阻。

的感性耦合影响。由此产生的共模过电压可达到几千伏，并取决于多个参数，如电流幅值、通信电缆和电力线路并行的长度和距离、架空线的地线（电力电缆的屏蔽层）和大地间的电流分配。

4.1.3.2　电力电缆和架空线路对通信电缆的影响

此问题的一部分涉及变电站，由国际大电网会议（CIGRE）和国际无线电联盟（ITU-T）合作研讨。相关计算的细节见文献［4.5］的第2～4卷。

为了对通信电路中可能出现的骚扰问题有基本的了解，笔者给出上述文献中的主要结论：

（1）容性耦合仅发生在架空电力线路和架空通信线路之间，当两者间的距离小于50m时，这种耦合方式将十分显著；故障条件下的感性耦合是骚扰的主要来源，它既可以发生在架空线路上，也可以发生在埋地线路上。

（2）受影响的线路长度特别重要。对于和高压线相距小于 $200\sqrt{\rho}$（ρ 是土壤电阻率，单位：$\Omega \cdot m$）的通信线，在高压线发生单相接地故障时（短路电流经大地返回），感应电压的典型值为10V/（km·kA）左右。

（3）在通信电缆附近有地下电力电缆时，通信电缆上的感应电压能超过100V/（km·kA）。

当然，在上述情况下，以下因素可引入折减系数 k：架空输电线路的地线（$0.5 \leqslant k \leqslant 0.8$）；地下电缆的屏蔽层或平行接地导线（$0.1 \leqslant k \leqslant 0.5$）；通信电缆屏蔽层（$0.1 \leqslant k \leqslant 0.8$）。

注意，总的折减系数并不等于单个的折减系数的乘积。

4.1.4　雷击引起的骚扰

和正常开关操作相反，发生在变电站内的直接雷击可以引起破坏性效应。这种情况下（破坏性效应）的耦合机理是公共阻抗耦合（例如接地网电位升高）或对敏感电路的直接感应，而辐射耦合仅仅引起干扰。

另外，应该注意：即使雷电脉冲的上升时间（0.25～10μs）比开关操作电磁暂态的上升时间（5～50ns）要长得多，但雷电脉冲的幅值能比操作暂态的幅值高出两个数量级以上，因此它们有相同量级的 dI/dt。

4.1.4.1　靠近接地导体的电路中的感应

7.2.1 讨论了流过接地导体的雷击电流通过直接感性耦合对附近电路的影响；用图7-3中给出的表达式可直接估算相应的骚扰水平。

取决于导线间距离、影响段长度和雷击电流大小等因素的变化，所产生的骚扰可以在很大范围内变化。

需要重复强调的是：应重视接地线的数量，仅仅减小接地线的长度是不够的。增加接地线的数量，可以使得雷击电流有多个通路泄流，从而减小单根导线或部件中的电流强度。

4.1.4.2 变电站受直接雷击

雷击电流作用下地电位升可以很容易地达到几十甚至几百千伏。和短路故障电流情况类似，延伸到变电站接地网之外的电路将承受最高的骚扰电平。

但和低频情况不同，当频率升高时必须考虑电感的作用，此时接地网上的电位分布不再均匀。因此，即便仅分析接地网覆盖范围内的骚扰问题也比低频情况下更为复杂。

如果接地网是由绝缘导体构成的，或是安装在地面上（例如搭接网）并沿其边缘与理想地连接，这种情况下计算安装在附近电路中的感应电压是比较容易的。特别是，当电路与接地网或搭接网有电气连接时，距离越近，感应电压就越小 [见 7.2 规则（3）]。

在这种情况下，认为（暂态）地电位升之差就是两点间的电位差的看法是错误的。此时，两点间电场的线积分主要决定于电路所交链的磁通，因此是路径（这个路径取决于电压测试时的具体布线）的函数。特别是当测量线完全靠近地网导线的表面时，由于磁通接近于零（回路面积趋于零的结果），并且导线的电阻也可忽略不计（即使考虑到集肤效应），故电位差实际上等于零。这就是所谓的"电压降"或"标量电位差"。

但是，如果地网是埋在地面以下，并且和导电媒质（例如土壤）电气接触时，情况则完全不同。

这时，由于土壤的散流，地网的每根导体中的电流密度随着离开电流注入点距离的增加而减小。不论频率高低，均是如此。只是高频下，导线的感抗增加，电流更多地通过土壤的分布电阻来散流，因为土壤路径比接地网导线路径的阻抗更低，由此导致高频情况下接地网上的电流衰减得更快。

如图 4-2 所示，接地网由一个水平导体组成，该导体由位于电阻 R_1 和 R_2（代表土壤的耗散电阻）之间的集总电感 L 表示。

在此简化模型中，可假定低频时 $\omega L \ll R_1 = R_2 = R$；高频时 $\omega L \gg R_1 = R_2 = R$。那么有

$$GPRLF = IR / 2 \qquad (4-8)$$
$$TGPR = GPRHF = IR \qquad (4-9)$$

因此，不难理解实际环境中，高频情况下接地网附近地电位分布的起伏比工频情况下要大。

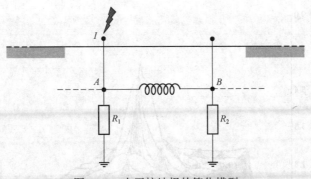

图4-2 水平接地极的简化模型

图 4-3 和图 4-4 对此进行了说明，这两个图来自文献［4.6］。其中，接地网为边长 60m 的正方形，网格尺寸为 10m×10m。接地网导体为 5mm 半径的铜导线，埋深 0.5m。图 4-3 和图 4-4 分别显示了接地网中心处注入 0Hz 和 0.5MHz 的 1kA 电流时，地表的标量电位升分布。

尽管研究人员给地电位升的概念假设了完整的（电压方面的）物理含义，但这并不意味着安装在接地网络附近的任何电路都将直接承受这个地电位升，因为还必须考虑电路之间的磁耦合。

为了说明这一点，可在上述例子中增加一根位于地上的单导线，它与接地导体平行，并在雷击点接地（见图 4-5）。

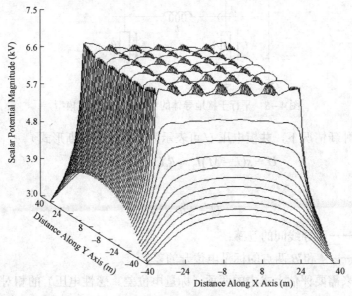

图 4-3 $I=1\text{kA}$、$f=0\text{Hz}$ 和 $\rho=1000\Omega\cdot\text{m}$ 时的地表电位分布

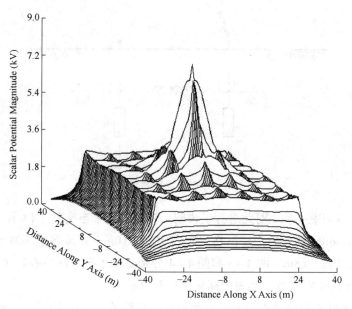

图 4-4　I=1kA，f=0.5MHz，ρ=1000 Ω·m（ε_r=10）时的地表电位分布
（该标量电位无直接物理意义）

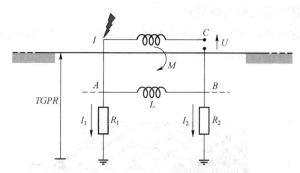

图 4-5　平行于接地导体的水平导线的简化模型

在这种新情况下，共模电压 U 可表示为（按拉普拉斯形式）

$$U = s(L-M)I_2 = R_1I_1 - R_2I_2 - sMI_2 \qquad (4-10)$$

或

$$U = \Delta\Phi - sMI_2 \qquad (4-11)$$

式中　M——两导线间的互感；

$\Delta\Phi$——A 和 B 两点的标量电位升的差。

接下来需要评估上式中的两项（标量电位差、感性电压）的相对重要性。

为此首先需计算 L 和 M，先采用类似于 4.5 和 5.6 中给出的表达式

$$L = \frac{\mu_0 l}{2\pi}\left(\ln\frac{2l}{\sqrt{2da}} - 1\right)$$

$$M = \frac{\mu_0 l}{2\pi}\left(\ln\frac{2l}{d+h} - 1\right) \tag{4-12}$$

式中　a——导线的半径；

　　　h——导线离地高度；

　　　d——地中导线的埋深；

　　　l——地中导线的影响长度，也即在此长度之外所有电流都已泄入土壤，可假定该长度等于 4.5.1 中引入的临界长度l_c。

由式（4-12）可见，当导线间的距离 $d+h$ 远大于埋地导线的半径 a 时，L 明显大于 M，共模电压 U 主要取决于 A、B 两点间地电位差。

这是合乎逻辑的，因为 L 代表环绕地下导线的全部磁通，而 $L-M$ 只代表磁通中被地上导线所限定的那部分。

因为磁场随距离地中导线的距离增加而迅速减小，不难理解磁通量大部分局限在两个导体形成的回路范围内。

注意到

$$L - M = LBAC = \frac{\mu_0 l}{2\pi}\left(\ln\frac{d+h}{\sqrt{2da}}\right) \tag{4-13}$$

就是两根导线所形成的回路的自感。它可以按 5.6 的方法导出，其中 $\sqrt{2da}$ 为埋导线的"等效半径"。

$(L-M)/l$ 也可以被看作接地导体的转移电感。

影响长度或临界长度 l_c 的概念也是非常重要的。频率越高，土壤电阻率越低，影响长度越小。因而，相对于磁耦合电压，地电位升在共模电压 U 中所起的作用就越大。

基于这些原因，虽然共模电压 U 并不确切等于 A、B 两点间的地电位升之差，但通常取此值作为 U 的上限。

另外，当源和受扰对象之间的距离与接地导体的直径具有相同数量级时，或当该接地导体不是与大地接触的裸导体时（其结果是电流不能在土壤中消散，从而影响的长度远大于临界长度）。换句话说，当接地导体是电缆屏蔽层或平行接地导体时，上述近似不再成立，并且瞬态地电位升不再代表接地电路端部出现的实际共模电压。

这是一个非常重要的结论。它实际上意味着：在降低骚扰电平方面，地上接地网即所谓的搭接网所起的作用和地下接地网络（接地网或接地极）所起的作用是不同的。

对于高频（或瞬态）骚扰的抑制，构建搭接网络最为重要。

当电缆带有平行接地导线（ECP）或屏蔽层时，可按下述三个步骤评估骚扰电平：

（1）计算（或测量）没有 ECP 或屏蔽层时的共模电压 U'。

（2）计算在 ECP 或屏蔽层中流过的电流（通过 U' 除以 ECP 或屏蔽层的阻抗）。

（3）利用转移阻抗的概念计算共模电压 U。

4.5.3 给出了这种方法的一个算例。

以上提出的估计共模骚扰电平的方法是基于电路理论的，只是一种近似方法，因为电路理论不适用于高频和有损媒质情况。

这是因为，与空气相比，土壤中的波过程即使在很低的频率也会出现（频率 1MHz 且 $\rho=100\Omega\cdot m$ 时，土壤中的波长等于 22m，而空气中的波长等于 300m，土壤中的波长远小于空气中的波长）。

文献［4.7］中介绍了一种基于天线理论的更为精确的计算方法，其中比较分析了瞬态电位差（TGPR）和路径相关电压（磁感应）的相对重要性。

下面介绍一个摘自文献［4.7］算例，用于上述结论的进一步解释❶。

在图 4-3 和图 4-4 中接地网的一角，注入上升时间为 0.25μs、半高宽时间 100ms 的浪涌电流。假设接地网埋深 0.8m，土壤电阻率 $\rho=1000\Omega\cdot m$，相对介电常数 $\varepsilon_r=9$。

一条单端接地的电缆，埋深 0.3m（见图 4-6）。考虑从点 1～3 的两种不同的电缆布设路径：一种沿地网导线转折（1-2-3），另一种直线连接点 1 和点 3（1-3）。

如前所述（与图 4-5 和 5.2.2.1 相关的方程），出现在未接地端的共模电压可以表示为两项之和

$$V_T = \Delta\Phi + V \qquad\qquad (4-14)$$

式中 $\Delta\Phi$——暂态地电位升的差，只取决于路径的起点和终点的位置；

V——时变场导致的感应电压，它依赖于具体路径。

---

❶ 例中使用的符号取自文献［4.7］。

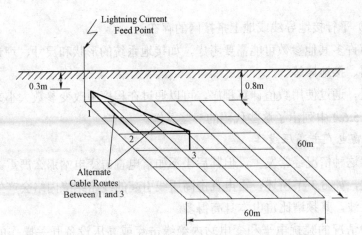

图 4-6 接地网及其上两种不同的电缆布设路径

图 4-7 给出了两种电缆路径的总的暂态电压及其两个分量：图（a）路径 1-2-3，图（b）路径 1-3。

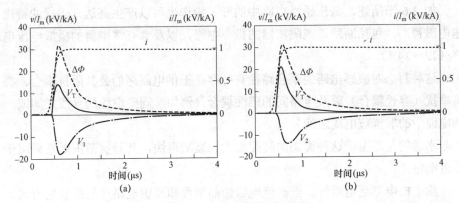

图 4-7 电缆末端的瞬态电压

(a) 电缆线路 1-2-3；(b) 电缆线路 1-3

可以看出，如电路理论所预测的那样，暂态地电位升效应被因磁通变化所致的感应电势所部分抵消。当电缆沿地网导线走向布设时，这种抵消更显著（见 7.2.2 中所述的平行接地导线的原理）。

实际情况下，许多参数都会影响暂态电压的大小和波形。

一些因素对电压的两个分量都有重要影响（既影响 TGPR 又影响感应分量），例如：① 雷击电流的波形；② 大地的电导率。

一些因素主要影响 TGPR，例如：① 雷击电流注入点的位置；② 雷击电流注入点周围接地网的网格密度；③ 电缆（或电缆屏蔽层）接地点的位置。

其他因素主要影响感应分量，例如：① 电缆的路径；② 电缆和接地网的距离；③ 平行接地导线或地上搭接网的存在。

还有许多其他参数可能需要考虑，如接地系统的形状和尺寸、埋设深度、导线材料、接地棒等。

最近，通过使用数值计算程序，可以通过在程序中改变参数大小来进行参数分析。5.6.4 中列出了这些代码的一些算例。

4.1.4.3　雷电直击高压线路

虽然这种情况经常发生，但其后果不如雷电直击变电站那么严重。

不过，如 3.3 节所述，雷电直击高压线引起的线路绝缘闪络会产生一个极陡的电压波，其频谱比雷电本身高得多。

这种情况的骚扰电平和变电站内绝缘击穿或高压设备开关操作的骚扰电平（见 4.2.2）相当。

4.1.5　低压电路中开关操作引起的电快速瞬变

如 3.6 节所述，低压感性电路中的开关操作也可以产生高达几千伏的特快速电磁暂态，包括断路器或隔离器的指令电路，以及含有继电器的极低电压电路（12～24V）。

这种暂态对敏感电路的耦合路径有：存在于供电回路的公共阻抗耦合、直接串扰（容性耦合）以及电路间的感性耦合（例如，同一电缆的导线之间或一捆电缆中的非屏蔽电缆之间）。

幸运的是，由于这种暂态的陡度很大、衰减很快，其骚扰范围通常只限于邻近电路。

除了机电型继电器外，固态继电器如晶闸管和照明电路（气体放电方式）的开关操作也可能是干扰源。

后者虽然比机械开关更为频繁地产生快速瞬变，但通常不严重。

4.1.6　静电放电

静电放电是所有场合都可能遇到的一种骚扰，并不是高压变电站所特有。

然而，由于传统变电站内气候环境（温度、湿度）通常不如在发电厂或控制中心内那样受到控制，以及车辆（家具）等有时要在变电站内搬动。所以，变电站内可能会发生较高电平的静电放电。

4.1.7　无线电发射设备引起的干扰

变电站内控制和维修人员在现场工作时广泛地使用移动式无线电收发机。

这种情况有可能经常发生：现场作业时打开了放置敏感电子设备的柜门，此时敏感电子设备失去了柜门的防护，但却有工作人员在其附近使用对讲机。

一个 5W 的发射机产生的电场轻易能在 50cm 处超过 10V/m，在 20cm 处超过 30V/m。处于这种直接辐射的耦合作用下，不难理解敏感装置所面临的风险（例如意外跳闸）。

在正确布线的情况下，通过信号电缆或电源电缆耦合射频骚扰的情况不常发生。

4.2　发电厂内的骚扰水平

一般来说，与高压变电站相比，发电厂的电磁兼容问题不算严重。主要原因是发电厂内高压设备和低压设备的距离更大，接地网更好。

特别是，与发电厂相邻的高压场内的雷击和开关操作很少会是发电厂内干扰的来源，尽管它们是高压变电站电磁兼容问题最重要的起因。

然而，与变电站的通常情况相反，在发电厂内常会遇到电缆两端都有敏感的电子设备（例如一头是电子智能传感器，另一头是仪器）的情况，这有时会使得对电缆布线和屏蔽实施的要求更加严格。

根据研究人员的调查，对于发电厂中的许多主要骚扰源（如工频磁场和低压电路中的快速瞬变），4.1 节中（变电站内）的相关论述也是适用的。

4.2.1　故障电流

低压或中压配电系统中故障电流的最大值或许不超过 20kA，但发电机母线上的故障电流有可能达到 100kA 量级（故障两侧电流之和）。

很明显，发电机或变压器附近的接地网都需要加固以满足所有安全规则。这尤其要求，入地电流可通过非常短的路径回流，并且不应影响不在该设备邻近范围内的电路。

但要注意，不要使故障电流流到与设备相连的信号电缆的屏蔽层中去，这可以利用平行接地导线或电缆槽办到。

4.2.2　雷击

雷击发电厂引起的后果取决于雷击点。

正常情况下，如果主厂房已采用 7.4.2.2 所述的雷电保护系统进行防护，则其内部线路上不会产生大的骚扰。

当雷电击中发电厂的某个远离主接地网的部位时，情况就有点不同了。这时，可能出现显著的地电位升高，并影响某些特定电路（见3.5.2）。

4.2.3 低压电路中的开关操作

由于存在大量的功率调节电路、变速驱动器及其他电子变换器，发电厂中产生重复性暂态骚扰的概率比变电站中高。这意味着需要特别重视敏感电路的布线（避免容性耦合和感性耦合）和电源线的滤波（避免公共阻抗耦合）。

特别地，使用不同的电缆槽来分别支撑携带不同类型信号的电路（电缆）是避免这种干扰的好方法，同时也改善了搭接网（见图4-8）。

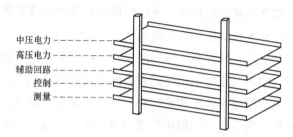

中压电力 ------
高压电力 ------
辅助回路 ------
控制 ------
测量 ------

图4-8 不同类型电缆在电缆槽上分开走线示例
（托盘应和接地的垂直支架电气相连）

4.2.4 无线电发射设备

与变电站一样，移动式发射机也是发电厂的潜在的难以预料的骚扰源，因为它们可以出现在任何地方，与环境等级无关。

固定式无线电装置（如寻呼系统），当其天线安装在低电平电路附近时，有时也可能影响仪表的正常工作。

上述射频场不太可能对单个元件（如集成电路、晶体管、二极管）产生任何直接影响，但会耦合到各种导体（线）中。

所产生的电压和电流将对电子模块和设备造成不利的影响，例如：

（1）热电偶放大器产生错误输出。

（2）控制系统故障。

（3）仪表信号发射器产生不正确的信号电平。

（4）电子直流电源受到影响，输出的稳定性被扰动。

大多数仪器[4.8]的正常信号是直流电或低频交流电信号。耦合的射频骚扰的频率远在这些仪表放大器的运行频率范围之外。但是，这些射频骚扰仍可通过以下机理产生干扰：

（1）高增益放大器的过载。

（2）射频电压被非线性元件（例如半导体结）整流后产生的直流电压或电流可引起干扰。

（3）调制的载波在半导体结处被解调，由此产生的低频电压所引起干扰。

（4）通过打开或关闭发射机而产生的暂态效应。

4.2.4.1　对仪器内部的直接耦合

当仪器的外壳是非金属的或虽为金属但其上有大小超过（骚扰场）1/10 波长的孔洞或金属壳的各面之间没有足够好的电气连接，此时本地发射机产生的射频场可以低衰减地穿透仪器外壳。

4.2.4.2　通过信号电缆耦合

对于许多出现过射频场干扰的装置而言，主要的耦合路径来自射频场经信号线进入装置内部，这是因为射频骚扰的注入发生在系统的敏感点上。在使用低电平信号以及在输入端没有缓冲或滤波的情况下尤其如此。在感应的射频骚扰为共模形式的场合下，即便使用带平衡电路的放大器，仍然会引起干扰。这是因为有源器件的共模抑制比在高频和（或）高电平共模电压情况下通常会降低。

幸运的是，常用类型的仪表电缆通常含有在甚高频和超高频下损耗可观的介质材料，因此对这些频率有明显的衰减作用。一根长度 10m 的电缆对其内部导线上传播的射频信号的典型衰减值为 30MHz 时 10dB、100MHz 时 20dB，400MHz 时约 60dB。

由于上述原因，并且也由于附近通常存在金属结构和其他屏蔽部件，辐射场的影响范围通常受限于很小的局部区域且易于检测。

然而，对于所考虑的频率范围（例如 470MHz），许多与电子仪器相关的接地导体不再是电小尺寸。

特别是，当电缆屏蔽层和装置外壳间的搭接未采用同轴方式（360°连接）时，有存在射频干扰的风险。

对某些由远端直流电源供电，且通过 4～20mA 电流回路与检测仪器相连的传感器（例如压力传感器）而言，情况更是如此。传感器线路上感应的几伏大小的共模电压就可容易地影响换流器运行，并改变回路中的直流电流大小。

某些伺服机构对这种骚扰也很敏感。

由于上述各种原因，手持无线电发射机允许的最大功率电平通常是200mW，在核电站内甚至更低，在某些国家被完全禁止使用（在变电站和发电厂内）。

4.3 EMC 环 境

根据对骚扰源（第 3 章）以及骚扰源 – 敏感电路耦合路径（第 5 章）的描述，7.2 节和 7.4 节给出了有关布线和相关缓解方法的一般指南。本节也是对第 6 章的补充，该章涉及相关标准和抗扰度测试步骤。

4.1 节和 4.2 节已分析了不同类型电路中可能出现的骚扰电平。

本章是对前述章节的自然延续，试图评估作用到每个设备的最大骚扰电平，从而量化其特定的 EMC 环境。

EMC 环境取决于骚扰的性质、耦合模式、设备的位置以及设备与其他装置的连接方式。

因此，在描述 EMC 环境时，通常对各个端口逐一分析。

由于骚扰电平的计算需要用到许多参数，故难以给出准确值。因此，更可行的做法是将骚扰电平分为若干个类别，而在这些类别下可以分别制定出抗扰度试验的规格。

根据 IEC 1000 – 5 – 1[4.6]，可选定 5、6 个环境等级，由 0 级（受到很好保护）到 4 级（严重骚扰），甚至到 X 级（特殊情况）。

但 UNIPEDEU[4.7]建议将出现在信号端口的传导骚扰分为 4 级（见表 4 – 1）。

表 4 – 1　　　　　　　　具有不同骚扰电平的信号端口的分类

分类	定义	端口连接到
A	受保护的	安装在同一受到保护房间内（即采取了专门的抗干扰措施的地方）的设备
B	当地	同一建筑物内的其他设备（和高压设备相连或者靠近的设备除外）
C	现场	安装在同一地网上的其他设备（高压设备除外）
D	到高压设备	高压设备、通信网或位于不同地网上的设备

这些环境分级并不区分设备本身是安装在发电厂、变电站或者其他场所。这是因为许多传导骚扰源（雷电、低压电路中快速暂态）和安装的类型无关，而且还因为缓减措施通常是施加在骚扰源已知的场合（例如高压变电站内开关

操作引起的快速暂态）[4.6]。

另外，已假定在高压变电站内以直接辐射或感应方式进入设备（外壳端口）的骚扰比在其他场所更严重，但该骚扰与设备在变电站或发电厂内的具体位置关联不大。

此外，对于电源线耦合，也已认为变电站内的电磁环境比其他场合更严酷。但是，具体到站内的不同位置，电磁环境也还是没有区别。这是因为已假定所有设备由一个共同的电源系统供能。

为了对可能遇到的不同环境的骚扰电平有基本的了解，下面给出用于考核设备的试验电平的一些典型值（见表 4−2～表 4−4）。

显然，这些值相对于实际干扰电平而言是留有裕度的，这不仅因为它们是测试值，而且还因为它们是在只使用了最少的延缓措施的前提下得出的。

还需指出的是：不要把环境等级和严酷性测试等级混淆起来。前者是对于设备（端口）而言，而后者，对于一个给定的端口，会因不同的测试项目而不同。

表 4−2 用于信号端口测试的典型试验水平

分类	50/60Hz 故障（V）	雷电浪涌（kV）	振荡瞬变（kV）	快速瞬变（kV）	无线电射频（V）
B	100	1	—	1	10
C	300	2	1	2	10
D	300	4	2.5	4	10

表 4−3 用于交流和直流电源端口测试的典型试验水平

分类	雷电浪涌（kV）	振荡瞬变（kV）	快速瞬变（kV）	无线电射频（V）	电压中断时间（s）
发电厂	2	1	2	10	交流：0.1
高压变电站	4	2.5	4	10	直流：0.05

表 4−4 用于设备外壳端口测试的典型试验电平

分类	50/60Hz 短时场（A/m）	50/60Hz 稳态场（A/m）	暂态高频磁场（A/m）	射频场（V/m）	静电放电（空气中）（kV）
发电厂	100	100	30	10	8
高压变电站	1000	100	100	10	15

4.4 骚扰的现场实例

在发电厂和变电站中，大量的机械及电子（模拟的）元件已被或正在被数字元件取代。由于这些数字元件对电磁环境的敏感性和脆弱性远远高于模拟元件，因此电磁抗扰度（EMI）变得更为重要。日本的发电厂和变电站也发生过一些控制设备的骚扰和故障，本章对这些日本发生的骚扰实例进行了总结[4.17]-[4.20]。

4.4.1 日本的骚扰实例

从1990年起的大约10年间，在变电站和发电厂收集了330个骚扰案例[4.17]。表4-5总结了按被骚扰设备和原因分类的骚扰数量。从表4-5可以看出，330个案例中，1/3的骚扰发生在保护设备，1/4发生在远程监控设备，另1/4则发生在控制设备。表4-5中所述表明，2/3的骚扰是由雷电浪涌引起的，1/6是由主回路（高压侧）的操作浪涌引起的，1/12是由控制回路（低压侧）中直流电路中的操作浪涌引起的。

表4-5中由雷电浪涌（lightning surges，LS/220个案例）和主回路操作浪涌（switching surges，SS/47个案例）引起的骚扰后果如下：

（1）设备故障或拒动：LS/56、SS/21。

（2）监控显示异常（如报警等）：LS/124、SS/18。

（3）开展日常维护：LS/20、SS/3。

（4）其他：LS/20、SS/6。

上述保护设备（LS/55，SS/25）的骚扰主要表现在以下几个方面：

（1）雷电浪涌（LS）。模拟类设备：A/10、B/8、C/8共26例；数字类设备：A/9、B/18、C/2共29例。

（2）操作浪涌（SS）。模拟类设备：A/1、B/1、C/1共3例；数字类设备：A/11、B/9、C/2共22例。

表4-5　　　　10年来收集的骚扰和故障总数[4.17]

被骚扰设备	
设备类型	数量
保护	105
远程监控	73

续表

被骚扰设备	
设备类型	数量
集中监控	5
通信	15
控制[①]	73
测量	49
自动处理	2
其他	8
总计	330

原因			
根本原因	浪涌类型	数量	总计
雷电	雷电浪涌	220	220（0.72）
主回路开关操作	DS 浪涌	21	47（0.15）
	CB 浪涌	24	
	电容器组 SS	2	
直流电路开关操作	直流电路操作浪涌	21	21（0.07）
其他	短路浪涌	2	19（0.06）
	CPU 开关噪声	2	
	焊机噪声	2	
	不明原因	13	
总计			307[②]（比例 1.0）

DS＝disconnector 隔离开关，CB＝circuit breaker 断路器，SS＝switching surge 操作浪涌

按电压等级划分的骚扰数量												
等级（kV）	500	275	220	187	154	110	77	66	33	22	11	6.6	总计
LS	3	9	4	3	31	20	46	60	21	3	1	19	220
SS	3	4	0	1	7	3	7	17	0	3	0	2	47

变电站类型		
类型	雷电浪涌	操作浪涌
气体绝缘	25（0.11）	21（0.45）
空气绝缘	177（0.80）	23（0.49）
未知	18（0.09）	3（0.06）

续表

变电站类型		
类型	雷电浪涌	操作浪涌
户外	174（0.79）	31（0.66）
户内	40（0.18）	10（0.22）
地下	—	5（0.10）
未知	6（0.03）	1（0.02）
总计	220（比例1.0）	47（1.0）

① 如控制板、站用电源电路板、发电机定序器。
② 删除了表4-5被骚扰设备中的通信（15例）和其他（8例）。

表4-5中被骚扰的控制设备按以下方式安装：

（1）控制室（集中安装）275例（0.896）。

（2）分散21例（0.068）。

（3）未知11例（0.036），共307例（1.0）。

控制电缆的类型和接地方式对控制设备所受的骚扰有很大的影响。表4-6总结了与表4-5相对应的控制电缆的类型、接地方式等。

表4-6 与表4-5对应的控制电缆

所采用的电缆				
控制电缆类型	有屏蔽层①	无屏蔽层	屏蔽层未连接	未知	总计
LS	64	90	5	61	220
SS	13	24	0	10	47
DC-SS	7	12	0	2	21
其他	3	5	2	9	19
总计	87（0.28）	131（0.43）	7（0.02）	82（0.27）	307（1.0）

金属护套的接地方式				
控制电缆类型	双端接地	接收端（面板侧）接地	发射端（一次场侧）接地	未知	总计
LS	25	22	5	12	64
SS	3	4	3	3	13
DC-SS	4	1	0	2	7

控制电缆类型	双端接地	接收端（面板侧）接地	发射端（一次场侧）接地	未知	总计
其他	0	2	1	0	3
总计	32（0.37）	29（0.33）	9（0.10）	17（0.20）	87（1.0）

屏蔽电缆的骚扰详情（原因）			
类型	LS	SS	Subtotal
设备的过浪涌	19	2	21
从其他路径传入的浪涌	5		5
执行和安装工艺不良②	5		3
设备绝缘强度不足	2		2
其他	10	2	12
未知	8	3	11
小计	47（0.87）	7（0.13）	54（1.0）

按电压等级分类的 LS 引起的骚扰				
电压参数（kV）	275	220	154	110	更低电压
案例数	2	2	4	2	9

注　154kV 以下变电站，无屏蔽控制电缆与屏蔽电缆一并广泛使用。

①　原文为 metallic sheath，译者将本章中的 metallic sheath 均译为屏蔽层。

②　例如，控制电缆和电源电缆之间的间隔不够。

4.4.2　受骚扰的设备和浪涌传入路径

表 4–5 中受骚扰设备的详情见表 4–7。

表 4–7　　　　　　　　　　　受骚扰设备的详情

受骚扰的设备						
详情	保护	控制	通信①	测量指示器	集中监控	自动处理	总计（比例）
LS	66（0.30）	64（0.29）	50（0.23）	33（0.15）	5（0.02）	2（0.01）	220（1.0）
SS	24（0.51）	3（0.06）	9（0.06）	11（0.23）	0	0	47（1.0）

受雷电浪涌骚扰的设备类型				
类型	机械类	模拟类	数字类	未知	总计（比例）
所有数据保护	20（0.09）	79（0.36）	73（0.33）	48（0.22）	220（1.0）
	2（0.03）	26（0.45）	21（0.37）	9（0.15）	58（1.0）

续表

操作浪涌骚扰的设备类型				
类型	模拟类	数字类	未知	总计（比例）
所有数据	9（0.19）	36（0.76）	2（0.05）	47（1.0）
保护	3（0.11）	22（0.89）	0	25（1.0）

受骚扰的元件									
元件	集成电路板	辅助继电器	灯、熔丝、开关	直流转换器	继电器	避雷器	接线端子	其他	未知	总计[2]
数量	154	36	29	29	20	8	5	32	18	331

集成电路板骚扰环节详情									
详情	数字过程	数字输入	发送	模拟输入	直流转换器	测量	模拟过程	其他	未知	总计[2]
数量	37	35	20	15	14	10	6	24	6	167

浪涌传入路径									
路径	数字过程	数字输入	发送电路	VT	TA	直接至面板	其他	不明原因	总计
LS	40	36	24	15	3	4	8	90	220
SS	20	8	2	5	2	0	1	9	47

① 远程监控。
② 包括多重骚扰。

4.4.3 雷电浪涌骚扰特征

表 4-8 总结了因雷电浪涌下控制设备受到骚扰的变电站/发电厂的类型，按年平均雷电日水平（isokeraunic level，IKL）分类。

表 4-8　　变电站类型及相应的年平均雷电日水平（IKL）

变电站类型				
电压（kV）	类型	CB 数量	骚扰数量	比例①
500	GIS	602	1	0.001 7
	AIS	500	1	0.002 0
275，220，187	GIS	1270	4	0.003 1
	AIS	2702	8	0.003 0

电压（kV）	类型	CB 数量	骚扰数量	比例①
154，110	GIS	1435	5	0.003 5
	AIS	4009	40	0.010
77，66	GIS	7795	15	0.001 9
	AIS	20 245	89	0.004 4
总计	—	38 558	163	0.004 2

骚扰次数和按 IKL 分类的比例（年平均雷电日水平）		
比例	大于 20（比率）	小于 20（比率）
187kV 及以上	9（0.056）	7（0.043）
154kV 及以下	108（0.067 1）	37（0.230）
总计	117	44

注　GIS：气体绝缘，25/11 102＝0.002 5；AIS：空气绝缘，138/27 456＝0.005 0。

① 比例＝骚扰次数/变电站数量。

从表 4-8 中可以看出，对于 154kV 及以下的变电站，骚扰数量往往与 IKL 成正比。相反地，对于 187kV 及以上的变电站，没有观察到骚扰与 IKL 相关的情况。估计这种现象的原因，是由于 187kV 及以上变电站的雷电浪涌防护措施做得很好。

表 4-9 显示了由雷电浪涌引起的骚扰类型。从表 4-9 骚扰的现象中可以看出，70%以上的骚扰是永久性的，如设备击穿，从而导致其永久性停机/闭锁及故障。

表 4-9　　　　　　　　　雷电浪涌引起的骚扰类型

骚扰的现象			
永久性（击穿）	非重复性	未知	总计
155 例	63	2	220

雷电浪涌引起的骚扰类型						
类型	故障	非操作故障	错误显示	停机锁定	其他	未知	总计
数量	27	21	20	116	29	7	220

保护设备的骚扰类型						
类型	故障	非操作故障	错误显示	停机锁定	其他	未知	总计
数量	12	6	3	31	9	5	66

受骚扰元件									
元件	集成电路板	辅助继电器	灯、熔丝、开关	直流转换器	继电器	避雷器	接线端子	其他	未知	总计①
数量	154	36	29	29	20	8	5	32	18	331

集成电路板骚扰详情									
详情	数字过程	数字输入	发送	模拟输入	直流转换器	测量	模拟过程	其他	未知	总计①
数量	37	35	20	15	14	10	6	24	6	167

① 包括多重骚扰。

4.4.4 操作浪涌骚扰特性

气体绝缘开关设备（GIS）控制回路电磁骚扰的主要原因之一是隔离开关（偶尔是断路器）操作引起的操作浪涌。由于 GIS 中短气体绝缘母线和线路的复杂组合，母线和线路边界处行波的多次反射和折射会产生高频浪涌，并通过电压互感器（VT，CVT）和电流互感器（TA）侵入到低压控制电路，导致数字元件及控制电路发生故障，并偶尔会出现绝缘故障。

表 4-10 显示了操作断路器（CB）/隔离开关（DS）与骚扰之间的关系。

表 4-10 操作浪涌引起的骚扰数量

原因	操作隔离开关或断路器	骚扰次数			
		A	B	未知	总计
隔离开关	GIS 内隔离开关	4	4	2	10
	非 GIS	5	5	1	11
断路器	GIS 内断路器	2	5	2	9
	非 GIS	9	1	3	13
	未知	0	1	1	2
电容器组	非 GIS	0	1	0	1
	未知	0	0	1	1
总计	—	20	17	10	47

注 A 为所操作的 CB/DS 的控制/保护电路；B 为所操作的 CB/DS 之外的控制/保护电路。

所统计的 GIS 总数为 11 102 个，非 GIS 总数为 27 456 个，其中 GIS 受骚扰的比例为 0.001 7，高于非 GIS 的 0.000 87。

骚扰类型如下：故障 15（7）、故障（非操作）3（2）、停机/锁定 14（11）、错误指示 8（3）、其他 6（1）、未知 1（1），共 47（25）个案例，（）为保护继电器统计数据。

骚扰的现象方面总结如下：

（1）操作隔离开关运行：永久故障 7，临时故障 14。

（2）操作断路器运行：永久故障 7，临时故障 17。

表 4-11 显示了操作浪涌的电压和频率案例。

表 4-11　　　　　　　　　　操作浪涌电压和频率

案例编号	案例	浪涌电压（V）				频率（MHz）	屏蔽是否接地
		源头/	一次侧/	二次侧/	屏柜读数		
11	GIS 中隔离开关	160k/	4140/	1650/		17～19	未知
12		—/	—/	250/	—	20～30	否
13		—/	—/	1500/			否
14		—/	—/	2300/			否
15	非 GIS 中隔离开关	—/	3500/	—/	—		否
16		—/	—/	—/	35	3	否
17		—/	—/	—/	—		是
18		—/	—/	89/			否
19	GIS 中断路器	—/	2200/	1560/			否
21		—/	1350/	—/	—	10	是
22		—/	850/	—/		6.2	否
23	非 GIS 中断路器	—/	—/	—/	200	—	否
24		—/	120/	—/	—		未知
25		—/	—/	800/			未知
26		—/	—/	900/			未知

图 4-9 总结了日本 12 个不同 GIS 变电站的 TA 二次回路操作浪涌电压频率特性的总体结果。从图中可以看出，操作浪涌的骚扰频率范围在 2～80MHz，峰-峰电压值在 10～600V。特别之处是没有观测到从 20～40MHz 的频率分量。因此，骚扰频率存在两个平均值，约为 10MHz 和 60MHz，峰-峰电压的平均值为 100～200V。

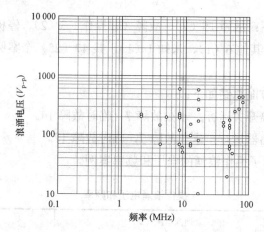

图4-9 GIS浪涌的电压—频率特性

图 4-10 显示了以变电站电压等级为变量下变电站的建造方式，即室外或室内（地下）对浪涌电压的影响。同样地，图 4-11 显示了浪涌电压波形对频率的影响。研究发现，在户外变电站中，电压等级越高，浪涌的电压和频率越大。在室内情况下也观察到类似的趋势，但不如室外情况明显。

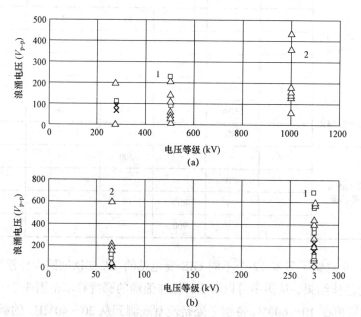

图 4-10 电压等级和变电站建造方式对浪涌电压的影响

（a）室外变电站；（b）地下变电站

1—TV 二次；2—TA 二次；3—DC 110V P－E；×—CB 控制电路

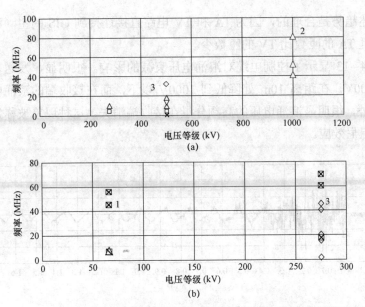

图4-11　电压等级和变电站建造方式对浪涌电压频率的影响
（a）室外变电站；（b）地下变电站

图4-12显示了控制电路各部分的浪涌电压，即TV二次（1）、TA二次（2）、电源电路DC 110V P-e（3）和CB控制（平台）电路（✕）。总体上，图中观察到的电压幅度具有以下趋势：TA二次＞TV二次＞电源电路＞CB控制电路。

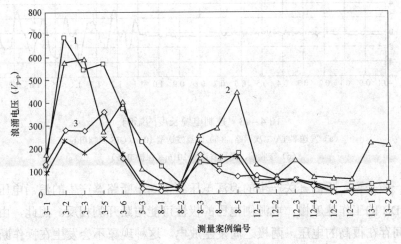

图4-12　控制电路各部分的电压
1—TV二次；2—TA二次；3—DC 110V P-E；✳—CB控制电路

上述趋势是合理的，因为 TA 和 TV 电路直接连接到 GIS 的主（高压）电路，并且 TA 的匝数比 TV 的匝数少。

图 4-13 显示了控制电缆对浪涌电压衰减的影响。很明显，发送端的电压超过 2000V，在距离 10m 处降低到 1000V 以下，而在接收端的浪涌电压小于 4V。此外，很明显浪涌电压的高频分量在接收端消失。这种现象被称为沿电缆衰减的阻尼效应。

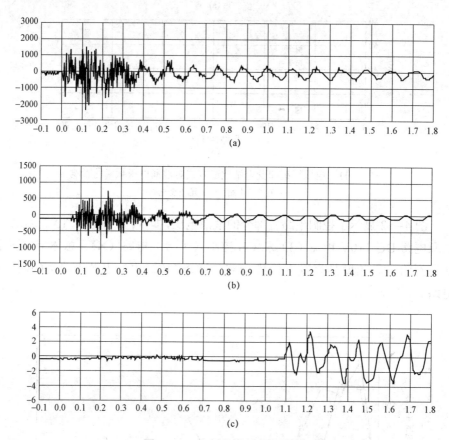

图 4-13　控制电缆长度的影响

（a）发送端 TA 二次回路；（b）距离发送端 10m（GIS 控制箱）；
（c）接收端，距离发送端 201m（保护电路）

一般来说，隔离开关产生的浪涌电压频率高于断路器产生的浪涌电压。原因是 DS 的工作速度慢，电源侧电压的极性可能与断开侧相反。因此，由于两极之间存在很高的电压，两极之间发生放电。这种现象不会发生在操作断路器的情况下，因为它的运行速度很高，并且电极间的电压会被电极间的杂散电容所降低。此外，DS 的操作回路长度比断路器的短。

图 4-14 显示了隔离开关操作（○）和断路器操作（×）引起的浪涌电压频率。隔离开关操作导致的浪涌频率往往高于断路器。

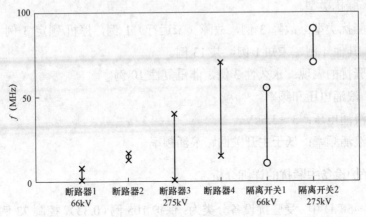

图 4-14 隔离开关和断路器引起的浪涌电压频率

4.4.5 直流电路中的操作浪涌

虽然直流电路中由操作浪涌引起的骚扰只有 21 个，仅占日本总骚扰数（307 个）的 7%，但这些骚扰数与由操作浪涌引起的骚扰数（47 个）的比率达到了 45%。随着数字控制电路的使用量的增加，这种骚扰的数量估计会增加。因此，与雷电浪涌和主电路操作浪涌相比，直流电路中操作浪涌产生的骚扰更为突出。在这一节中，总结了由直流电路操作浪涌引起的骚扰的特点。

（1）基本特征共 21 例，其中直流电路中操作浪涌占 13 例。

（2）受骚扰设备。

1）设备类型：数字类 9 例，模拟类 3 例，未知 1 例，共 13 例。很明显，数字骚扰比模拟骚扰多（3 倍）。该比例（3:1）与 4.4.4 中主回路操作浪涌（数字类 36 例，模拟 9 例）相似。

2）电压等级。所有骚扰均发生在 154kV 及以下电压等级。估计这是由于在更高的电压等级下采取了更多的应对措施来减少浪涌。

3）受骚扰设备：通信 7 例，保护 3 例，控制 3 例。通信设备受骚扰较多的原因是其与断路器控制电路和轴向继电器等直流操作浪涌的来源有更多连接。

4）与标准的关系。分析了 7 例通信设备发生故障的原因，主要是由于操作过电压高于标准中规定的电压，或高于标准中未规定的部分。

5）骚扰元件：IC 基板 6 例，辅助继电器 3 例，灯 1 例，电源电路 1 例，其他 2 例，共 13 例。除辅助继电器是直流操作浪涌的特有设备外，上述骚扰元件的比例与主开关回路浪涌骚扰造成的骚扰中元件比例相似。

（3）骚扰类型。

1）骚扰类型：故障 3 例，故障（未运行）1 例，停机/锁定 3 例，错误指示 1 例，其他 4 例、未知 1 例，共 13 例。

2）骚扰的表现：永久性 3 例，非重复性 10 例。

（4）浪涌电压和频率。

1）浪涌电压：3～3.6kV。

2）浪涌频率：低于主开关回路浪涌频率。

4.4.6 保护设备中骚扰的详细分析

表 4－5（a）中，受骚扰设备分类为：保护 105 例（0.33），控制 73 例（0.24），通信 73 例（0.24），测量/指示器 49 例（0.16），其他 7 例（0.03），总计 307 例（1.0）。

上述数据清楚地表明，大约 80%的骚扰是与保护/控制相关的设备，包括通信回路。在本节中，对保护设备的骚扰进行了详细的分析。表 4－12 中按电压等级对骚扰次数进行了分类。

表 4－12　　　　　　　　按电压等级划分的保护设备骚扰数量

电压（kV）	500	275	220	187	154	110	77/更低	总计
断路器数量	56	135	54	36	348	265	4474	5377
比例		直接接地 5.4%			电阻接地 94.6%			100%
保护设备数量		8491（24%）			27 385（76%）			35 876（100%）
雷击	1	—	1（3.1%）		10	6	46（96.9%）	64（100%）
主回路操作		3（12.5%）			4	2	15（87.5%）	24（100%）

4.4.7 骚扰对电力系统运行的影响

本节研究对电力系统运行产生影响的骚扰。虽然有些骚扰会造成某个控制电路元件本身发生故障，但并不对电力系统的运行带来问题。因此，本节骚扰的总数与前面章节中有所不同。事实上，在表 4－5 中的 330 个案例中，有 43 个案例导致了电力系统运行故障。

每个设备的骚扰类型可分为以下几类：

（1）保护设备：停机/锁定 48 例（0.46），故障 25 例（0.24），非运行 8 例（0.08），其他 24 例（0.22），总计 105 例（1.0）。

（2）控制设备：停机/锁定 31 例（0.42），故障 12 例（0.16），非运行 11 例（0.15），其他 19 例（0.27），总计 73 例（1.0）。

（3）通信：停机/锁定 42 例（0.58），故障 2 例（0.03），非运行 3 例（0.04），其他 26 例（0.35），总计 73 例（1.0）。

（4）测量/指示器：停机/锁定 20 例（0.41），故障 13 例（0.27），非运行 4 例（0.08），其他 12 例（0.24），总计 49 例（1.0）。

从以上数据可以看出，设备的停机和锁定故障案例占总骚扰案例的一半左右，若再加上故障（包括非运行）则可达总骚扰案例的 70%。上述设备的骚扰会导致以下电力系统骚扰：

（1）307 例中的 43 例（重叠 14 例）：

1）电源骚扰 17 例（B/2、C/5 同时出现）。

2）发电骚扰 17 例（A/2、C/8）。

3）系统运行骚扰 23 例（A/5、B/8）。

（2）电源和发电骚扰为 32 例，占总骚扰案例的 11%。

1）电源。

2）发电骚扰，共 32 个（比例 1.0）案例的详细情况如下：

a. 雷电浪涌：25 例（0.78），主回路操作浪涌 4 例。

b. 传入路径：通过控制电路 9 例，信号传输 6 例，源电路 5 例。

c. 断路器中发生 14 例，发电厂中发生 18 例。

d. 骚扰产生原因：保护 13 例，控制 10 例，测量指示 7 例，TC 2 例。

e. 被骚扰的保护设备类型：数字类 6 例（永久性 1 例，非重复性 5 例），模拟类 3 例（永久性 1 例，非重复性 2 例）。

f. 骚扰类型：故障 15 例（保护 7），停止/锁定 8 例（1），非操作 6 例（4）。

g. 被骚扰元件：辅助继电器 23 例，IC 板 22 例，其他 14 例，共 59 例。

3）系统运行骚扰的详细情况，共 23 例（1.0），情况如下：

a. 雷电 14 例（0.61），主回路操作 6 例，其他 3 例。

b. 传入路径：控制 7 例，传输 3 例，电源 3 例，TA/VT 2 例，其他 3 例，未知 5 例。

c. 原因：保护 15 例，测量/指示 4 例，控制 3 例，TC 1 例。

d. 类型：故障 15 例（保护 10），停止/锁定 7 例（4），其他 1 例。

4.4.8 采取的应对措施

4.4.8.1 应对措施的分类

根据骚扰的情况，针对控制系统的不同部分，采取了以下四项应对措施：

（1）针对源的应对措施——抑制主回路的浪涌，应对措施包括：浪涌吸收电容器、浪涌吸收器、压敏电阻、继电器的二极管和滤波器。

（2）浪涌传输阶段——抑制传输到控制电缆的浪涌，如采用具有金属护套的电缆（CVVS）、护套接地、将未使用的芯线接地、加强接地等。

（3）控制箱入口——削减输入能量的波峰，增强高频信号衰减，如采用浪涌保护器、避雷器、压敏电阻、对电压互感器（TV）和电流互感器（TA）加装电容器、对电源电路、电容器、铁氧体磁芯或线圈的外部输入回路加装线路滤波器或电容器。

（4）元器件——增加抗浪涌强度，如采用浪涌吸收电容器、压敏电阻、分开走线、耐浪涌加强 IC 板、分流电容器、继电器的二极管、加强二极管、加强继电器及软件等应对措施。

4.4.8.2 采取的应对措施（共 279 例）

对 279 例骚扰开展了包括修复在内的应对措施。279 例中，127 例为仅进行包括修理和更换的修复，其余 152 例需要采用上一节所提的"应对措施"。

（1）雷击：共 212 例，应对措施 94 例，修复 118 例。

（2）主回路操作浪涌：共 46 例，应对措施 39 例，修复 7 例。

（3）直流回路操作浪涌：共 21 例，应对措施 19 例，修复 2 例。

由于操作浪涌具有重复性，且其最大电压可预测，所以对操作浪涌采取应对措施的比例高（主回路为 85%，直流电路为 90%）。此外，开展估计传入路径和骚扰机制的试验是相当容易的。相反地，由于雷电浪涌不可重复，对雷电浪涌采取应对措施的比例只有 43%。

4.4.8.3 按浪涌分类的应对措施（共 224 例）

根据浪涌的类型（雷电和操作）对 4.4.8.2 中实施的应对措施进行了分类。

1. 雷电浪涌：共 123 例（应对措施不详 2 例）

（1）源头：1 例。

（2）传输阶段：36 例。加强接地 13 例，金属护套电缆（CVVS）17 例，将未使用的芯线接地 4 例，其他 2 例。

（3）控制箱入口：63 例。保护器 6 例、避雷器 16 例、电压互感器加装高通旁路电容器（TV–C）5 例、对电源回路加装线路滤波器（LF）或电容器（C）

11 例、在外部输入加装电容器 9 例（译者注：原文为 89 例，结合上下文判断为 9 例）、铁氧体磁芯 3 例、线圈 2 例、压敏电阻 8 例、其他 3 例。

（4）元器件：21 例。浪涌吸收电容器 4 例，分开走线 3 例，耐浪涌加强 IC 板，分流电容器 2 例，继电器的二极管 1 例，加强二极管 1 例，加强继电器 1 例，其他 6 例。

2. 主回路操作浪涌：总计 68 例（未知 2 例）

（1）源头：10 例。二极管 4 例，滤波器 2 例，其他 4 例。

（2）传输阶段：共 16 例。加强接地 6 例，CVVS 7 例，将一根未使用的芯线接地 3 例。

（3）控制箱入口：共 26 例。TV-C 4 例，TA-C 3 例，电源回路加装 LF/C 8 例，在外部输入加装 C 1 例，铁氧体磁芯 5 例，压敏电阻 4 例，其他 1 例。

（4）元器件：共 14 例。浪涌吸收 C 1 例，分开走线 2 例，分流电容器 1 例，耐浪涌加强 IC 板 3 例，加强二极管 2 例，软件 3 例，其他 2 例。

3. 直流电路操作浪涌：共 21 例

浪涌吸收 C 1 例，分开走线 2 例，耐浪涌加强 IC 板 1 例，分流电容器 12 例，软件 2 例，其他 3 例。

（1）源头：共 7 例。电阻吸收器 2 例，其他 5 例。

（2）传输阶段：无。

（3）控制箱入口：共 4 例。电源回路加装 LF/C 1 例、铁氧体磁芯 1 例、线圈 1 例、压敏电阻 1 例。

（4）元器件：共 10 例。

4. 其他原因：共 12 项

（1）源头：1 例。

（2）传输阶段：无。

（3）控制箱入口：共 3 例。避雷器 1 例，TV-C 1 例，TA-C 1 例。

（4）元器件：共 8 例。浪涌吸收 C 1 例，分开走线 2 例，耐浪涌加强 IC 板 1 例，分流电容器 1 例，其他 3 例。

4.4.8.4　应对措施详情（共 221 例）❶

1. 组件——IC 板：共 133 例

CPU 41 例，数字 I/O 34 例，模拟输入 16 例，电源 13 例，传输 10 例，测

---

❶ 译者注：此处的总数是原文数量。

量/传感 7 例，其他 12 例。

（1）CPU 应对措施的实施部位：共 31 例。

"①"浪涌源头 7 例，"②"传输阶段 2 例，"③"入口 9 例，"④"增加抗浪涌强度 6 例，"①+②" 1 例，"②+③" 2 例，"③+④" 2 例，"①+③+④" 1 例，"②+③+④" 1 例。

（2）数字输入/输出：共 25 例。

"①" 2 例，"②" 7 例，"③" 8 例，"②+③" 6 例，"③+④" 2 例。

译者注：此处的"①～④"分别对应 4.4.8.1 中四种应对措施，此"①+②"表示同时使用了措施①和措施②。

2. 软件（仅对操作浪涌）：共 6 例

刷新、恢复、传输协议/处理、软件滤波、定时器。

3. IC 板的应对措施（修理/更换）与修复：共 394 例❶

（1）IC 板：应对措施 131 例/修复 70 例。

（2）灯、开关和熔丝：应对措施 10 例/恢复 25 例。

（3）辅助继电器：应对措施 28 例/恢复 23 例。

由于包括修复在内的应对措施数量最多的是 IC 板，以下观察结果仅针对 IC 板（共 101 例）。

骚扰原因：共 101 例。

雷电浪涌 60 例，操作浪涌 41 例（主开关 25 例，直流电路 10 例，其他 6 例）。

对电力系统运行的影响：共 101 例。

跳闸/发电停止 11 例，功能停机/锁定 29 例，指示器/警报 20 例，无法控制 9 例（译者注：OSC 含义不明）。无法重合闸 8 例，OSC/测量错误 14 例，其他 10 例。

修复：43 例。

雷电浪涌 38 例，操作浪涌 5 例，共 43 例，包括指示器/报警 22 例、无法控制 7 例、无法重合闸 5 例、其他 9 例。

4.4.9 应对措施的流程和成本

4.4.9.1 应对措施流程

图 4-15 总结了应对措施的流程。第一级是用户开展受骚扰设备的修复。

---

❶ 译者注：此处的点数是原文数量。

只有当修复无效时，制造商才参与进来。

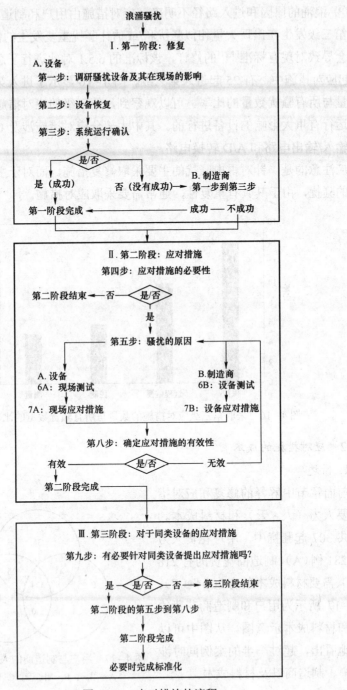

图4-15 应对措施的流程

第二级在出现以下情况时开展：① 类似的骚扰反复发生；② 骚扰影响较大；③ 浪涌的原因和进入路径不明确。应对措施由用户和制造商并行调查。

第三级发生在出现大量相似骚扰和/或估计骚扰重复发生的情况下。第三级有时会导致对现有标准[4.21]的修订，该标准的 6.5.1 对此进行了总结。在实施的 153 起应对措施中，有 25 起进入第三级。图 4-16 显示了进入第三级应对措施的数量与所有骚扰数量的比率。可以观察到，第三级的应对措施是针对对电力系统运行有重大影响的设备进行的。其中大部分应对措施涉及 CPU 的 IC 板、数字输入/输出电路和 A/D 转换电路。

应注意的是，针对雷电骚扰的主要采取修复措施，而对于主回路操作投切引起的骚扰，由于其具有重复性，通常需要采取应对措施。

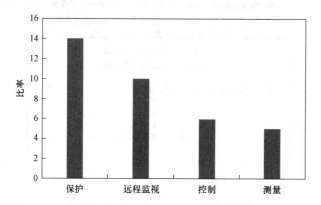

图 4-16　采取第三级应对措施的数量与所有骚扰数量的比率

4.4.9.2　应对措施的成本

1. 概述

前面章节中解释的修复和应对措施需要人力（人×天）和材料成本。在总共 307 起骚扰中，用户花费人力的有 281 例（A）、制造商花费的有 218 例（B）、需要材料成本的有 200 例（C）。图 4-17 所示为用户和制造商花费的人力和材料成本示意图。从图中可以清楚地看出，超过一半的案例同时涉及用户、制造商以及材料成本。

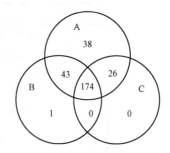

图 4-17　用户与制造商的人力与材料成本

A—用户；B—制造商；C—材料成本

2. 人力

对每个案例下采取的应对措施中的人力成本进行分类和计算。比率"n"是每个类别的计数数量，定义如下：

$$n=\{\sum（人数\times天数）\}每例/总案例数$$

结果如下：

少于 1 人·天：$n=0.5$；1~2 人·天：$n=1.5$；3~4 人·天：$n=3.5$；5~10 人·天：$n=7.5$；11~50 人·天：$n=30.5$；大于 50 人·天：$n=51$。

3.（US $）材料成本（美元$）

同样地，对每个案例下采取的应对措施中的材料成本也进行了分类统计。每个案例的平均材料成本 C 由以下定义

$$C=（\sum材料成本）/成本低于 X 美元的案例数$$

结果分为：

$X<830$ 美元：$C=420$ 美元；$X=831-4200$ 美元：$C=2500$ 美元；$X=4201-8400$ 美元：$C=5000$ 美元；$X=8401-84\,000$ 美元：$C=47\,000$ 美元。

4.4.10 案例研究

在本节中，案例研究按以下方式进行。

（1）骚扰的情况：① 电压等级；② 原因；③ 造成的影响。

（2）被骚扰的设备。

（3）传入路径。

（4）应对措施。

（5）估算与分析。

4.4.10.1 案例 1

案例 1 回路示意图如图 4-18 所示。

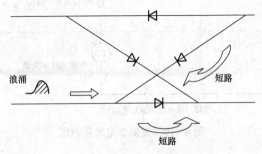

图 4-18　案例 1 回路示意图

（1）66kV 线路，雷电浪涌工况，且重合闸设备闭锁。

（2）66kV 线路重合闸中的二极管烧坏。它们被用作交流电压输入的整流器。

应对措施见表 4-13。

表 4-13 应 对 措 施

部件	应对措施
控制电缆	将 CVV 电缆替换为 CVVS 电缆（有屏蔽层）
交流电压输入回路	增加电容器（0.5μF）

4.4.10.2 案例 2

案例 2 电路示意图如图 4-19 所示。

（1）154/66kV，雷电浪涌，66kV 线路断路器误跳闸。

（2）66kV 线路保护继电器。

1）断路器跳闸电路中的场效应晶体管（field effect transistor，FET）驱动元件（52T1、52T2）损坏；

2）二极管烧毁；

3）DC/DC 转换器烧毁。

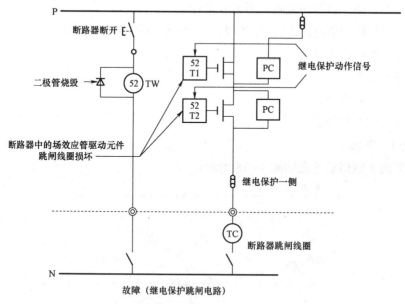

图 4-19 案例 2 电路示意图

（3）雷电击中了某变电站的一个塔，流入接地网的雷电电流对控制电缆产生浪涌电压。

（4）应对措施见表4-14和图4-20。

表 4-14	应 对 措 施	
部件	应对措施	效果
跳闸回路	增加电感（4mH）	浪涌电压减小到约10%
合闸回路		
52TW 回路	去掉二极管	浪涌电压减小到约20%
	增加电容器	
DC/DC 转换器	增加电容器	

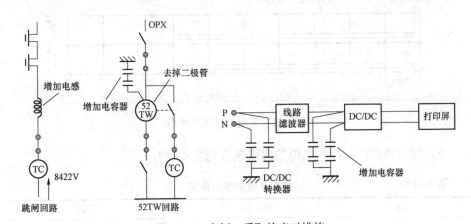

图 4-20 案例 2 采取的应对措施

（5）继电器。

1）继电器端子：流入接地网的 10.9kA（估计值❶）的雷击电流对控制电缆（无电缆屏蔽层、CVV 电缆）产生浪涌电压，继电器端子的雷电浪涌过电压为8422V（估计值❷）。

表 4-15		雷击电流的分量值				
雷击位置	观察点位置	起点塔	接地线	第 1 座塔	第 2 座塔	第 3 座塔
	到变电站的距离（m）	—	150	300	600	900
	接地网电流（kA）	10.9	6.6	2.8	1.7	1.4

注 标准雷电电流波形为 1.2/50μs，波前时间估计在 0.5μs 以上。

---

❶ 30kA 雷击电流直接击中 66kV 系统，流入接地网和地线的电流见表 4-15。

❷ 在 200m 电缆试验中，最坏情况下，继电器端子感应的过电压为 11 082V，考虑电缆实际长度 150m，估计继电器终端的电压为 8422V＝11 082V×150m/200m，见表 4-16。

表 4-16 控制电缆上的感应电压

距离施加电流点位置	控制（CVV）电缆×回路数量	感应电压（V：峰值）	
		施加电流侧	末侧（考虑继电器端子）
0m（A）	8mm² × 8c	16 007	11 082
	8mm² × 4c	12 717	5813
14m（B）	8mm² × 4c	3179	2634

注 1. 传播的雷击电流：10.9kA，1.2/50μs。

2. c 为回路数。

变电站接地网模型如图 4-21 所示。

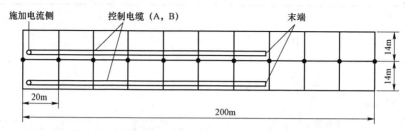

图 4-21 变电站接地网模型

2）继电器部件，控制电缆的感应电压见表 4-17。

表 4-17 控制电缆的感应电压

部件	浪涌电压（V）	公式
跳闸回路	2106	$E_0 Z_R / (Z_{sg} + Z_{TC} + Z_R)$
合闸回路	702	$E_0 Z_R / (Z_{sg} + Z_{CC} + Z_R)$
52TW 回路	4211	$E_0 Z_R / (Z_{sg} + Z_R)$

注 1. $E_0 = 8422V$，$Z_{sg} = Z_R = 100\Omega$，$Z_{TC} = 200\Omega$，$Z_{CC} = 1000\Omega$。

2. Z_{sg} 为电源电路的浪涌阻抗；Z_R 为浪涌吸收器的浪涌阻抗；Z_{TC} 为跳闸线圈的浪涌阻抗；Z_{CC} 为合闸线圈的浪涌阻抗。

4.4.10.3 案例 3

（1）77kV，雷电浪涌，直流电路短路，错误指示。

（2）77kV 线路断路器重合闸设备。

1）浪涌保护二极管损坏。

2）辅助继电器触点熔断。

3）通信控制设备指示用辅助继电器线圈损坏。

案例 3 电路示意图如图 4-22 所示。

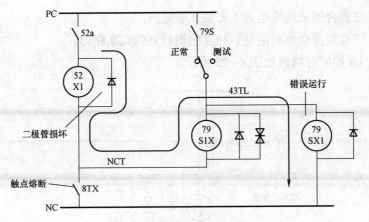

图 4-22 案例 3 电路示意图

（3）雷击到离变电站最近的杆塔，雷电流流入接地网，并在控制电缆上产生浪涌电压，在二极管上产生差模电压，如图 4-23 所示。

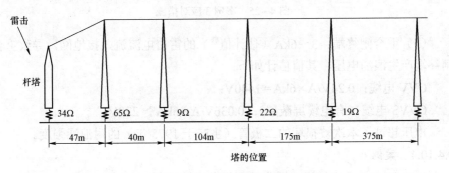

图 4-23 雷电流电路模型

（4）应对措施。案例 3 中浪涌电流分布示意图如图 4-24 所示。

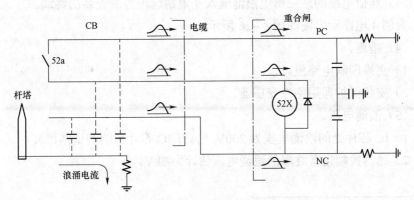

图 4-24 案例 3 中浪涌电流分布示意图

1）在重合闸辅助继电器上安装压敏电阻。

2）在直流重合闸回路安装独立的塑料外壳式断路器。

案例 3 的应对措施如图 4-25 所示。

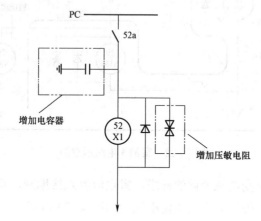

PC

52a

增加电容器

52
X1

增加压敏电阻

图 4-25 案例 3 应对措施

（5）重合闸终端：3～6kA（估计值❶）的雷击电流流入接地网，导致重合闸终端产生浪涌电压，其值估计如下：

CVV 电缆：0.24V/A×6kA＝1440V；

CVVS 电缆（有电缆屏蔽层）：0.036V/A×6kA≈220V。

电压超过了本次被损坏的二极管（生产于 1975 年）的耐浪涌强度。

4.4.10.4 案例 4

（1）66kV，雷电浪涌，通信控制设备无法控制。

（2）通信控制设备中的 IC 芯片损坏。

（3）通信电缆的感应雷电浪涌流入变电站远程控制设备的终端。

案例 4 电路示意图如图 4-26 所示。

（4）措施。

1）更换印制电路板。

2）安装保护器用绝缘变压器。

（5）浪涌电压。

1）IC 芯片处的浪涌电压为 200V（打开 IC 芯片后的测试结果）。

2）通信控制设备终端的浪涌电压估计为 7kV。

---

❶ 77kV 系统直击产生的 30kA 雷电流分流至接地网和地线。基于之前的实验数据计算每根电缆的感应电压（V/A）。

注：重现性试验的结果。在通信控制设备终端输入 7kV 浪涌时，IC 芯片被同样方式损坏。

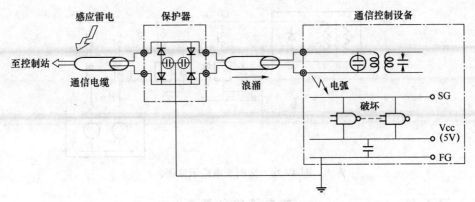

图 4-26　案例 4 电路示意图

案例 4 应对措施如图 4-27 所示。

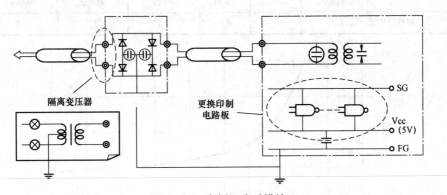

图 4-27　案例 4 应对措施

4.4.10.5　案例 5

（1）66kV，雷电浪涌，自动重合闸未动作，无法使用通信控制设备对其进行操作。

（2）66kV 线路断路器重合闸的 CPU 被感应电流初始化。

遥控设备的（a）辅助继电器二极管（用于浪涌保护）烧坏；（b）二极管（DC/DC 转换器）烧坏。电路图如图 4-28 所示。

（3）雷击第 2 个塔（相对于变电站）。雷电流入接地网，并在控制电缆产生感应电压。

（4）保持控制电缆远离接地电缆，并增加接地电缆对接地网的连接。

（5）重合闸终端：流入接地网的 11.1kA❶雷电流在重合闸终端处产生估计 5278V（估计值❷）的浪涌电压。

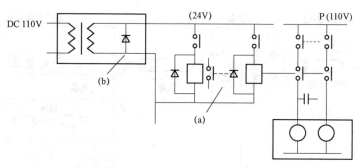

图 4-28　案例 5 电路示意图

表 4-18　　　　　　　　雷 电 流 的 分 量 值

雷击点	点	杆塔处	接地线	第 1 个杆塔	第 2 个杆塔	第 3 个杆塔
	到变电站距离	—	150m	300m	600m	900m
接地网电流（kA）		10.9	6.6	2.8	1.7	1.4

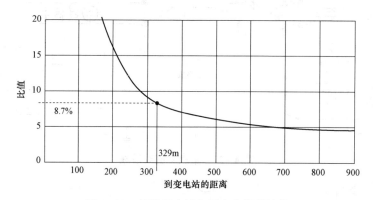

图 4-29　接地网电流与雷电电流的比值

控制电缆的感应电压计算如下

$$E = \mathrm{j}\omega MIL(\mathrm{V}) \tag{4-15}$$

$$M = 0.2\ln\left(\frac{2}{rkd}\right) + 0.1 - \mathrm{j}\frac{\pi}{20}(\mathrm{mH/km}) \tag{4-16}$$

$$k = \sqrt{4\pi\omega\sigma}, \omega = 2\pi f$$

---

❶ 雷电定位跟踪系统（Lightning Positioning and Tracking System，LPAT）的观测记录。

❷ 距离变电站 329m。接地网电流估计为雷电流的 8.7%，见表 4-18 和图 4-29。

式中 L ——控制电缆与接地电缆平行的长度；

$\qquad M$ ——互感（控制电缆和接地电缆之间）；

$\qquad d$ ——距离（控制电缆和接地电缆）；

$\qquad I$ ——接地网电流；

$\qquad f$ ——接地网电流频率。

在本案例中：L=20m，d=0.3m，I=543A，f=50kHz，结果 E=5278V。

4.4.10.6 案例 6

（1）110/66kV，空气绝缘隔离开关操作浪涌，断路器跳闸（停电）。

（2）数字继电器（变压器保护装置）。

（3）在更换 66kV 母线后，测试 QS 操作能力试验期间，当 QS 分闸时，QF1 和 QF2（主变压器的一次和二次断路器）跳闸。QS 操作浪涌通过连接变压器保护设备的电压互感器（TV）传输到控制电缆中，并使 QF 跳闸电路的光耦打开，最终 CB1 和 CB2 跳闸。

（4）措施。

1）在光耦的二次回路上安装噪声吸收器（电容器）；

2）将浪涌压敏电阻与光耦采用并联连接。

案例 6 电路示意图如图 4-30 所示。

4.4.10.7 案例 7

案例 7 电路示意图如图 4-31 所示。

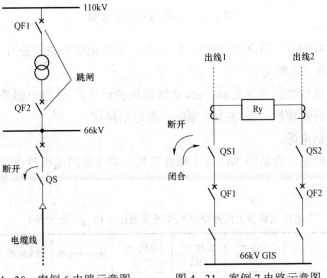

图 4-30 案例 6 电路示意图　　　图 4-31 案例 7 电路示意图

（1）66/6.6kV（配电断路器）；GIS 操作浪涌；影响：断路器不跳闸（不停电）。

（2）数字继电器（66kV 线路保护设备）元件故障。

（3）QF1、QF2 断开，1、2 号线路从另一端充电；当 QS1（或 QS2）断开（或闭合）时，继电器发生故障。浪涌通过 TA（电流互感器）传输至控制电缆。

（4）将 TA 回路的 CVV 电缆更换为两端屏蔽接地的 CVVS 电缆，随后故障率降低；在 TA 的内部辅助变压器的二次回路上安装铁氧体磁芯，随后误操作消失。

4.4.10.8 案例 8

案例 8 电路示意图如图 4-32 所示。

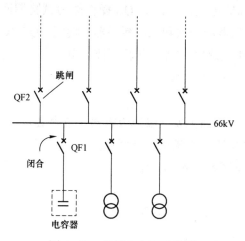

图 4-32 案例 8 电路示意图

（1）154/66kV；断路器操作浪涌（AIS：空气绝缘开关设备）；继电器故障导致 QF 跳闸（未断电）。

（2）晶体管型距离继电器（66kV 线路保护设备）。该继电器是在采用矩形脉冲试验之前安装的。当 QF1 合闸时，断路器跳闸。

（3）控制电缆。

（4）在继电器设备的 TA、TV 和直流输入端安装浪涌吸收电容器。其效果见表 4-19。

表 4-19　继电器设备上的断路器操作浪涌电压（V_{P-P}，最大值）

测点	火线—地线	N 线—地线	火线—N 线	跳闸—地线	TA 回路	TV 回路
采取应对措施前	500	500	400	500	320	>30
采取应对措施后	80	80	30	50	100	>30

4.4.10.9 案例 9

案例 9 电路示意图如图 4-33 所示。

（1）66kV（配电断路器）；断路器操作浪涌；继电器试验中功能闭锁。

（2）6.6kV VCB（vacuum circuit breaker，真空断路器）柜（配电线路保护设备）中的数字继电器是在矩形脉冲试验之前安装的。在继电器试验中，由于断路器操作浪涌使 CPU 初始化，因此自动重合闸不起作用。

（3）VCB 柜内的电线。

（4）在 CPU 电路板上安装浪涌旁路电容器。

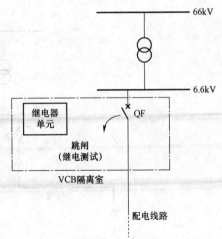

图 4-33 案例 9 电路示意图

脉冲电平（V）：480~900（安装前），2000（安装后）。

（5）矩形脉冲试验结果见表 4-20。

表 4-20 矩形脉冲测试结果（无应对措施）

测点		N 线—地线	跳闸—地线	合闸—地线	跳闸—N 线	合闸—N 线
脉冲等级 1^①（V_{P-P}）	+	780	480	700	500	720
	−	900	550	600	50	600

① 故障发生时等级。

4.4.10.10 案例 10

案例 10 电路示意图如图 4-34 所示。

（1）154/66kV；GIS 操作浪涌（QF 闭合，见图 4-34）；继电器故障导致 QF 跳闸（断电）。

（2）数字继电器（66kV 线路保护装置）在采用矩形脉冲试验之前安装。

（3）由经过 TA 的控制电缆（无电缆屏蔽层）传入。

（4）将 CVV 电缆两端的备用芯接地。用 CVVS 电缆替换 CVV 电缆，并将其屏蔽层的两端都接地；用铜排将电力电缆头和 GIS 连接起来（它们一般通过浪涌放电器或电容器连接）。将铁氧体磁芯安装到 TA 内部辅助变压器的二次回路上。

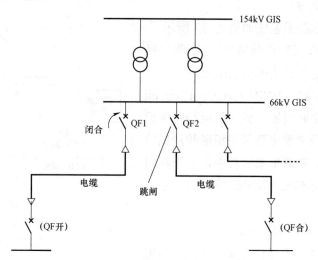

图 4-34 案例 10 电路示意图

（5）结果。

1）GIS 操作浪涌电压见表 4-21。

表 4-21　　　　　　　GIS 操 作 浪 涌 电 压

测量点	P-E	N-E	跳闸-E	TA 回路	TV 回路
最大峰峰值	250	340	350	1200*	600

* 浪涌频率为 6.2MHz。

2）矩形脉冲试验结果见表 4-22。

表 4-22　　　　　　　矩 形 脉 冲 试 验 结 果

测点	DC 回路	TA 回路	TV 回路
脉冲电平（峰峰值）	2000	2000	2000
结果	×（异常）	×（异常）	○（通过）

4.4.10.11　案例 11

（1）275kV；GIS 操作浪涌（QF 合闸）；继电器功能闭锁。

（2）数字继电器（275kV 线路保护装置）安装在采用矩形脉冲试验之前。

（3）连接电力电缆头和 GIS 的避雷器由间隙型被更换为无间隙型（ZnO型）。自从更换避雷器以后，在每次 GIS 的 QF 操作中都会发生继电器骚扰（CPU停机）。电力电缆头与 GIS 连接方式导致的浪涌电位差，见表 4-23。

表 4-23   浪 涌 电 压 等 级

CH 点[①]	浪涌旁路电容器	避雷器（无间隙型）	由铜排产生的短路回路
电压峰峰值（kV）	13	26	2
频率（MHz）	0.5	15	15

① 电力电缆头与 GIS。

（4）电力电缆头与 GIS 之间的铜排连接如图 4-35 所示。

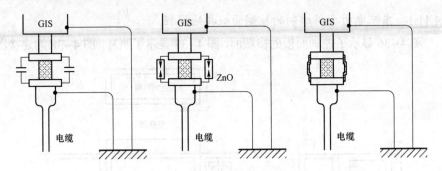

图 4-35　案例 11 电路示意图

4.4.10.12　案例 12

（1）275kV；直流操作浪涌；用于系统状态指示和测量的 LED 闪烁。

（2）数字控制设备（6.6kV 配电系统）。

（3）现象。

1）6.6kV VCB 合闸。

2）DC 110V 电路中发生直流操作浪涌（700V 峰值，10～30kHz）。

3）连接到 DC 5V 电路的 LED 受到直流操作浪涌的影响。

（4）措施。

1）将 DC 110V 回路与 DC 5V 回路分开。

2）用双绞线代替 DC 5V 电路中使用的导线。

3）在 DC 5V 电源电路中安装噪声滤波器。

4.4.10.13　案例 13

（1）154kV；直流操作浪涌；继电器击穿导致 CB 跳闸（未断电）。

（2）数字继电器（154kV 母线分离设备，与远后备一起工作）。

（3）现象。

1）154kV 母联断路器合闸。

2）直流操作浪涌被转移到断路器跳闸回路（2000V，0～峰值）。

3）超过允许水平的浪涌电流输入到浪涌抑制二极管❶。① 二极管规格：18A；② 浪涌电流：39～79A（估计值）。

（4）措施。

1）在断路器跳闸电路中安装抑制线圈。

2）更换浪涌抑制二极管（最大电流：更换前 18A，更换后 80A）。

4.4.11 在日本的实践❷

4.4.11.1 东京电力公司编制的控制面板接地规程

图 4-36 显示了控制面板的横截面，图 4-37 显示了照片，图 4-38 为连接图。

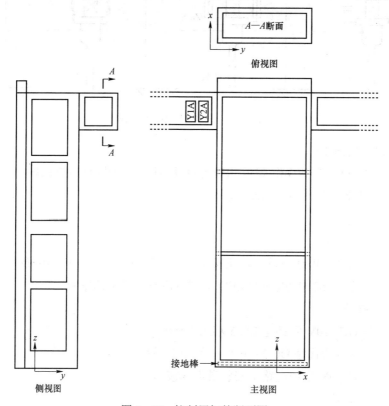

图 4-36 控制屏柜的断面图

---

❶ 为起保护作用，浪涌抑制二极管与场效应管并联连接。

❷ 文献资料：

［1］日本电工技术研究会（Japanese Electro-technical Research Association）. 保护继电器和控制系统的浪涌应对措施技术［J］. ETRA 报告，2002 年 1 月，第 57 卷，第 3 期（日语）。

［2］长谷川，等. 发电厂和变电站雷电骚扰的实况调查分析［J］.日本电气工程师学会，年会记录，1992，1218 号论文（日语）。

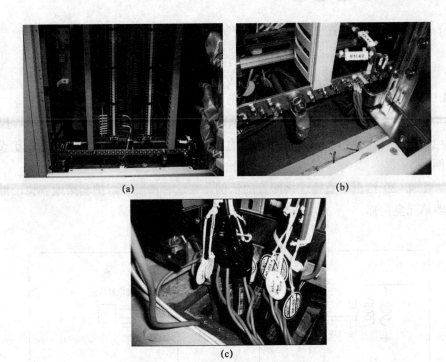

图4-37 控制屏柜的照片（护套接地）

（a）从正面看的整体（继电器单元的内部）；（b）电缆屏蔽层的接地线与接地铜牌连接；
（c）控制电缆的屏蔽层接地线放大图

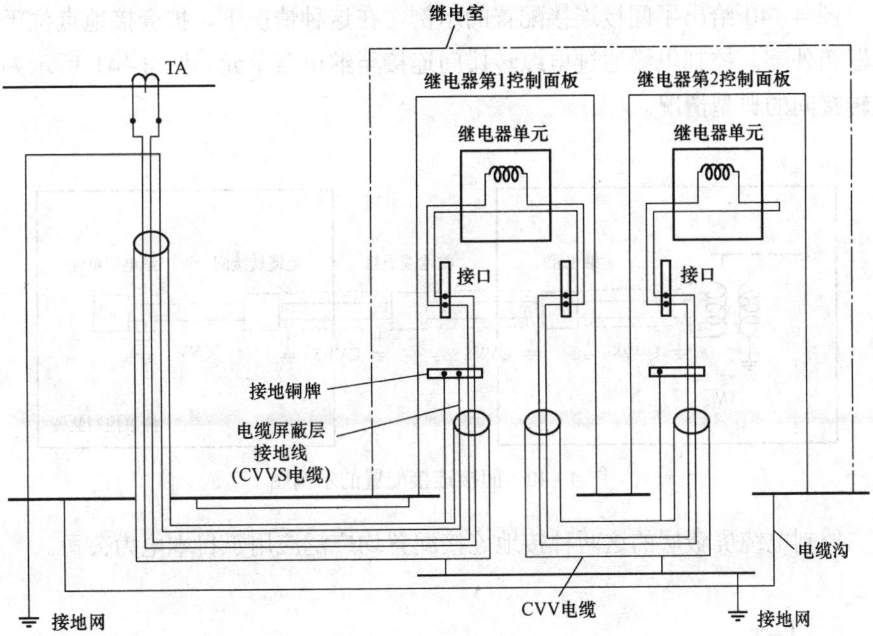

图4-38 连接示意图

107

CVVS 电缆连接在 TA 和第一个控制屏柜之间。

在这两个设备上，电缆屏蔽层都连接到接地网。

CVV（无金属屏蔽层）电缆连接在第一控制屏柜和第二控制屏柜之间。

4.4.11.2 中部电力公司控制电缆系统屏蔽层接地实践

本节介绍了一种日本控制电缆系统护套接地的应用方式。在日本，控制电缆的护套通常在控制电缆系统的两端都接地。屏蔽层接地的应用方式有两种。

图 4-39 给出了直接连接配置的示例。在这种情况下，护套接地点位于继电器单元盒内部。

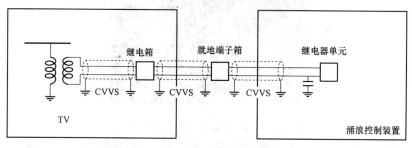

图 4-39 直接连接配置的示例图

图 4-40 给出了间接连接配置的示例。在这种情况下，护套接地点位于继电器箱外部。控制电缆通过电缆转接间连接至继电器单元。图 4-41 所示为电缆转接间的典型情况。

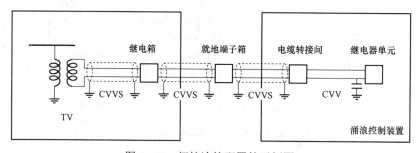

图 4-40 间接连接配置的示例图

控制电缆屏蔽层的这两种接地连接配置均广泛应用于日本电力公司。

图 4-41　电缆转接间

4.5　附　录

4.5.1　导线截面电气参数计算公式

（1）导线内阻抗[4.2]

$$Z_c = R_{dc}\sqrt{1 + j\omega\mu_c S / R_{dc}\, l_c^2}$$　　　　　（4-17）

$$\omega = 2\pi f$$

式中　R_{dc}——导线直流电阻，Ω；

　　　μ_c——导线磁导率；

　　　f——频率，Hz；

　　　S——导线截面积，m^2；

　　　l_c——导线外表面长度，m。

（2）长度 x、半径 r、间隔距离 d 的平行导线。平行导线示意图如图 4-42 所示。

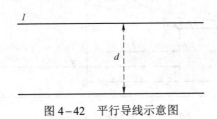

图 4-42　平行导线示意图

$$Z_{ij} = j\omega L_{ij} \tag{4-18}$$

$$L_{ij} = \frac{x\mu_0}{2\pi}\left\{\ln\left[\frac{x}{d} + \sqrt{\left(\frac{x}{d}\right)^2 + 1}\right] + \frac{x}{d} - \sqrt{\left(\frac{d}{x}\right)^2 + 1}\right\} \tag{4-19}$$

$$\mu_0 = 4\pi \times 10^{-7}$$

当 $i = j$（自阻抗）时，用半径 r 代替间隔距离。

（3）当两条导线位于地面以上时，阻抗和导纳以以下形式给出，适用于任何频率[4.22]

$$Z_{\beta ij} = j\omega \frac{\mu_0}{2\pi} P_{ij} \tag{4-20}$$

$$P_{ij} = x \cdot \ln\left\{\left[1 + \sqrt{1 + (d_{ij}/x)^2}\right] \Big/ \left[1 + \sqrt{1 + (S_{ij}/x)^2}\right]\right\} + x \cdot \ln(S_{ij}/d_{ij}) -$$
$$\sqrt{x^2 + d_{ij}^2} + \sqrt{x^2 + S_{ij}^2} + d_{ij} - S_{ij}$$

$$[Y] = j\omega[C]$$

$$[C] = 2\pi\varepsilon_0\, l^2 [P_0]^{-1}$$

$$P_{0ij} = x\ln\left\{\left[1 + \sqrt{1 + (d_{ij}/x)^2}\right] \Big/ \left[1 + \sqrt{1 + (D_{ij}/x)^2}\right]\right\} +$$
$$x\ln(D_{ij}/d_{ij}) - \sqrt{x^2 + d_{ij}^2} + \sqrt{x^2 + D_{ij}^2} + d_{ij} - D_{ij} \tag{4-21}$$

$$d_{ij} = \sqrt{(h_i - h_j)^2 + y_{ij}^2},\ D_{ij} = \sqrt{(h_i + h_j)^2 + y_{ij}^2},\ S_{ij} = \sqrt{(h_i + h_j + 2h_e)^2 + y_{ij}^2} \tag{4-22}$$

其中 $\qquad h_e = \sqrt{\rho_e / j\omega\mu_0}\qquad \mu_0 = 4\pi \times 10^{-7}$

式中 ρ_e——大地电阻率；

$\quad h_i, h_j$——导线 i 和 j 的高度；

$\quad y_{ij}$——导线间隔距离。

当 $i = j$ 时，$y_{ii} = d_{ii} = r =$ 导线半径。

（4）平行移位导线的互感。平行移位导线示意图如图 4-43 所示。

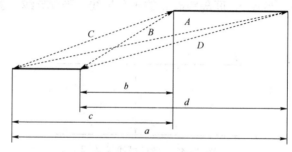

图 4-43　平行移位导线示意图

$$L_{ij} = \frac{\mu_0}{4\pi}\left\{\ln\left[\frac{(A+a)^a(B+b)^b}{(C+c)^c(D+d)^d}\right] + (C+D) - (A-B)\right\} \qquad (4-23)$$

（5）其他情况。任意位置的双导线示意图如图 4-44 所示。

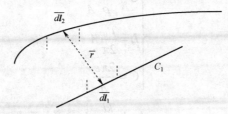

图 4-44　任意位置的双导线示意图

$$L_{ij} = \frac{\mu_0}{4\pi}\oint_{C_1}\oint_{C_2}\frac{\mathrm{d}l_1 \cdot \mathrm{d}l_2}{r} \qquad (4-24)$$

L_{ii} 和 L_{ij} 的公式包含一个误差（$-r/l \sim +r/l$），能够给出导线阻抗和导纳的一般公式会更好。

4.5.2　雷击电流注入时接地极的行为分析

许多理论和实验研究表明，类似于传输线，水平接地极也可以用集总元件的串并联等效电路来模拟（见图 4-45[4.23]）。

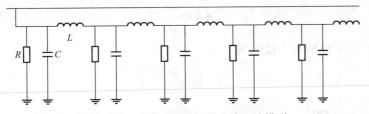

图 4-45　水平接地电极的电路理论模型

当需要考虑土壤电离效应时，应在一部分电阻上并联代表火花间隙的电路元件。

然而，文献［4.24］中已经证明土壤电离不是瞬时的：土壤电阻率以大约 2μs 的时间常数降低。与大多数后续冲击相关的时间常数相比，该值相当高。此外，如果发生土壤电离，则其总是会降低地电位升。因此，忽略这种现象会产生更为保守的结果。

由于这些原因，这里只考虑阻抗的线性分量。

尽管不同的作者在确定 R、L 和 C 的单位长度值方面存在分歧，但相对于未考虑土壤电阻率的季节变化或不均匀性来说，这种分歧带来的差异通常较小。

G、L、C 的经典表达式为[4.23]

$$\begin{cases} G = \dfrac{2\pi}{\rho}\dfrac{1}{A} \\ L = \dfrac{\mu_0}{2\pi}A \\ C = \dfrac{2\pi\varepsilon}{A} \end{cases} \qquad (4-25)$$

其中

$$A = \ln\frac{kl}{a} - 1$$

$$\mu_0 = 4\pi \times 10^{-7}\,\text{H/m}$$

式中　l ——接地极长度，m；

　　　A ——接地极的等效平均几何半径，m；

　　　ρ ——土壤电阻率，$\Omega\cdot\text{m}$；

　　　ε ——土壤介电常数（典型值：$\varepsilon = 10\varepsilon_0$，其中 $\varepsilon_0 = 8.85 \times 10^{-12}\,\text{F/m}$）。

k 值的选择并不简单，但通常根据布局在 $1\sim4$ 进行选择。

最常用的表达式是 Sunde 公式[4.23]，其中：

（1）对于垂直接地极

$$A = \ln\frac{4l}{a} - 1 \qquad (4-26)$$

（2）对于埋地水平接地极

$$A = \ln\frac{2l}{\sqrt{2da}} - 1 \qquad (4-27)$$

式中　d——埋深；

　　　a——接地极的半径。

基于上述单位长度值可得，等效集总参数为

$$R_g = \frac{1}{Gl}, \quad L_g = Ll, \quad C_g = Cl \qquad (4-28)$$

为了突出决定接地阻抗高频特性的主要参数，可以计算时间常数 $T_L = L_g / R_g$，$T_C = R_g \times C_g$ 的值，并与雷击电流波形的最小上升时间 T_r 进行比较。

考虑 $T_r \geq 0.2\mu\text{s}$（$f \leq 1.4\text{MHz}$），通常认为[4.25], [4.26]电容效应可以忽略，因为对于小于 $100\Omega\cdot\text{m}$ 的土壤电阻率，T_C 总是远小于 T_r。根据这一假设，并将接地棒与开路输电线路等同处理，就可以计算线路的浪涌阻抗 Z_g，并将其与 R_g

进行比较。

为此，大多数作者得出结论，Z_g/R_g 在某些特征频率下或多或少保持恒定，对于高压塔这样的小型接地电极，特征频率通常在 100kHz 或以上的范围内。在更高的频率下，Z_g/R_g 一般与 f 的平方根[4.24], [4.25]或 f 成正比[4.26]。然而，当考虑电容效应后，文献[4.26]和文献[4.27]表明对于埋入 $100\Omega \cdot m$ 以上电阻率的土壤中的水平短导体，Z_g/R_g 的值会减小。

Z_g/R_g 的特征频率总是与 τL 成反比。

可以计算每个特征频率下电极的临界长度 l_c。参数 l_c 是比率 Z/R 保持接近 1 时的最大长度，换句话说，超过此长度后接地导体的效能将不会进一步提高。

对于单个水平电极，文献 [4.24] 和文献 [4.25] 分别推导了 l_C 的表达式，它们非常相似（分别根据文献 [4.28] 和文献 [4.29]）

$$l_C \approx 0.6 \left[\frac{\rho(\Omega \cdot m)}{f(MHz)} \right]^{0.5} \tag{4-29}$$

$$l_C \approx \left[\frac{\rho(\Omega \cdot m)}{f(MHz)} \right]^{0.54} \tag{4-30}$$

根据文献 [4.24]，对于单个垂直电极或圆锥形电极布置，垂直布置或圆锥形电极的 l_c 值比水平布置电极的略小。

现在假设简化公式为

$$l_C \approx \sqrt{\frac{\rho(\Omega \cdot m)}{f(MHz)}} \tag{4-31}$$

这意味着，土壤电阻率从 $10\Omega \cdot m$ 增加到 $1000\Omega \cdot m$ 时，且最大长度从 3m 变化到 30m，可保证 1MHz 以内接地极的阻抗为常数（与频率无关）。

对于较长的电极，冲击阻抗将高于接地电阻，从而导致更高的瞬态地电位升。

相反，给定临界长度后，可以计算接地阻抗。此时，只需要在 R_g 和 L_g 的公式中将 l 替换为 l_g。

由此导出以下表达式

$$R_g = \frac{\sqrt{\rho f}}{2\pi} \left(\ln \sqrt{\frac{\rho}{daf}} - 1 \right)$$

$$L_g = \frac{\sqrt{\rho}}{f} \left(\ln \sqrt{\frac{\rho}{daf}} - 1 \right) \tag{4-32}$$

式中　f ——频率，MHz；

  d——埋深，m；

  a——接地极的半径，m。

  对于多电极布置、接地回路和接地网，计算更为复杂，但由于此类布置的接地电阻值相对较低，因此特征频率通常小于单个接地极。

  从上述论述中可以得出的一个重要结论是，随土壤电阻率值的增加，尽管最大骚扰强度会增长，但"高频"现象和"低频"现象的行为差异减少了。

  这可以通过图 4-46 来说明，在中心注入的高频电流（1kA，0.5MHz）的影响下，接地网格的标量电位上升（面积为 60m×60m，网格为 10m×10m，埋在 100Ω·m 电阻率的土壤中），在几乎相同的条件下，除了土壤电阻率（1000Ω·m）和介电常数（根据上述讨论，介电常数对相应结果起次要影响作用），图 4-46 显示出了几乎相同的变化趋势。

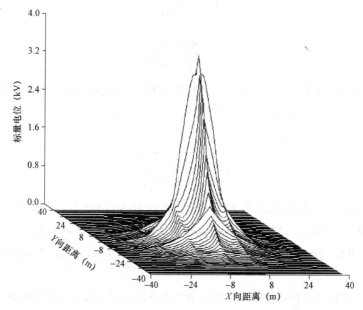

图 4-46 $I=1\text{kA}$，$f=0.5\text{MHz}$，$\rho=100\Omega\cdot\text{m}$（$\varepsilon_\text{r}=50$）的地面标量电位

  换句话说，接地网的直流电阻的大小对于雷击等引起的高频骚扰的强度的确定并不重要。

  对于此类现象，最好的解决办法仍然是建立一个良好的搭接网络（地面、电缆沟或地下）。

4.5.3 频率对接地电极参数的影响[4.30]~[4.32]

4.5.3.1 特性阻抗频率响应

图 4-47 显示了表 4-24 中所有 5 种情况下特性阻抗的频率响应。结果表明，所有情况下，频率特性都有相似的变化趋势。在所有观测到的情况下，无论导体长度、几何形状和土壤电阻率如何，特征阻抗的最大值都在 55Ω 左右的非常窄的范围内。在低频范围内，相位角非常接近于零，显示出电阻性质。最大相位角在几十千赫附近达到 45°，表明电容效应在此频率以下均可忽略。当频率超过几兆赫以后，埋地导体呈现出负相位角的电容特性。应该注意的是，相位曲线过零点的频率近似等于振幅曲线达到最大值的频率。

表 4-24		导体几何形状和场地参数			
项目＼案例	1	2	3	4	5
导线长度（m）	6	34.1	5	15	30
横截面积（mm²）	315	60	60	60	60
埋深（m）	0.2	1.0	1.0	1.0	1.0
峰值注入电流（A）	1.5	0.20	2.4	2.4	2.4
土壤电阻率（Ω·m）	100	400	150～185	150～300	150～375

埋地裸导体的相位特性与架空输电线路的相位特性有着重要的区别。理论上，文献［4.29］给出了无限长线路的特性阻抗

$$Z_0(\omega) = \sqrt{Z(\omega)/Y(\omega)} = |Z_0(\omega)| \angle \phi \qquad (4-33)$$

对于架空线路

$$Z = R + j\omega L = Z \angle \theta_z, \ 0 \leqslant \theta_z \leqslant 90°; \ Y = j\omega C = Y \angle 90° \qquad (4-34)$$

从而得到以下结果

$$0° \geqslant \phi \geqslant -45° \qquad (4-35)$$

对于埋地的裸导体

$$Z = R + j\omega L = Z \angle \theta_z; \ Y = G + j\omega C = Y \angle \theta_y; \ 0 \leqslant \theta_z, \ \theta_y \leqslant 90 \qquad (4-36)$$

因此特征阻抗的相角满足

$$45° \geqslant \phi \geqslant -45° \qquad (4-37)$$

从图 4-47 可以明显看出，频率 10kHz～1MHz 时特征阻抗相角约为 45°，频率 5MHz 以后相角为负。这意味着电导在低频段起着重要作用，与架空线路类似，对高频段的频率响应主要受电容和串联阻抗影响。基于上述分析，可以看出埋地裸导线与架空线路的基本差别：

（1）在小于 100kHz 的低频范围内：Z_0 是偏阻性的，即相位角 $\phi \approx 0°$。

（2）在小于 5MHz 的中频范围内：Z_0 是偏感性的，即相位角，$0 < \phi \leqslant 45°$。

（3）埋地导体的上述特性尚未观察到，尚未被充分理解。

4.5.3.2 传播常数的频率响应

表 4-24 情况下传播常数的频率响应如图 4-47 和图 4-48 所示。其中，单位长度衰减随频率的增加而增加和土壤电阻率的降低而增加都是合理的。在雷电频率范围内，传播速度均为自由空间光速的 1/3 左右，且随土壤电阻率的增加而略有增大。它达到这个速度的频率也取决于电阻率，在高电阻率土壤中可以在更低的频率达到这一速度。

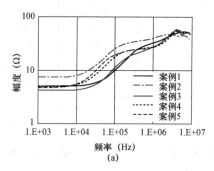
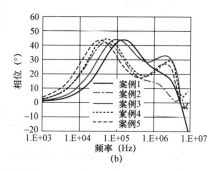

(a)

(b)

图 4-47 特性阻抗响应

（a）幅度；（b）相位角

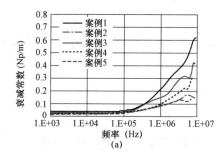
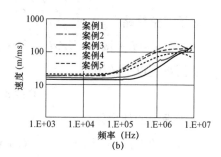

(a)

(b)

图 4-48 传播常数响应

（a）衰减常数；（b）传播速度

4.5.3.3 低传播速度的原因

埋地裸导体上波传播速度远小于架空线路上的波速度，与埋地电缆（与大地绝缘）中大地返回模式的波速度相当。这个事实容易解释。假设地线与大地隔离，则给出实心圆柱导体的阻抗如下[4.22]。

$$Z(\omega) \approx j\omega \frac{\mu_0}{2\pi} \left\{ \ln\left[\frac{2(h_e + h)}{r} \right] \right\} \tag{4-38}$$

其中

$$h_e = \sqrt{\rho / j\omega\mu}$$

式中　h——电缆埋深；

　　　r——导体半径。

Sunde 导出了地线的对地工频导纳[4.23]。

$$Y = G + j\omega C \tag{4-39}$$

其中

$$G = \frac{\pi}{\rho} \left(\ln\frac{2l_C}{\sqrt{2rh}} - 1 \right)^{-1} \text{以及} C = 2\pi\varepsilon_0\varepsilon_r \left(\ln\frac{2l_C}{\sqrt{2rh}} - 1 \right)^{-1} \tag{4-40}$$

传播常数 γ 由串联阻抗和并联导纳表示为

$$\gamma = \sqrt{Y(\omega)Z(\omega)} \tag{4-41}$$

表 4-25 给出了在 100kHz、1MHz 和 10MHz 三种不同频率下，利用上述公式计算的不同土壤电阻率和介电常数下的传播速度。

表 4-25　　　　　　　　介电常数和电导率对传播速度的影响

ρ（$\Omega \cdot m$）	1000		400		100		10	
长度（m）	6	34.1	6	34.1	6	34.1	6	34.1
ε_r	频率：100kHz							
1	0.107 1	0.116 9	0.070 0	0.076 1	0.036 7	0.039 6	0.012 6	0.013 3
4	0.105 2	0.114 8	0.069 4	0.075 5	0.036 6	0.039 5	0.012 6	0.013 3
10	0.101 4	0.110 8	0.068 4	0.074 4	0.036 5	0.039 4	0.012 6	0.013 3
20	0.095 6	0.104 5	0.066 8	0.072 7	0.036 3	0.039 2	0.012 6	0.013 3
ε_r	频率：1MHz							
1	0.345 5	0.373 2	0.234 1	0.250 9	0.125 6	0.132 5	0.043 8	0.044 1
4	0.290 6	0.314 5	0.217 7	0.233 6	0.123 2	0.130 1	0.043 7	0.044 0
10	0.220 2	0.238 9	0.189 7	0.204 0	0.118 9	0.125 5	0.043 6	0.043 8
20	0.163 3	0.177 3	0.156 0	0.168 1	0.111 9	0.118 4	0.043 3	0.043 6

续表

ρ（$\Omega\cdot m$）	1000		400		100		10	
长度（m）	6	34.1	6	34.1	6	34.1	6	34.1
ε_r	频率：10MHz							
1	0.755 0	0.804 2	0.654 0	0.684 3	0.412 0	0.415 6	0.149 7	0.141 1
4	0.399 9	0.427 8	0.405 5	0.427 8	0.345 5	0.351 3	0.146 9	0.138 6
10	0.253 3	0.271 2	0.261 7	0.277 0	0.261 1	0.267 7	0.141 6	0.134 0
20	0.179 0	0.191 8	0.185 3	0.196 4	0.193 2	0.199 1	0.133 4	0.126 6

注　1. "6m" 表示横截面为 315mm²，埋深为 20cm 的 6m 导线。

　　2. "34.1m" 表示截面为 60mm²，埋深为 1m 的 34.1m 导线。

　　3. ε_r 为相对介电常数；ρ 为土壤电阻率。

　　4. 表中的速度：传播速度与自由空间光速之比。

在表 4-25 中应注意的是，当土壤电阻率约为 10Ω·m 时，在所有三个频率下，改变介电常数对传播速度的影响可以忽略不计，但在 1000Ω·m 土壤情况下，这一点非常显著。对于 100Ω·m 土壤，这种变化在低频时可以忽略不计，在 10MHz 的频率下变得显著。结果表明，地网上的传播速度与土壤的介电常数和电阻率密切相关。当电阻率降低时，介电常数对传播速度的影响也变小。速度随着土壤电阻率的增加而增加，电容效应在很高的频率下占主导地位。因为假定单位长度参数 G 和 C 不随频率变化，所以目前的数据只是一个近似值，但它表示在实际土壤的电阻率和介电常数下波速度约为自由空间光速的 27%~40%。对于高电阻率土壤，该速度在相对较低的频率下达到。这些现象与图 4-48 中表明的特征一致。

4.5.3.4　线路 R、L、G、C 参数的频率相关性

考虑图 4-49 中所示分布参数线路的 L 型集总等效电路，串联阻抗和并联导纳如下所示

$$Z(\omega) = R(\omega) + j\omega L(\omega) \tag{4-42}$$

$$Y(\omega) = G(\omega) + j\omega C(\omega) \tag{4-43}$$

特性阻抗和传播常数定义如下

$$Z_0(\omega) = [Z(\omega)/Y(\omega)]^{\frac{1}{2}} \tag{4-44}$$

$$\gamma(\omega) = [Z(\omega)Y(\omega)]^{\frac{1}{2}} \tag{4-45}$$

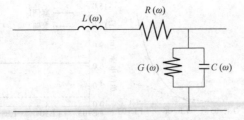

图 4-49 地网的分布参数电路模型

R、L、G、C 由上述 Z_0 和 γ 定义。

$$R(\omega) = \mathrm{Real}[Z_0(\omega)\gamma(\omega)] \qquad (4-46)$$

$$L(\omega) = \frac{1}{\omega}\mathrm{Imag}[Z_0(\omega)\gamma(\omega)] \qquad (4-47)$$

$$G(\omega) = \mathrm{Real}[\gamma(\omega)/Z_0(\omega)] \qquad (4-48)$$

$$C(\omega) = \frac{1}{\omega}\mathrm{Imag}[\gamma(\omega)/Z_0(\omega)] \qquad (4-49)$$

因此，R、L、G、C 的与频率相关的值可以由测量的传播参数（见图 4-49 和表 4-25）来确定。

对于表 4-24 中前两种情况，使用上述表达式导出的 R、L、G、C 线路参数的频率相关特性如图 4-50 所示。这两个案例的特征显示出相似的趋势。串联电阻随着频率的增加而增加，而电感的减少方式几乎与地下电缆的大地返回阻抗相同[4.23]。然而，与传输线不同，埋入裸导体的电导和电容具有很强的频率相关性。还观察到，最大到 100kHz 频率时，电导、电感和电容的计算都非常接近 Sunde 的准静态公式[4.23]给出的结果。对于案例 1 和案例 2，表 4-26 比较了 R、L、G、C 参数不同频率下计算值与 Sunde 准静态公式结果。结果表明，与低电阻率土壤相比，在高电阻率土壤中所确定的参数显示出更好的一致性。

表 4-26 R、L、G、C 的频率相关性

案例 1					案例 2				
频率	100kHz	1MHz	10MHz	Sunde 公式	频率	100kHz	1MHz	10MHz	Sunde 公式
R（Ω/m）	0.20	3.36	32.88	—	R（Ω/m）	0.09	2.19	7.10	□
L（μH/m）	1.01	1.27	0.14	0.85	L（μH/m）	1.16	0.43	0.32	1.12
G（mS/m）	6.45	8.84	10.07	7.40	G（mS/m）	1.31	2.17	4.63	1.40
C（nF/m）	0.64	0.35	0.14	0.52	C（nF/m）	0.34	0.15	0.14	0.30

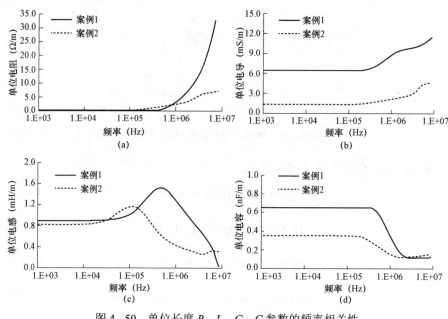

图4-50 单位长度R、L、G、C参数的频率相关性

(a) 电阻；(b) 电导；(c) 电感；(d) 电容

4.5.3.5 与 Sunde 频率相关公式的对比

Sunde[4.23]利用电报方程推导出了单位长度的频率相关参数，用于评估直接雷击引起的土壤表面单个水平接地导体的瞬态行为

$$Y^{-1}(\gamma) = Y_i^{-1} + \{1/\pi(\sigma_s + j\omega\varepsilon_s)\}\ln(1.12/\gamma a) \quad (4-50)$$

$$Z(\gamma) = Z_i + (j\omega\mu_0/2\pi)\ln(1.85/a\sqrt{\gamma^2 + \Gamma^2}) \quad (4-51)$$

其中

$$\gamma = \sqrt{Y(\gamma)Z(\gamma)}$$

$$\Gamma = \sqrt{j\omega\mu_0(\sigma_s + j\omega\varepsilon_s)}$$

$$a = \sqrt{2rh}$$

式中　γ ——传播常数；

　　　Y_i ——导体绝缘层的导纳；

　　　Z_i ——导体内阻抗；

　　　r ——导体半径；

　　　h ——埋深；

　　　μ_0 ——真空磁导率；

　　　σ_s ——土壤电导率；

　　　ε_s ——土壤介电常数。

上述公式需要迭代计算来确定串联阻抗和分流导纳的最终值，直到传播常

数 γ 收敛。

分别选取相对介电常数 4、9 和 20 来迭代求解 Sunde 关系。这些相对介电常数的值可以被认为是与前一节中观测到的传播速度相符合的预测值。然后根据得到的串联阻抗和并联导纳计算出特性阻抗和传输常数。图 4-51 说明了表 4-24 中前两种情况下,由实验结果和 Sunde 频率相关公式确定的传播特性的比较。对于案例 3~案例 5,由于土壤电阻率沿导体走向发生变化,因此未对这些情况下的结果进行比较。

通过对两种不同情况下不同传播特性的比较,发现虽然 Sunde 解析公式和实验结果的传播参数数值有一定的差异,但两者的频率响应在总体趋势方面是一致的。

(1)所有四个传播参数都显示出相似的趋势。

(2)直到频率高达几十千赫,改变介电常数几乎不影响传播参数。

(3)在高阻土壤中,土壤介电常数的影响比在低阻土壤中更为敏感。

利用 Sunde 的频率相关公式对许多理论情况下的波传播频率响应进行了计算,发现特征阻抗幅值随频率的增加而增大。之后阻抗饱和,且随着频率的进一步增加而显示出减小的特性。这个频率大约是几百千赫。这种趋势与实验数据所表明的情况类似。

但是,两种方法得到的特征阻抗还是稍有差异的,其原因是根据 Sunde 公式,特征阻抗的最大值与土壤电阻率和介电常数有关。对于高电阻率和低介电常数的土壤,其值更大。然而,介电常数的影响仅在高电阻率的土壤上才重要。从图 4-51 和图 4-52 所示的案例 1（100Ω·m）和案例 2（400Ω·m）的计算中可以清楚地看出这一点。实验得出的特征阻抗的最大值出现在 55Ω 左右的非常窄的一个范围内,且与土壤特性和导体几何形状无关。这一点很重要,并可能导致模拟结果出现错误,特别是在电压波的第一个峰值处。此类错误已在采取了 J.Marti 传输线模型的文献［4.33］中被发现。这个问题需要进一步研究。

观察到的另一个主要差异是低频段的相位特性。可能的原因是,如 4.5.3.1 所述,低频范围内的特性阻抗可以表示为

$$Z_0(\omega) \approx \sqrt{\frac{R + j\omega L}{G}} \qquad (4-52)$$

即在较低的频率范围内,相位角仅由串联阻抗定义。同样在较低频率下,R 中的小偏差也会引起相角的明显差异。由于文献［4.34］已将特征阻抗的幅度用于有理函数拟合,但未考虑相位特性。但是,作者认为这可能不会引起严重的错误,特别是对于几微秒的高频瞬态。

衰减常数和传播速度的微小差异可能并不会引起短导体传播函数拟合的

严重误差，但随着导体长度的增加，误差将会更为明显。

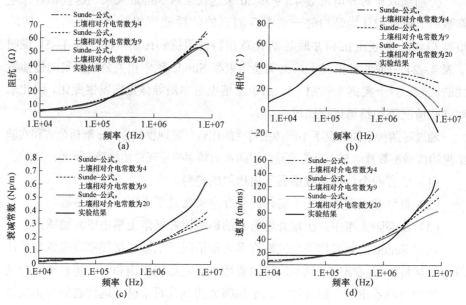

图4-51 将确定的传播参数频率响应与Sunde的频率相关性（案例1）
（串联阻抗、并联导纳和传播常数）的相互关系进行比较

（a）特性阻抗：幅度；（b）特性阻抗：相位；（c）衰减常数；（d）传播速度

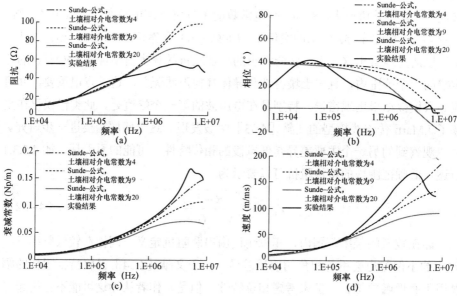

图4-52 将确定的传播参数频率响应与Sunde的频率相关性（案例2）
（串联阻抗、并联导纳和传播常数）的相互关系进行比较

（a）特性阻抗：幅度；（b）特性阻抗：相位；（c）衰减常数；（d）传播速度

4.5.4 屏蔽电路中的雷电感应电压的计算示例

100m 长的信号电缆安装在高压变电站内同一接地网上通信楼（带天线塔）和辅助楼（an awxiliary kiosk）之间。

问题是：当雷击通信塔时，该电缆一端（另一端接地）承受的共模电压是多少？

因为电缆有一个屏蔽层（7.3.2.2 的类别 1），其传输阻抗可建模为

$$Z_t = R_t + j\omega L_t \tag{4-53}$$

其中 $R_t = 1\text{m}\Omega/\text{m}$，$L_t = 20\text{nH/m}$。

通信大楼的接地阻抗 Z_g 已在时域内（通过施加 8/20μs 脉冲电流）或在频域用 25kHz 频率进行了测量。

两种测量结果都得到大致相同的结果

$$R_g = 0.1\Omega, \, L_g = 2.5\mu\text{H}$$

这些相对较小的数值结果是由于接地网格的高密度和土壤电阻率较低造成的，$\rho = 10\Omega \cdot \text{m}$。

这些参数实际上与频率有关，但这种评估对于目前的目的❶来说已经足够了。请注意，也可以通过应用 4.5.2 中给出的公式直接估算。

现在可以写

$$GPR(t) = (R_g + L_g \text{d}/\text{d}t) \cdot i(t) \tag{4-54}$$

或者在拉普拉斯变换之后

$$GPR(s) = (R_g + sL_g) \cdot I(s) \tag{4-55}$$

雷电流 $i(t)$ 将由经典的双指数函数模拟

$$i(t) = I_0(\text{e}^{-\alpha t} - \text{e}^{-\beta t}) \tag{4-56}$$

假设 1/50μs 的波形：$\alpha = 1.4 \times 10^4$ 与 $\beta = 2 \times 10^6$。

信号电缆屏蔽层中的电流由式（4-57）给出

$$I_c(s) = GPR(s)/(R_c + sL_c)l \tag{4-57}$$

式中 l ——电缆长度；

$R_c + sL_c$ ——电缆屏蔽层-大地回路的单位长度阻抗。

可以假设 $R_c \approx R_t = 1\text{ m}\Omega/\text{m}$，$L_c = 1\mu\text{H/m}$

---

❶ 一个更现实的评估办法是在较低的频率下测量 R_g，在较高的频率下测量 L_g，考虑到 R_g 主要与 $LF-GPR$ 有关（考虑雷击电流的 LF 分量），而 L_g 主要与 $TGPR$ 有关（考虑 HF 分量）。

因此共模电压变为

$$U(s) = I_c(s) Z_t l \tag{4-58}$$

采用拉普拉斯逆变换时，最终得到

$$u(t) = I_0 \frac{L_g}{L_c} \left[\beta L_t e^{-\beta t} + R_t (K_l e^{-R_c t/L_c} - K_2 e^{-\alpha t}) \right] \tag{4-59}$$

其中 $\quad K_l = \left(\frac{R_g}{L_g} - \frac{R_c}{L_c} \right) \bigg/ \left(\alpha - \frac{R_c}{L_c} \right) \cdot K_2 = \left(\frac{R_g}{L_g} - \alpha \right) \bigg/ \left(\alpha - \frac{R_c}{L_c} \right)$ （4-60）

上述表达式的第一项是由于雷电波的波前形状而产生的高频分量。当电缆屏蔽层转移阻抗展示显著的感性分量时第一项是最主要的，另外两项是低频分量，它取决于波形的尾部。在评估 CM 感应电压的最大峰值时，通常可以忽略这两项。

这意味着 U_{peak} 实际上是雷击电流陡度 β、接地网的等效自感 L_g 和电缆屏蔽层的转移电感 L_t 的线性函数。

根据本示例中假设的参数值，有

$$u(t) = I[0.1\exp(-2\times10^6 t) + 0.075\exp(-10^3 t) - 0.05\exp(-1.4\times10^4 t)] \tag{4-61}$$

换句话说，在这个例子中，每 1kA 的雷击电流可以产生 100V 的 U_{peak} 电压。

这个计算是非常近似的，未考虑传播效应（反射）以及电缆屏蔽对 *GPR* 的影响。

然而，它可以用来理解影响耦合的最重要参数是什么，并给出由此产生的干扰电压的初步近似值。

当然，很明显，完整的计算机模拟将产生更精确的结果。如果采取了正确的保护措施（例如通过使用屏蔽电缆和 PEC），且设备设计正确，能够承受相关的抗扰度水平，雷电不会成为材料破坏的根源，在大多数实际情况下，正确接地屏蔽电缆末端出现的共模电压很少会超过 2kV。

对于电阻率非常高的土壤，使用金属导管形式的 PEC 可使 CM 电压显著降低，这是因为其转移阻抗的值非常低。关于这个问题的讨论可以在文献［4.12］中找到。

参 考 文 献

［4.1］ R.Cortina, P.C.T.Van Der Laan, alii. Analysis of EMC problems on auxiliary equipment in electrical installations due to lightning and switching operations. CIGRE Session, 1992.

[4.2] CCITT Directives concerning protection of telecommunication lines against harmful effects from electric power and electrical railway lines, vol.1-9, Genève 1989.

[4.3] W.Xiong, F.P.Dawalibi, A.Selby. Frequency response of substation ground systems subject to lightning strikes, CIGRE Symposium of Lausanne 1993.

[4.4] L.Grcev. Transient voltages coupling to shielded cables connected to large substation earthing systems due to lightning. CIGRE Session, 1996, 36 – 201.

[4.5] J.H.Bull. Guide to reduction of susceptibility of instrumentation to radio frequency fields. ERA Report n°, 80 – 135, 1981.

[4.6] IEC 1000 – 5 – 1 Technical report: Electromagnetic compatibility(EMC) — Part 5: Installation and mitigation guidelines – Section 1:General considerations, 1996.

[4.7] UNIPEDE. Automation and control apparatus for generating stations and substations. Electromagnetic Compatibility-Immunity Requirements-230.05 Normspec, Ren9523, Paris, Jan. 1995.

[4.8] IEC 1312 – 1 Protection against LEMP— Part 1:General Principles, 1995.

[4.9] IEC 1024 – 1(1990), IEC 1024 – 1 – 1(1993):Protection of structures against lightning.

[4.10] IEEE recommended practice for the protection of wire-line communication facilities serving electric power stations, IEEE Std 487, 1992.

[4.11] IEEE guide on, shielding practice for low voltage cables, IEEE Std 1143, 1994.

[4.12] R.Anders, I.Trulsson. Electrical installation design procedures for minimal interference in associated electronic equipment. ASEA-Industrial Electronics Division, 1981.

[4.13] IEEE recommended practice for the protection of wire-line communication facilities serving electric power stations, IEEE Std 487, 1992.

[4.14] IEEE guide on shielding practice for low voltage cables, IEEE Std 1143, 1994.

[4.15] R.Anders, I.Trulsson. Electrical installation design procedures for minimal interference in associated electronic equipment. ASEA-Industrial Electronics Division, 1981.

[4.16] Japanese Electrotechnical Research Association. Technologies of countermeasures against surges on protection relays and control Systems. ETRA Report, vol.57, No.3, Jan.2002(in Japanese).

[4.17] T.Matsumoto, Y.Kurosawa, M.Usui, K.Yamashita, T.Tanaka. Experience of numerical protective relays operating in an environment with high-frequency switching surges in japan. Power Delivery, IEEE Transactions on, vol.21, No.1, 88-93, Jan.2006.

[4.18] S.Agematu et al. High-frequency switching surge in substation and its effects on,

operation of digital relays in Japan. CIGRE 2006, General Meeting, C4－304, Sep. 2006.

［4.19］ A. Ametani, H. Motoyama, K.Ohkawara, H.Yamakawa and N.Suga. Electromagnetic disturbances of control circuits in power stations and substations experienced in Japan. Proc.IETGTD, vol.3, no.9, 801-815, Sep. 2009.

［4.20］ A.Ametani. EMTP study on electro-magnetic interferences in low-voltage control circuits of power systems. European EMTP Users Group (EEUG) 2006 Proceedings, pp. 136-144, Dresden, Sep. 2006.

［4.21］ Japanese Electrotechnical Committee:JEC-0103-2005. Standard of test voltage for low-voltage control circuits in power stations and substations. IEE Japan, 2005(in Japanese).

［4.22］ A.Ametani. Distributed-parameter circuit theory. Corona Pub.Co., Tokyo, 1990.

［4.23］ Sunde. Earth conduction effects in transmission systems. Van Nostrand, 1949.

［4.24］ C.Bouquegneau, B.Jacquet. How to improve the lightning protection by reducing the ground impedance. 17th International Conference on Lightning Protection, The Hague, 1983.

［4.25］ C.Gary. L'impédance de terre des conducteurs enterrés horizontalement. Symposium Foudre et Montagne(S.E.E.)Chamonix, 6-9, Jun. 1994.

［4.26］ P.Anzanel, G.Grassin. Transient electric response of distribution grounding electrodes during lightning strokes. CIRED Conference, 1987.

［4.27］ P.Kouteynikoff, H.Rochereau. Protection des lignes et postes électriques contre la foudre:rôle et caractérististiques des prises de terre. R.G.E.No, France, 1989.

［4.28］ J.M.Van Coller, I.R.Jandrell. Behaviour of interconnected building earths under surge conditions. 21th International Conference on Lightning Protection, Berlin, 1992.

［4.29］ Working Group 23.10. Earthing of GIS.An application guide. CIGRE technical brochure, ELECTRA No 151, 1994.

［4.30］ A.K.Mishra, N.Nagaoka, A.Ametani. A frequency-dependent transmission line model for a counterpoise. Trans.Electrocal/Electronic Eng., vol.1, No.1, 14－23, Jan.2006.

［4.31］ A.K.Mishra, N.Nagaoka, A.Ametani. Frequency-dependent distributed-parameter modeling of counterpoise by time-domain fitting. IEE Proc.GTD, vol.153, No.4, 485－492, Jul. 2006.

［4.32］ A.K.Mishra, A.Ametani, N.Nagaoka, S.Okabe. A study in frequency-dependent parameters and Sunde's formulas of a counterpoise. IEEJ Trans.PE, vol.127, No.1, 299-305, Jan.2007.

[4.33] F.Menter. EMTP based model for grounding system analysis. IEEE Trans.PWRD, vol.9, No.4, Oct.1994.

[4.34] J.R.Marti. Accurate modeling of frequency-dependent transmission lines in electromagnetic transient solutions. IEEE Trans., vol.PAS – 101, 147 – 157,1982.

[11] Chikhani F. E. Shunt capacitors on unbalanced distribution[J]. IEEE Trans PWRD, 1990, 5(4): 1649-1656.

[12] Gerin-Lajoie L. A. An extended transient-midterm stability program[J]. IEEE Trans on PWRS, 1990, 5(2): 555-561.

[13] Kurita A. Multiple time-scale power system dynamic simulation[J]. IEEE Trans on PWRS, vol. 8, no. 1, 1993.

耦合机理及减缓方法

最常见的骚扰源已在第 3 章中进行了描述。尽管它们有时由直接影响"受害者"电路的电流（或电位）组成，但在最常见的情况下，它们以电磁（EM）场的形式出现。这里假设存在一个模型来计算该电磁场，即便没有模型，也可能通过开展一些测量（表征环境）来对其进行量化。问题是要找到用于计算场对受干扰部分耦合的模型。

本章的目标是描述这种耦合所涉及的不同基本机理，并从这些机理中得出主要缓减方法的依据。涵盖的耦合机理包括传导的、容性的、感性的和辐射的，借此干扰得以通过电缆和其他部件进行传播，并到达设备的敏感部位。本章还介绍了一些缓解方法。

5.1   一般的耦合模型与减缓方法

信号可以大致分为差模或共模，并且互联系统通常包含这两种模式。接地上方的两条线可以同时支持差模和共模，如图 5-1 所示。差模在相对的导体中具有返回电流，而共模则在接地或公共导体中具有返回电流（正序和负序分量是差模形式，零序分量是共模形式）。共模通常会导致电磁兼容问题，因为更大的环路面积（与紧密排列的导体相比，接地通常相隔较远）会引起更大的感性耦合和辐射，并且共用回路会导致共阻抗耦合。共模通常是由不平衡电路引起的寄生模式，因此共模滤波器通常可有效改善电磁兼容性能[5.1]。

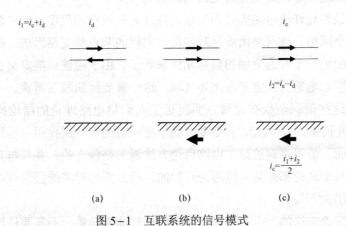

图 5-1   互联系统的信号模式

（a）差模电流；（b）共模电流；（c）混合模式的信号通道

5.1.1 耦合模型

可以从著名的麦克斯韦方程出发建立描述电磁场与任何结构耦合的所有模型，其中最常用于数值计算模型的是天线理论或散射理论。这依据基本原理：每个电流都是一个场的源（发射问题），这个场又可以是一个电流的源（接收问题），而这个电流又是一个散射场的源。据此形成的积分方程描述了被电磁波照射的导电体的行为。这些方程通常没有解析解，需要通过数值方法求解。天线理论是用于解决耦合问题的最通用、最严格的理论之一，它只需要一个重要的限制性假设即可：带电体是理想的导体。然而该理论需要大量的计算时间和内存。

另一个广泛使用的理论是传输线理论（TL）。这是基于以下假设：

（1）与波长相比，带电体具有较小的横向尺寸，即与波长相比，导体的直径和导体之间（或地上）的距离较小（准 TEM 假设，见 5.2.4）。

（2）沿线流动的电流不同部分之间没有相互影响，感应电流不会受到相互辐射的干扰（这意味着线路或多或少是直线的）。

传输线理论提供了快速、准确的结果，因此被广泛用于解决电缆和线路的耦合问题。除了这两个"通用"理论，还有第三种理论要简单得多，即准静态理论或电路理论，有时也称为基尔霍夫理论或楞次理论，因为著名的基尔霍夫定律和楞次定律是这一理论的基础。应用这一理论所需的附加限制是：

（1）电路长度远小于波长，即不涉及传播效应。

（2）流过每个电路元件的电流为常数。

这些条件允许将电路等效为集总元件（无任何空间尺度）的串联或并联，以形成一个网络，该网络由满足基尔霍夫方程的节点和支路组成。磁通量穿过电路的效应由一个称为电感的集总元件来表示。由于磁链只能定义在边界有限的区域，所以电感只能定义在闭环区域。这一重要问题稍后再谈。

所有这些限制至少在定量方面阻止了人们将电路理论的结论推广到大型电路（与波长相比），为此，有必要求助于更一般的理论或使用一些统计或经验定律。然而，值得强调的是，电路理论方法通常是保守的，并且与其他理论并不冲突，每个理论都是从天线理论开始的，通过添加更多的假设可以从前面的理论推导出来[5.2]。

电路理论方法的一个主要优点是它的计算非常简单，不需要使用复杂的计算方法。因此，当电路的尺寸较小时，它使得耦合中涉及的物理机理易于理解。此外，它没有必要去确定电磁场并建立相应的模型，电源总可以由电流或电压表示。因此，同样的模型可以用来描述与骚扰源（直接注入受扰电路中的电流或电位）的直接作用以及通过电场或磁场的间接相互作用。由于这些原因，以下章节中介绍的大多数耦合机理将以电路理论为基础。另外，众所周知，从简化的理论导出的工具有时被误用或滥用，特别是在处理电位差、电位升或电感的概念时尤其如此。在下面的章节中，每当有可能导致误解时，笔者将尽量强调这个问题。

5.1.2 接大地、接地与搭接

接地在大多数耦合机理中发挥着非常重要的作用，在此重温一些基本概念和定义。在其经典用途中，接地实际上包括两个独立的概念：

（1）与大地的物理连接。

（2）金属结构之间的等电位搭接。

可以看到，就电磁兼容而言，后一个概念更为重要。为了避免在以下段落中出现任何混淆，笔者将使用术语接地极和接地网来指定与地面紧密接触并提供电气连接的导电部件或互联导电组件，并且将使用术语搭接网来指定所有导电组件为了形成基本等电位网络（至少在低频），使电压短路并提供电磁屏蔽（从直流到低射频）而相互连接的结构。搭接网本身通常连接到接地网。笔者还将使用术语接地导体和术语搭接导体来分别描述与接地网或搭接网络的连接。然而，当这两个概念之间的区别不重要时，最好统一使用"接地"一词。接地和搭接网络通常基于不同的原因被使用，在实际实施中也反映了这些差异。这些网络提供两个主要功能：保护功能（防止过电压）和缓减功能（在电磁兼容方面）。

1. 保护（对人和设备）

接地网所起的保护作用是为了降低意外电位差引起的风险。

这些潜在电位差产生的原因可能是源于内部（例如变电站内的接地故障）或源于外部（例如雷电）。当源于内部时，重要的不是接地阻抗的值，而是同时可接近结构之间的电位差。当故障电流源是外部的，但故障设施的接地和电源的接地是相互连接的（例如 TN 配电系统），在某种程度上这一结论也成立。当电流（故障、雷电）源于外部时，除了接地导体中的电压降外，接地网相对于"远方大地"也会有电位升高，因此也适用于对来自保护区外的所有导体。除非特别注意保护与这些导体相连的设备，否则雷电和严重故障电流总是产生破坏性影响。

2. 电磁兼容

接地（搭接）网络的第二个作用是减少所有种类的骚扰，不管它们的耦合方式如何。此功能将在以下章节中进行更详细的描述。

5.2 基于电路理论的简化耦合模型及相关减缓方法

当试图理解骚扰从源到受干扰部分的传播方式时，似乎必须区分所有耦合模式。耦合要么是通过源与受干扰部分之间的直接电气连接，要么是通过电磁场（电场、磁场或两者都有）发生的。在第一种情况下，通常称为传导耦合或电流场耦合。例如，当骚扰通过电缆系统传导时，就会发生这种情况。因此，应当首先区分这两种耦合模式：传导的或辐射的。然而，一旦传导骚扰到达受干扰部分，其对敏感电路的影响可能还意味着不同的机理，这取决于骚扰电流流过的阻抗的类型（电阻性的或电抗性的、自有的或相互的）。鉴于此，尽管有时它结合了不同的影响的物理机理，笔者还是倾向于在下面的共阻抗耦合概念中，将其描述成与骚扰源有直接电气连接的耦合，在非常低的频率下或当该阻抗为纯电阻时的耦合——只有这样——这种耦合模式才能称为电阻性耦合。

另外，没有电气连接的耦合将被分为三种不同的类型，这取决于电磁场的电场部分与磁场部分是否可以被认为是相互独立的。综上，可以将耦合模式分为以下四种：

（1）共阻抗耦合（电阻性耦合是其中一种特殊情况）。

（2）感性耦合或磁耦合（近区磁场）。

（3）容性耦合或电耦合（近区电场）。

（4）辐射耦合或电磁耦合（远区电磁场）。

电路理论只能处理前三种模式。第四种显然需要前面提到的一般理论之一。事实上，这些模式都不是单独出现的，但通常，至少在低频或中频范围内，其中一种模式将起主导作用。对于所有的耦合模式，有可能确定能量源（或发射器）与敏感设备（或接收器或受干扰部分）之间的传递函数[5.3]。

传递函数可以是阻抗、导纳或无量纲量，这取决于骚扰源的性质和耦合的"结果"，即电压或电流。在所有情况下，发射端（E_e，Z_e）与接收端（U_s，Z_s）之间的电磁相互作用都可以通过双口网络来建模，在最简单的情况下，如图 5-2 所示，就是由阻抗 Z_A，Z_B 和 Z_C 组成的 T 形网络。

在该电路模型中，回流导体通常为地，提出了两种减少接收端和发射端之间电磁耦合的主要策略："短路"和"开路"策略。很明显，如果 Z_C 为零，发射端的任何能量都不能到达接收端。同理，如果 Z_A 和 Z_B 其中之一或两个都无穷大（即开路），则发射端能量也不会到达接收端。

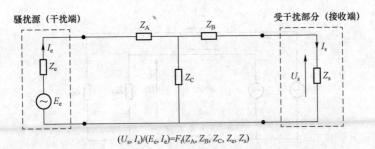

$$(U_s, I_s)/(E_e, I_e)=F_t(Z_A, Z_B, Z_C, Z_e, Z_s)$$

图 5-2 骚扰源（发射端）和受干扰部分（接收端）之间的传递函数

注：在图 5-2 和本章后续图中，当不会与电场混淆时，符号 E 用于表示电压源，

符号 U 用于表示电压降或感应电动势。

值得注意的是，一般来说，理想的短路或开路是不可能实现的，因为即使是最好的处理方法，也会存在杂散电感和电容。短路策略旨在降低所有接地导体的阻抗，特别是通常在频率 1kHz 以上起主要作用的电感。开路策略旨在隔开发送端和接收端，通过增加距离，或插入物理屏障（降低耦合系数），或构成一个独立的具有"单点"接大地的搭接网。从 5.2.1 和 5.5 中看到，后一种接地策略有严重的缺陷。另外，由于骚扰的特性通常是根据设备输入端出现的电压给出的，并且这些电压通常是电流在接地和屏蔽层中流动的结果，因此转移阻抗概念将在以下章节中发挥非常重要的作用，尤其是在确定电缆和外壳等结构的屏蔽效能时（见 5.2.2.2～5.2.2.4）。

5.2.1 共阻抗耦合（共路径耦合）

5.2.1.1 基本原理

每当不同的电路共用一个或多个阻抗时，都会出现这种耦合。最简单也是最典型的情况是具有"公共回路"的电路，即接地网本身，并假设非理想状态，例如它的阻抗不为零。图 5-3 给出了一个包含两个回路的简单例子。由于共阻抗 Z_C，回路 1 的负载阻抗上的电压降是信号电压 E_1 和由于电路 2 中的电流而产生的骚扰电压的代数和。由于负载阻抗 Z_{L1} 通常比公共阻抗 Z_C 高得多，骚扰电压近似为$-Z_C I_2$，其中 Z_C 对应于图 5-1 的传递函数，被称为"转移阻抗"（见 5.4.3）。然而将看到，转移阻抗的概念常被赋以限定的含义。在不影响骚扰源的情况下，降低共阻抗耦合的主要方法有：

（1）取消公共回路（开路策略）。

（2）降低公共回路的阻抗（短路策略）。

（3）使用平衡电路（平衡电路策略）。

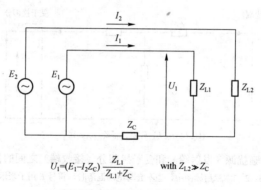

$$U_1 = (E_1 - I_2 Z_C) \frac{Z_{L1}}{Z_{L1} + Z_C} \qquad \text{with } Z_{L2} \gg Z_C$$

图 5-3　共阻抗耦合

其中奇怪的是，在处理接地网时，这些方法有时会导致截然不同的解决方法：

（1）取消公共回路相当于不允许一个搭接电路具有一个以上的接地点，即只能采用星型方式接地。

（2）降低公共回路的阻抗，则意味着增加回路的数量（增加导体的截面对其电感的影响很小），增加接地点以形成交叉网状网络。

当区分携带信号或能量的有源电路的接地与金属外壳和屏蔽电路的接地时，这些原理之间的明显矛盾很容易消除。开路策略适用于有源电路：

（1）应（如有可能）避免对有源电路使用公共回线。

（2）有源电路应（如有可能）仅在一点接地（见 5.3.4）。

另外，短路策略适用于大多数其他接地电路，尤其是屏蔽电路，这将在下文看到。开路策略和短路策略之间的这种区别还分别涉及有用信号的差模（DM）和骚扰的共模（CM）概念（见 5.2.2.2）。5.5 中还将更详细地讨论这两种原理在接地网中的应用。

有源电路中常见的共阻抗耦合不能避免的两个重要例外是电源电路和同轴连线（见 5.3.3）。幸运的是，对于同轴电路乃至所有的交流电路，可以通过减少每个电路的回路面积来实现自然去耦，如图 5-4 所示，其中两个电路具有三个不同的返回路径 5。在这里，阻抗为 Z_1、Z_C 和 Z_2 的三个回流导体，即使它们的截面积和长度实际上相等，但其上也将流过大小很不相同的电流：交流电流 I_1 将主要经过导体 Z_1，交流电流 I_2 将主要经过导体 Z_2，实际上没有电流会通过导体 Z_C 回流。这种特性实际上是感性耦合的一种特殊情况，即使在 50Hz 时也是如此。例如，当高压线路出现对地短路时，电流通常会沿着高压线路走廊返回电源，而不是沿着故障点与电源之间的直线路径返回（见图 5-5）。

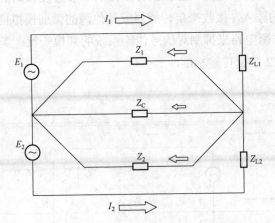

图 5-4 共阻抗交流线路的自然去耦

注：在图 5-4 及后续相关图中，电路以二维或三维方式表示，按照电路理论的集总参数元件附在图中，
以突出它们的相互对应关系。但是，必须注意不要混淆这两个概念（空间的和符号的），
尤其是在自感和互感方面。

该机理被称为邻近效应，并在高频下导致集肤效应。

得益于这一重要的效应，在高频电路中采用多点接地成为可能，且不会因为外部骚扰电流而出现问题。在 5.2.2 将进一步论述磁去耦原理。

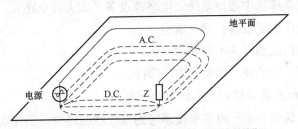

图 5-5 交流和直流沿地面返回的差异[5.5]

5.2.1.2 采用平衡电路抑制共阻抗耦合

一种抑制共阻抗耦合的方法是使用平衡电路，如图 5-6 所示。在这种方法中，由电压源 E_1 和负载 Z_{L1} 互联的受干扰电路被分为两个相同的部分（E_1^+ 与 E_1^-，Z_{L1}^+ 与 Z_{L1}^-），并对称接地。这被称为差分电路，并且在这些对称导体之间出现的电压属于差模电压。因此，U_1（在接收端的输入中）是负载 Z_{L1}^+ 与 Z_{L1}^- 上的电压之和。从图 5-6 中可观察到，出现在 Z_C 上的共模噪声电压（V_{zc}）均等地传输到负载 Z_{L1}^+ 与 Z_{L1}^- 上，并在接收端的输入中相互抵消。这种抵消依赖于电路平衡，通常被称为电路的共模抑制比（CMRR），即 U_1 与 V_{zc} 之比。

差分电路也能有效地抑制感性耦合，并用于敏感度较高的电路，例如，16位 A/D 转换器的输入，接收来自传感器或其他源的微弱模拟信号。数据传输系统也可以使用平衡电路来抑制对信号传输系统的共模干扰。类似系统的例子是RS 485 和 RS 422 数据传输标准。

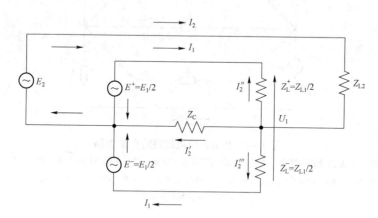

图 5-6　差分电路的共模去耦

5.2.1.3　共阻抗耦合骚扰的例子

（1）作为电位参考面的接地系统中的 50/60Hz 短路电流。

（2）雷电直接击中接地系统、电路或设备（如天线电路）。

（3）直接作用于设备的静电放电。

（4）公用回流通路的电路间的串扰。

（5）电源上的谐波、闪烁、电压骤降。

5.2.1.4　共模向差模转换效应的机理和抑制

根据以上说明，由于没有直接感应到双绞线回路中，因此实际上没有差模电压产生（见图 5-7）。对于组成传统长途电信电缆的差模四芯两组双绞线来说，可以做到完全消除差模电压。由于连续换位和较小的环路尺寸，在星形四股绞合电路中，直接感应的差模电压仍然可以忽略不计。控制回路和信号回路电缆的导线绞合在一起，因此也存在连续换位产生的补偿效果，但是环路尺寸可能会更大，尤其是在回路不由相邻导体组成的情况下。结论是，与下面描述的共模到差模的转换现象引起的差模电压相比，在实际情况下可以忽略直接感应到电缆回路中的差模电压。

感应的共模电压和电流可部分转换为差模电流和电压，这可由以下三种电路不平衡引起。

5.2.1.5　串联不平衡引起的共模到差模的转换

1. 串联阻抗不平衡转换机理

图5-7显示了由导体a和b组成的对称导体回路按单位长度值的分布参数串联阻抗。为完整起见，"其余的"导体 g 也出现在串联阻抗的电路图中。其余的导体原则上模拟导体 a 和 b 以外的导体组。g 组由直接或通过纵向阻抗在两端接地的那些导体（如果有）组成。g 组的导体可以分流大量感应到所研究的电路中的共模电流，从而影响（减少）该电路中的共模电流（这种现象称为潜在屏蔽效应）。与不平衡电容转换相比，g 导体不影响串联不平衡条件。s 表示屏蔽或护套，它可以作为共模电流的返回路径，也可以作为屏蔽导体。串联阻抗不平衡的转换效应通常在低频范围内具有重要意义，此时电感和所涉及的电抗不平衡（ΔX）与电阻不平衡ΔR 相比可忽略不计，因此$\Delta R = Z_{as} - Z_{bs}$ 被认为是串联不平衡转换的唯一来源。

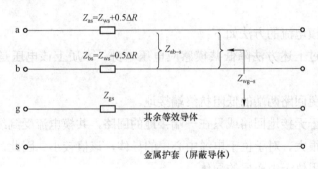

图5-7　由导体a和b组成的导体对的串联阻抗

转换机理如图5-8所示。

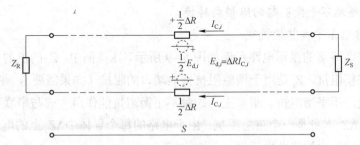

图5-8　由于共模电流（$I_{C,i}$）流过第 i 个线路截面的不平衡电阻（ΔR）而产生的差模电压源（$E_{d,i}$）

不平衡电阻ΔR的影响可以通过在第 i 个计算单元的差模回路中插入以下每单位长度的差模串联电压源（emf）$E_{d,i}$ 来表示

$$E_{d,i} = \Delta R_i I_{C,i} \tag{5-1}$$

式中　ΔR_i——在第 i 个计算单元处每单位长度的不平衡电阻；

　　　$I_{C,i}$——在第 i 个计算单元处流过的每根导体的共模电流。

$E_{d,i}$ 的一半以相反方向作用于导体回路的每个分支。

上述 $E_{d,i}$ 的表达式展现了随长度变化的差模串联电压源，相应于 ΔR_i 的值以及 $I_{C,i}$ 的大小的可能变化。计算可得 $E_{d,i}$，其中两者都可以被认为是均匀的。计算结果是沿线路每个单元的差模电压源的数值，并附有幅值和符号。

最后的结果，即线路端部的骚扰差模电压，是在考虑不平衡转换引起的分布差模电压源的情况下通过差模电路的求解得到的。

2. 抑制（缓减）电阻不平衡转换

通过减小由上述公式给出的差模电压源，可以减小电阻不平衡转换的影响。因此，根据该公式，采取缓减措施要求降低共模电流和不平衡电阻或两者兼而有之。

降低共模电流的方法如下：

（1）通过上述方法降低共模感应电压本身，本质上该电压是共模电流的来源。

（2）避免回路两端的低阻抗终端接地。

（3）对于无接地回路或只在一端接地的回路，共模电流受到线路接地电容阻抗的影响很大。对于位于电缆中心层的导体，该值较小。因此，对于敏感电路，最好使用位于中心层的导体。

降低不平衡电阻应遵循的方法：不平衡电阻是由制造过程决定的，因此实际上在安装或运行阶段几乎不可能减小。

5.2.1.6　终端不平衡引起的纵横向转换

1. 终端不平衡转换机理

不平衡终端的星形电路示例如图 5-9 所示。在该例中，Z_u 的值的 2 倍就是终端的差模阻抗，Z_s 是用于调整阻抗接地端口的阻抗（如果需要），并且 ΔZ_u 模拟了终端的不平衡阻抗。事实上，这种不平衡阻抗的作用方式与串联不平衡相同，只是 ΔZ_u 本身是一个集总阻抗。由于电路的每个导体中 ΔZ_u 上的电压降，作用在差模回路中的集总电压源（emf）如下

$$E_d(S) = 2\Delta Z_u I_C(S) \tag{5-2}$$

式中　$I_C(S)$——流过 S 端的共模电流。

最后的结果，即线路端部的差模骚扰电压，是在考虑端部不平衡引起的转

换产生集总差模电压源的情况下，通过差模电路的求解得到的。

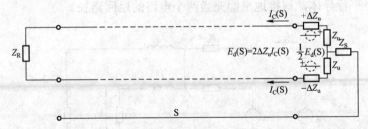

图5-9 由于共模电流 I_C（S）通过不平衡阻抗（ΔZ_u）而产生的差模电压源 E_d（S）

2. 终端不平衡转换的减少（缓减）

考虑到终端不平衡转换机理原则上与电阻不平衡转换机理相同，因此可以采用类似的方法，即减小流过端部的共模电流和端部不平衡阻抗或两者兼而有之。

降低共模电流的方法与上述电阻不平衡转换的方法完全相同。共模路径的阻抗会受到终端设备阻抗的影响，特别是阻抗 Z_S。

降低不平衡电阻应遵循的方法：终端设备的不平衡阻抗由设备的设计决定，因此在安装或运行阶段实际上无法降低。

在某些情况下，出于安全考虑，电路终端的一个极线会接地。这种情况会导致更高的不平衡，如 b 极接地，则有 $\Delta Z_u = -Z_u$。

5.2.1.7 共模到差模转换的计算方法

共模到差模转换效应的计算是一项相当复杂的任务，为此开发了不同复杂度的计算技术。

其中一种方法是按照以下步骤解决问题：

（1）求解共模电路。

（2）计算不平衡转换引起的差模源。

（3）求解差模电路。

另一种方法是利用复杂的电网络计算技术，一步解决全部问题。解算技术应该具有非常好的数值稳定性，因为信号电平的幅度变化很广（大约 10^5）。

5.2.2 感性（磁）耦合

5.2.2.1 基本原理

感性耦合（连同共阻抗耦合）无疑是最常见的骚扰模式。每当两个电路存在共同的感应磁通时或者当两个回路的接地部分共用且至少其中一个回路通以电流时，就会发生此类现象。如图 5-10 所示，最简单的情况是在接地平面上方有两个平行导体，该接地平面充当两个电路的返回路径。

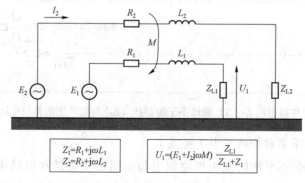

图 5-10　感性耦合

再次假设回路 2 是骚扰源，回路 1 是受干扰部分。同时假设回路 1 的信号电流远小于回路 2 中的骚扰电流，从而可以忽略它对回路 2 的影响。阴影区表示公共磁通交叉的面积，并决定了两个回路之间互感 M 的值。

解电路方程可得 U_1 是以下几项的和：

（1）信号电压 $E_1 Z_{L1}/（Z_{L1}+Z_1）$；

（2）感应骚扰电压 $j\omega M I_2 Z_{L1}/（Z_{L1}+Z_1）$。

当两个回路相互接近时，电感 M 的值接近回路 1 的自感 L_1 的值，因此将此式与图 5-3 的表达式进行比较，可以得出因子 $j\omega M$ 与 Z_C 的作用相同的结论。这说明共阻抗耦合和感性耦合有时很难区分。这种区分的确是人为的，在于应用电路理论时的限定条件。

在这一点上，值得花时间回顾从麦克斯韦方程组导出的一个基本定律。麦克斯韦第二方程（也称为法拉第定律）以积分形式表示，可写成如下形式

$$U = \oint \bar{E} \cdot d\bar{s} = -\partial \Phi / \partial t \qquad (5-3)$$

该式说明，电场沿任何闭合路径的围线积分等于该闭合路径所包围的磁通量的变化率（见图 5-11）。

这意味着，在实践中如果上述闭合路径选在一个回路，那么沿该回路的所有电压降的积分（或基尔霍夫理论中的电压和）等于与该回路相交链磁通的导数，无论该磁通的来源是什么。它可以由电磁场（辐射）、在另一个回路中流动的电流（互感）或在该回路中流动的自身电流（自感）引起。

正是后一种情况构成了"共阻抗耦合"（骚扰电流在受扰电路中流动）和"感性耦合"（骚扰电流在另一电路中流动）之间的联系。

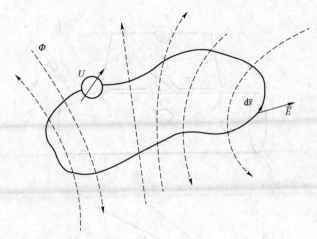

图 5-11　电场沿闭合路径的围线积分（法拉第定律）

解决上述问题用到的电路理论是基尔霍夫定律

$$\sum_{\text{mesh}} U_{\text{n}} = 0 \quad \text{相当于} \quad \oint \bar{E} \cdot \mathrm{d}\bar{s} + \partial \Phi / \partial t = 0 \qquad (5-4)$$

意味着将 $\partial \Phi / \partial t$ 转换为 $L\partial i/\partial t$（or $M\partial i/\partial t$）。这需要确定包含磁通 Φ 的完整闭合路径（即回路）的电感 L。由此得出以下重要结论：

（1）相距较远两点之间的电压降不是单值的，因为它们取决于测量它们的路径（见图 5-12）。

出于同样的原因，在谈到广泛使用的瞬态地电位升高（TGPR）概念时要非常小心（见 4.1.4）。

（2）不能将感应电压的概念定位在沿线的某段上（线圈端子之间的电压降是一个实际的例外，因为磁芯中包含的磁通比外部电路中的磁通大得多）。

（3）电感是闭环回路的特性，然而，可以使用部分电感的概念得到该回路的一部分的电感。

事实上，在处理回路的自感或互感时，必须关注的主要概念是回路自身产生还是交链其他回路产生的磁通。这一磁通的概念是普遍的，与任何简化理论无关。无论回路的频率和尺寸如何，它都适用。

然而，在意识到这些结论的情况下可能引出这样一个问题：可以谈单导线的电感吗？

电路中相距较远两点之间的"电压降"取决于测量方式：

电压表 1：测量值是沿管的电阻电压降与外部回路中感应的电动势（EMF）之和。

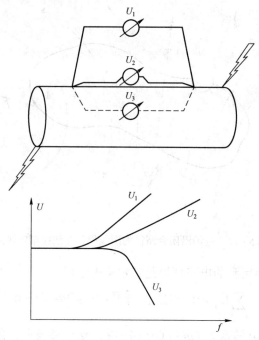

图 5-12　电路中相距较远两点间的电压降

电压表 2：测量值是由于集肤效应而在高频下增加的电阻电压降（在管的外表面上）。

电压表 3：测量值是沿管内的电压降。由于集肤深度随频率而减小，该测量值也减小了，并且，由于没有磁场穿透管内，因此没有感应电动势（参见 5.2.2.4 电缆的转移阻抗）。

文献中常用 1μH/m 或 2μH/m 的值来表示单根导线的电感值。其意义何在？为了理解这一点，有必要回顾一下诺依曼公式，该公式给出了长平行导线的单位长度电感（见 5.6.1）。位于完纯导体接地平面上方高度 h 处的半径为 r 的长导线的电感值为

$$L = \frac{\mu}{2\pi} \ln \frac{2h}{r} \tag{5-5}$$

假设导线半径为 5mm，离地高度为 25cm～25m（或等效的返回路径，即镜像导体，距离 0.5～50m），可以发现，在 $\mu=\mu_0$ 的空气中，回路的电感值为 0.9～1.8μH/m。

这意味着在实践中，就电磁兼容性而言，当与返回路径的距离远大于导线半径（或处理电缆时的等效半径）时，电感（相当于自感）的值大致取 1μH/m 是合理的。

回到最初的感性耦合问题，接下来探讨抑制电路间感性耦合的可能方法。

5.2.2.2 采用平衡电路抑制感性耦合

图 5-6 中的平衡电路还降低了接收端的感应噪声电压 U_1。这可以在图 5-13 中得到更好的解释，可以看到，差分电路相对于地的对称性强化了骚扰源和这些电路之间非常紧密的相互感应，再次导致负载（接收端的输入）上的噪声电压相互抵消。

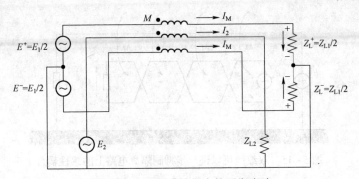

图 5-13 抑制感性耦合的平衡电路

5.2.2.3 采用双绞线抑制电感耦合

移除公用返回路径并减小公共回路面积，可以使回路 1 相对于地对称（见图 5-14），即通过形成一条平衡回路来实现。与出现在导体与地之间的共模电压相反，出现在对称回路导体之间的电压为差模电压。

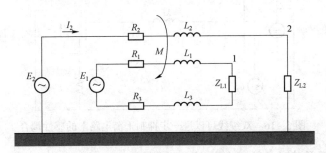

图 5-14 平衡电路抑制感性耦合

在通信技术的文献中，出现在回路终端的差模骚扰电压与感应的共模电压之比（以 dB 表示）通常称为共模转换损耗，在电路理论中则称为共模抑制比。它在很大程度上取决于电路（线路+终端设备）对地的不平衡。

实现电路平衡的最佳方法是使用双绞线。在这种情况下，许多回路产生的感应电压相互抵消（见图 5-15）。双绞线（相对于未绞合的双线）对骚扰的抑制作用随单位长度的绞合次数的增加而增加，也随电缆长度的增加而增加，但随负载阻抗值的增加而降低。在低频段，当间距（两个连续反向环路之间的距离）为5cm时，可以实现大于100（40dB）的抑制因数，但由于电缆内部和端部有小的不对称，因此很难进一步提升抑制效果。此外，在高于100kHz的频率下，使用双绞线的收效甚微，并且在几兆赫兹以上收效殆尽。关于共模转换损耗，典型值可以从低频时的90dB（仅双绞线）到1MHz时的30dB。

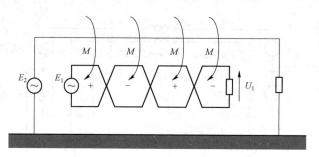

图5-15　双绞线可以进一步抑制隔离电路上的感性耦合

与骚扰源相关的线路不对称性（导致不平衡，降低电压抵消，从而增加接收端输入中的噪声）可以通过绞合导线来降低。在这种情况下，除了接收端的电压抵消外，绞合的回路感应的电压也相互抵消了（见图5-16）。

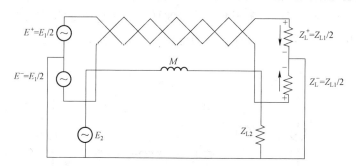

图5-16　双绞线可以进一步抑制平衡电路上的感性耦合

5.2.2.4　采用屏蔽的方法进行抑制

抑制回路1和回路2之间共模感性耦合的另一种方法是在回路1（或回路2）附近放置短路导体回路3，并使通过回路3的磁通量尽可能与回路1（或导体2，视情况而定）相同（见图5-17）。

回路3与感应磁通的作用，就好像它是变压器的短路二次绕组一样。按照楞次定律，电流I_3在回路3中流动，产生与骚扰磁通量大致相同但方向相反的感应磁通量，从而抵消它。确保回路1和回路3（或回路2和回路3）包含相同磁通量的唯一方法是将回路 3 做成环绕导体 1（或导体 2）的套管。这意味着屏蔽两端均接地（见图 5–18）。

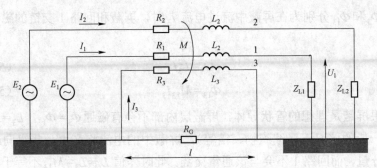

图 5–17   接地导体的磁屏蔽作用

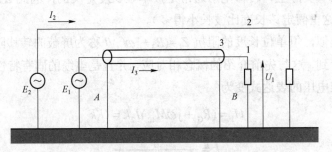

图 5–18   将受扰部分置于管状导体中的屏蔽作用

1. 屏蔽受干扰部分

可通过求解与图 5–18 布局对应的图 5–17 的电路方程，来更详细地了解这种屏蔽的效果（简单起见，假设 $E_1=0$，$Z_{L1}=\infty$，或者相对于 I_3 和 I_2，I_1 可以忽略）

$$Z_{12}I_2 + Z_{13}I_3 = U_1$$
$$Z_{32}I_2 + Z_{33}I_3 = 0 \tag{5-6}$$

$$U_1 = \left(Z_{12} - \frac{Z_{13}Z_{32}}{Z_{33}}\right)I_2 \tag{5-7}$$

其中
$$Z_{ij} = R_G + j\omega M_{ij} \quad (i \neq j)$$
$$Z_{32} = R_G + j\omega M_{32}$$
$$Z_{33} = R_G + R_3 + j\omega L_3$$

如前所述，导体 3 非常靠近导体 1，则两个回路中由 I_2 产生的磁通量几乎相同。因为 $M_{12}=M_{32}$ 和 $Z_{12}=Z_{32}$，所以式（5–7）变成

$$U_1 = Z_{12}I_2(Z_{33}-Z_{13})/Z_{33} \tag{5-8}$$

或

$$U_1 = Z_{12}I_2[R_3 + j\omega(L_3 - M_{13})]/Z_{33} \qquad (5-9)$$

设 Φ_3 和 Φ_{13} 分别为在屏蔽中流过电流 I_3 时，屏蔽和回路 1 交链的磁通量。那么有

$$\Phi_3 = L_3 I_3 \qquad (5-10)$$

$$\Phi_{13} = M_{13} I_3 \qquad (5-11)$$

如果屏蔽是理想的管状导体，屏蔽层内部不会有磁通 $\Phi_3 = \Phi_{13}$，$L_3 = M_{13}$。

在一般的情况下（编织物、箔等），屏蔽中的电流将产生一些纵向或径向的磁通分量，而回路 1 不会与该通量交链。此时差值 $L_t = L_3 - M_{13}$ 不等于零，称为转移电感（实际上，转移电感通常是按单位长度定义的，因此必须乘以回路的长度 l，这里假定该长度比波长小得多）。

与此类似，每单位长度的阻抗 $Z_t = (R_3 + j\omega L_t)/l$ 称为屏蔽的转移阻抗（可在5.2.2.5 中看到，这与先前介绍的概念相对应，并且是电缆的固有特性），因此回路 1 中感应电压的表达式变为

$$U_1 = (R_G + j\omega M_{12})I_2 k = U_1' k \qquad (5-12)$$

$$k = \frac{Z_t l}{R_G + R_3 + j\omega L_3} \qquad (5-13)$$

其中
$$U_1' = Z_{12}I_2 = (R_G + j\omega M_{12})I_2$$

式中 U_1'——在没有屏蔽的情况下出现在回路 1 末端的骚扰电压（感应的纵向电动势）；

   k——由屏蔽引起的抑制系数，或屏蔽系数，它是在有接地屏蔽的情况下测得的骚扰电压 U_1 与在没有屏蔽的情况下测得的同一处的电压 U_1' 的比值，当用 dB 表示时，该系数称为屏蔽效能，$S = -20\log k$；

   R_G——屏蔽的接地回路电阻，即其接地电阻的两倍（假设 R_G 在导体两端一分为二）。

因此，为了获得好的抑制效果，必须使转移阻抗低于屏蔽及其接地回路的阻抗。

（1）影响屏蔽效能的因素综述。为了实现回路 1 和回路 3 的紧密耦合以使 $\Phi_{32} \approx \Phi_{12}$，$L_3$ 也得很大。降低干扰电压的实际限制因素是屏蔽电阻 R_3（在高频条件下为 Z_t）的数值。注意，R_G 同时出现在 U_1 表达式的分子和分母中，因此

146

不是一个主导参数。很明显,增加 R_G 会增加电路两端之间接地回路的电压降,从而增加共模干扰电压(共阻抗耦合)。至于为什么增加 R_G 也会导致屏蔽系数降低就不那么明显了。事实上,必须考虑以下两种情况:

1)耦合是纯感性的

$$Z_{12}=j\omega M_{12}\approx j\omega M_{32}=Z_{32} \qquad (5-14)$$

感应电动势 $U'_1=j\omega M_{12}I_2$ 在 R_3 和 R_G 上分配。因此,R_G 的值越高,R_3 上的电压降就越低,即干扰电压 U_1 将越低。

2)一部分为感性耦合,一部分为共阻抗耦合(见图 5-17 和图 5-18)

$$Z_{12} = R_G + j\omega M_{12} \approx R_G + j\omega M_{32} = Z_{32} \qquad (5-15)$$

$$I_3 = -I_2 \frac{Z_{32}}{Z_{33}} = -I_2 \frac{R_G + j\omega M_{32}}{R_G + R_3 + j\omega L_3} \qquad (5-16)$$

如果 R_G 增加过多,I_3 将近似等于 I_2,这可能超过屏蔽的载流能力。所以在大多数情况下,R_G 应尽可能保持在低的水平。

(2)屏蔽的接地或搭接。必须强调的是,重要的不是屏蔽接大地,而是将其搭接到设备的接地框架上(见图 5-19),以便大大减少阴影区域的面积(见图 5-18 中的 A 和 B)。这些阴影区域对应于由回路 2(源)产生并由回路 1(受干扰部分)交链但未被回路 3(屏蔽)交链的磁通部分。该磁通与电流 I_3 的比值就是屏蔽接地线的自感 L_g(约 1μH/m)。由于它出现在差值 L_3-M_{13} 中,因此应将其加上 $Z_t l$,从而得到 k 的扩展表达式如下

$$k=\frac{Z_t l + j\omega L_g}{R_G + R_3 + j\omega L_3} \qquad (5-17)$$

理想情况下,电缆屏蔽层应是其所连接设备金属外壳电路的延续。一个"好"屏蔽层在 1MHz 时的典型转移阻抗小于 10mΩ·m。这意味着,对于 20m 电缆来说,其 $Z_t l$ 的值小于 0.2Ω。假设电缆屏蔽层两端由 20cm 导体连接。这意味着,其两端在 1MHz 条件下时,电抗均略大于 1Ω(基于 1μH/m),因此,电缆的转移阻抗必须由 0.2Ω 再加上约 2Ω。已知这样的电缆线的电抗 $j\omega L_3$ 在 1MHz 时(约为 1μH/m)约为 100Ω,那么抑制系数从 0.2/100 下降到 2.2/100,使屏蔽效能降低了一个数量级。最好的接地连接是在电缆屏蔽的整个圆周上实现电气接触。当电缆进入设备金属外壳里时,都应建议这样做。

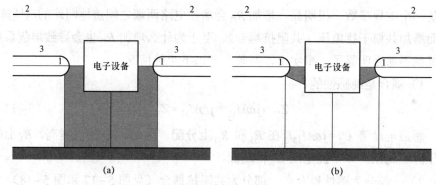

图5-19 屏蔽"接大地"与"搭接"之间的差异

到目前为止,人们一直认为屏蔽层与设备应在同一个接地点接地(见图5-18),这应该是正常的做法;如果不这样,屏蔽系数将由类似于式(5-17)给出,但其中 $j\omega L_g$ 将替换为 R_G(实际上应分配到两端)。在这种情况下,屏蔽系数可能大大降低(主要是针对短链路),更为明确的是,R_G 必须保持尽可能低的水平。

(3)屏蔽作为抑制共阻抗耦合的一种方法。值得注意的是,电缆屏蔽的抑制系数与干扰电压 U_1' 的来源无关。换句话说,U_1' 可以是纯感性耦合电动势:$U_1' = j\omega M_{12}I_2$,但它也可以是传导耦合GPR(地电位升)的结果:$U_1' = R_G I_2$ 或更一般地 $U_1' = ZGI_2$。U_1' 是由接地导体的电阻部分 R_G 引起的,还是由其电感部分引起的,这没有区别。然而,可以在下面看到,其在低频时屏蔽效果通常很差,且在抑制低频共阻抗耦合方面几乎是无效的。

(4)低频屏蔽效能。参见式(5-13),可以知道 L_3 总是远远大于 L_t,很明显,屏蔽效能随频率降低而降低,在50/60Hz时的表达式近似为

$$k = \frac{R_3}{R_G + R_3 + j\omega L_3} \qquad (5-18)$$

为了降低 k 值,有必要降低 R_3(例如增加屏蔽层的横截面积、使用铜或铝代替铅、将未使用的导体接地、使用平行接地导体,见图5-14)或使用磁性材料(钢带铠装、镍铁高导磁率合金、铁氧体等)增加接地回路的电感(L_3)。这样一来,铠装电缆的阻抗 $j\omega L_3$ 很容易增加约7倍(从0.7Ω/km变为约5Ω/km)。然而,当磁场接近10A/cm(1000A/m)时可能出现饱和情况,在处理铁磁性材料时必须注意这一点。假设屏蔽内的纵向电动势 E,产生电流 I 和磁场 H,可以得到

$$H = I/2\pi r \quad (r \text{ 为屏蔽半径}) \qquad (5-19)$$

$$I = E/Z \text{（其中 } Z \approx j\omega L_3 \text{ 为带接地回路的电缆阻抗）} \qquad (5-20)$$

有

$$E = 2\pi r H Z \qquad (5-21)$$

设 $H \approx 10A/cm$，$r \approx 1cm$，$Z \approx 5\Omega/km$，则在不出现磁饱和情况下，在铠装电缆中 50/60Hz 频率下可以感应到的典型最大允许电压为

$$E \approx 300 \sim 400V/km \qquad (5-22)$$

在高压变电站或发电厂发生短路故障的情况下，通常会超过该数值。

（5）高频或长电缆的屏蔽效能。当频率增加时，前述假设 $Z_{L1} = \infty$（$Z_{S1} = 0$，其中 Z_{S1} 是 E_1 的源阻抗）不再成立。此时，导线感抗 ωL_1 高于负载阻抗，并且与屏蔽阻抗 ωL_3 具有相同的数量级。在这种情况下，抑制系数的近似表达式由文献 [5.8] 给出

$$k \approx \frac{Z_t l}{Z_{S1} + Z_{L1}} \frac{L_1}{L_3} \approx \frac{Z_t l}{Z_{S1} + Z_{L1}} \qquad (5-23)$$

对于匹配电路，$Z_{S1} = Z_{L1} = Z_{C1}$，其中 Z_{C1} 为电缆的共模特性（波）阻抗。因此

$$k \approx \frac{Z_t l}{2Z_{C1}} \qquad (5-24)$$

后一个表达式虽然非常简单且仅依赖于电缆的特性，但必须小心使用，因为这里没有考虑任何传播效应，且假定没有谐振以及 I_3 均匀。更一般的，虽然仍然是近似的表达式，是以芯线/屏蔽线的特性阻抗 Z_{C1} 和屏蔽线/接地线的特性阻抗 Z_{C3} 给出的[5.9]

$$k \approx \frac{Z_t l}{2\sqrt{Z_{C1}Z_{C3}}} \qquad (5-25)$$

当特性阻抗等于 50Ω 时，屏蔽效能的经典表达式为

$$S \approx 40 - 20\log Z_t l \qquad (5-26)$$

如果不能忽略电缆的长度（与一半波长相比），则必须考虑传播效应，这通常需要借助计算机方法求解。然而，如果进一步假设导体和屏蔽在其端部均匹配，且衰减可以忽略，则可以证明表达式（5-25）可以变成

$$k \approx \frac{Z_t l}{2Z_{C1}} F(\omega l) \qquad (5-27)$$

低频时因子 $F(\omega l)$ 等于 1，当频率高于 $v_1 v_3/(v_1 + v_3) l$ 或 $v_1 v_3/(v_3 - v_1) l$（v_1 和 v_3 是沿回路 1 和 3 的传播速度）时，其包络线随 $1/f$ 而减小，具体取决于骚

扰电流是从负载中流出（称为 paradiaphony）还是流向负载（称为 telepharony）。当导体和屏蔽在末端不匹配时，则产生谐振，这将改变 $F(\omega l)$ 的极大值。然而，通常上述表达式可以很好地表达长屏蔽电缆在高频下的行为，因为谐振常常被电缆的衰减所抑制。

2. 骚扰源的屏蔽

如前所述，也可以在骚扰源周围而不是受干扰部分周围设置屏蔽体（见图 5-20）。

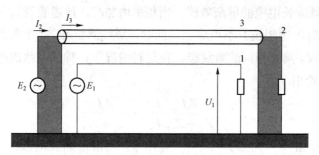

图 5-20   骚扰源周围管状导体的屏蔽作用

这里的原理是直接在源头减少磁通。此外，在电源回路发生接地故障的情况下，它还提供一个阻抗低于大地或接地网（见图 5-4）的回流路径，防止危险电流进入被保护电缆的屏蔽层。更一般地来说，它抑制了由共阻抗耦合（磁去耦原理）引起的问题。考虑到 $Z_{12} \approx Z_{13}$，抑制系数的表达式可以从方程式（5-27）导出。得到

$$U_1 = Z_{12}I_2(Z_{33}-Z_{32})/Z_{33} \qquad (5-28)$$

出于与之前相同的原因，有 $L_3 \approx M_{23}$，$L_t = L_3 - M_{23}$，这里 k 的表达式与屏蔽受干扰部分的方法完全相同。电力电缆的屏蔽系数有时用等效表达式表示，即接地回路电流 $I_2 + I_3$ 与骚扰电流 I_2 的比值。实际上，从式（5-6）很容易看出 $(Z_{33}-Z_{32})/Z_{33}$ 与 $(I_2+I_3)/I_2$ 是相同的。当屏蔽的电阻非常低且含有未达到磁饱和的磁性材料（钢板）时（磁饱和通常发生在电流超过 2000A 时），k 在 50/60Hz 条件下可能会降到 0.1。

当然，对骚扰源和受干扰部分同时屏蔽要优于任一单一方式，但 k 值总体上比两个 k 值的乘积要高（即更差一些）

$$k = \frac{Z_{t1}Z_{t2}l^2}{Z_1Z_2 - Z_M^2} \qquad (5-29)$$

在这个表达式中，Z_{t1} 和 Z_{t2} 分别是骚扰源屏蔽和受干扰电路屏蔽的转移阻

抗，$Z_1 \approx Z_{11}$ 和 $Z_2 \approx Z_{22}$ 是它们与接地回路的阻抗，Z_M 是它们与接地回路的互阻抗。注意到在许多情况下，即使无电缆屏蔽，也可以通过将电缆安装在非常接近具有多个互联到地的金属结构（例如电缆支架、托盘、机架、滚道、接地导体和其他电缆的屏蔽）上实现明显的抑制效果。这取决于材料的特性（ρ、μ、厚度、形状等），可以实现程度不同的抑制效果。

3. 平衡回路与屏蔽的联合作用

屏蔽主要在高频（大于 10kHz）时有效，并且直接作用于所有导体和接地之间的电压（共模），而在低频（小于 100kHz）时平衡回路更有效，并且直接作用于导体之间出现的骚扰电压（差模）。因此很明显，将这两种技术结合使用可以产生最好的效果。然而，这并不是单项技术效果的简单乘积。由于电缆和负载阻抗的不平衡，共模电压部分地转换为差模电压，因此很难预测总的差模电压。特别是[5.9]，差模下测量的转移阻抗并不总是与在共模下测量的共模阻抗相关，对于屏蔽的质量也是如此。

5.2.2.5 电缆屏蔽层的转移阻抗（和导纳）

前面介绍了屏蔽层转移阻抗的概念。由于它在电磁兼容中的作用十分重要，现在将更详细地介绍和讨论相关内容。图 5-21 为导电参考面之上的同轴电缆（即带屏蔽的导体）。

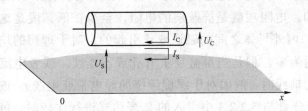

图 5-21 导电参考面之上的屏蔽导体

就电磁兼容而言，可将该电缆视为两条互有耦合的传输线。第一条传输线由电缆的内导体（芯线）与外导体（屏蔽层）组成，第二条传输线由外导体（屏蔽层）和接地参考面（环境）组成。如果 I_C 和 I_S 分别是在芯线/屏蔽层和屏蔽层/接地参考面回路中流过的电流，U_C 和 U_S 是芯线/屏蔽层和屏蔽层/接地参考面之间的电压，则可以用一组线性微分方程来描述该系统[5.8]

$$\begin{cases} -\dfrac{dU_C}{dx} = Z_C I_C - Z_t I_S \\ -\dfrac{dU_S}{dx} = -Z_t I_C + Z_s I_S \end{cases} \qquad (5-30)$$

$$\begin{cases} -\dfrac{dI_C}{dx} = Y_C U_C + Y_t U_S \\[2mm] -\dfrac{dI_S}{dx} = Y_t U_C + Y_S U_S \end{cases} \tag{5-31}$$

其中，Z_C，Z_S，Y_C 和 Y_S 为两条传输线的单位阻抗和导纳，Z_t 和 Y_t 为由共用导体即屏蔽层引入的耦合阻抗和导纳。请注意，Z_S 不同于 Z_t，因为它还包括接地阻抗。此外，由于集肤效应，两个回路之间会发生一些自然去耦，因此在高频下两个阻抗变得完全不同（见 5.6.2）。

现在耦合参数可以从前面的方程式中导出

$$\begin{cases} Z_t = \dfrac{1}{I_S}\left(\dfrac{dU_C}{dx}\right)_{I_C=0} \\[3mm] Y_t = -\dfrac{1}{U_S}\left(\dfrac{dI_C}{dx}\right)_{U_C=0} \end{cases} \tag{5-32}$$

第一项 $Z_t\,dx$ 是当芯线中无电流时（开路测量）在长为 dx 的一小段同轴电缆的两端，芯线和屏蔽层之间的电压差与流过屏蔽层中的电流的比值[见图 5-22（a）]。在实际测量中，通常取长度为 Δx 的传输线替代 dx，如图 5-22（b）所示。通常，在几十兆赫兹以下，Δx 可以取为 1m。该比值是电阻项和电抗项之和。电阻项就是屏蔽层的电阻，至少在低频段是这样。电抗项是由 I_S 激励的内外导体之间的磁通变化引起的。对于理想的均质管状导体来说，该磁通为零，但是当屏蔽层上有孔或不连续，或者电流路径不完全平行于电缆的轴线时（例如对于螺旋缠绕的导电带或电线），该磁通则不为零。当将这些分量与 5.2.2.3 中引入的 Z_t 表达式进行比较时，可以发现它们是等效的（当 $I_S = I_3$，$R_t = R_3$ 时），但是本方法更为严格。因此，表达式 $Z_t = R_t + j\omega L_t$ 是屏蔽层转移阻抗的简化表达式。至少在短电缆（相对于波长）条件下直接表征了屏蔽层中有骚扰电流时，感应到电缆（芯线与屏蔽层之间）的共模干扰电压的水平。5.6.2 给出了不同电缆布局下 Z_t 随频率变化的情况。

通过与 Z_t 的类比，Y_t 是由屏蔽层和参考面之间存在的电压 U_S 引起的转移导纳。与由共阻抗耦合和感性耦合产生的 Z_t 相反，Y_t 反映了电容电流进入电缆的重要性，该电流是在施加到电缆上的电压（或电场）的作用下，通过屏蔽中的开口进入的。它的实际重要性不如转移阻抗，这一点将在 5.2.3 中详细讨论。

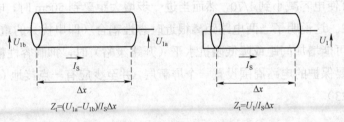

图 5-22　屏蔽层的转移阻抗

5.2 节中已经表明，传递函数是解决任何类型耦合问题的基本概念。在所有可描述的传递函数中，电缆屏蔽层的转移阻抗是最重要的参数之一，原因如下：

（1）它是每根电缆的固有参数，众所周知，可以被测量和赋予定值。

（2）设施的电缆系统在骚扰耦合机理中起主要作用。

（3）依据电缆转移阻抗，在一定程度上允许将一般耦合问题分成两个步骤，这两个步骤通常更容易分别单独解决。

第一步，有时也称为外部问题，包括确定当电磁场照射电缆屏蔽层时产生的电流 I（或者在采用电路理论方法时，确定电源中的电流）。第二步，内部问题，涉及确定出现在屏蔽电缆末端的共模电压 U。当电路长度与最短波长相比很小时，后一步相当简单，可以得到 $U=Z_tlI$。

如果不满足这个条件，情况就变得更加复杂。在这种情况下，有必要找到一个函数关系表达式，例如 $U=f$（Z_t，l，I），或者借助于计算机求解。

5.2.2.6 感性耦合骚扰举例

（1）空气绝缘变电站的开关操作。

（2）由高压/低压电力设施产生的工频磁场。

（3）靠近间接雷击点，即雷击某一电路附近，但不是直接击中该电路，通常是外部防雷系统动作的情况。

（4）设备附近的静电放电。

5.2.3　容性耦合

5.2.3.1　基本原理

与感性耦合相反，容性耦合是由骚扰源的电压而不是电流引起的。

当源与受扰部分之间的距离很大时耦合电容很低，容性耦合主要发生在受扰电路的阻抗（或受扰部分是电缆时，它的共模负载阻抗）较高和/或源与受扰部分接近时。值得回顾的是导体之间的电容值按照与其距离的对数变化。例如，同一条电缆中的两个导体的电容约为 100pF/m。若将它们之间的距离仅增加

5cm，就可使电容减小到 1/70，然而当进一步增大距离到 50cm 时，电容值仅仅再减小 1/2。这说明了当两电路距离很近时容性耦合（即串扰）的重要性。

当不可能增加间距或降低阻抗水平（开路策略）时，抑制容性耦合的唯一方法是在要保护的电路周围设置一个屏蔽层，并至少应有一点接地（短路策略）（见图 5-23）。

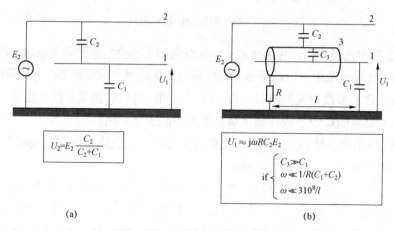

图 5-23 容性耦合和容性屏蔽

这种屏蔽材料本身的质量并不像为减少磁耦合所要求的那样严格，实际上，这里要用的不再是转移阻抗，而是转移导纳 Y_t。后者取决于屏蔽层中孔的结构和前文定义的两条耦合线（源线和受干扰部分线）的单位长度电容。

具有高覆盖率的编织电缆和金属箔或金属带（甚至螺旋缠绕）覆盖的电缆通常具有非常低的转移导纳，当屏蔽层接地时通常可以忽略。这在 50（60）Hz 时尤其如此，这可以解释即使不是良导体，例如房屋的墙壁，也足以有效地消除外部输电线在房屋内产生的电场。然而，屏蔽减少电场引起的骚扰的有效性仅存在于低频状态，此时与电容相比纵向阻抗可以忽略。在更高的频率下，仍然需要多点接地，特别是在电缆的两端。

5.2.3.2 并联（电容）不平衡引起的纵横向转换

1. 电容不平衡转换机理

由导体 a 和 b 组成的对称导体回路的单位长度分布电容如图 5-24 所示。

为了完整起见，在并联电容的电路表示中也设置了"剩余"导体 g。该剩余导体原则上模拟除导体 a 和 b 外的导体组。但是，出于实际目的，如果 g 模拟的是位于导体 a 和 b 附近的一组导体，则是合理的。仅在当 g 组的共模条件（接地模式）与导体 a 和 b 的共模条件不同时，才需要对 g 组进行区分。

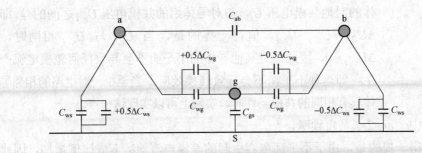

图 5-24　由导体 a 和 b 组成的导体对的并联电容

C_{gs}—剩余导体组的对地电容；C_{ab}—导体 a 和 b 之间的电容，不影响转换现象

S 表示参考接地，这是测量导体共模电压的参考点。参考接地是屏蔽电缆的屏蔽层（护套）或未屏蔽电缆的实际接地。应该注意的是，屏蔽层和大地的电位仅在屏蔽层良好接地的情况下才是相同的。

电线（W）a 和 b 对屏蔽层（或更一般的对参考接地）的电容可表示为

$$C_{as} = C_{ws} + 0.5\Delta C_{ws} \qquad (5-33)$$

$$C_{bs} = C_{ws} - 0.5\Delta C_{ws} \qquad (5-34)$$

式中　C_{ws}——一对导线对地电容的平均值，即 $C_{ws}=0.5（C_{as}+C_{bs}）$；

ΔC_{ws}——导体 a 和 b 的线对地电容之间的差异，即 $\Delta C_{ws}=（C_{as}-C_{bs}）$，$0.5\Delta C_{ws}$ 的值是分到每个导体的不平衡电容。根据 C_{as} 与 C_{bs} 之间的大小关系，ΔC_{ws} 的符号可以是正的或负的，即 C_{as} 相应地高于或低于 C_{bs}。同样的逻辑也适用于导线到剩余导体组的平均电容 C_{wg} 和不平衡电容 ΔC_{wg}。

转换机理如图 5-25 所示。

共模电压通过电容产生容性并联电流。导体 a 和导体 b 中通过 C_{ws} 和 C_{wg} 的容性电流在大小和相位上都是相同的，因此完全是共模类型。相反，经由 ΔC_{ws} 和 ΔC_{wg} 的容性电流在量值上是相同的，但它们在相位上对导体 a 和 b 来说是相反的，因此它们完全是差模类型。

不平衡电容 ΔC_i 的影响可通过在第 i 个计算单元上沿单位长度产生的以下差模电流 $I_{d,i}$ 来表示

$$I_{d,i} = j\omega \frac{1}{2}\Delta C_i U_{C,i} \qquad (5-35)$$

式中　ΔC_i——当在第 i 计算单元分别考虑不平衡电容对屏蔽或对剩余导体组的影响时，ΔC_i 与 $\Delta C_{ws,i}$ 或 $\Delta C_{wg,i}$ 的不平衡电容值相同；

$U_{C,i}$ ——与相对于参考地的共模电压相同，或等于第 i 计算单元的成对导
体的对地共模电压 $U_{C,i}$ 与对导体组的共模电压 $U_{g,i}$ 之间的差，即
$\Delta U_{C,i}=U_{C,i}-U_{g,i}$。值得一提的是，当 $U_{g,i}$ 与 $U_{C,i}$ 相同时，
$\Delta U_{C,i}=0$，因此，对其他导体的不平衡不会导致任何差模电流产
生，即这种不平衡不会导致转换效应。当至少一对电路的相邻导
体具有相同的共模条件时，实际上可以实现这一点。

其中 $\omega=2\pi f$ 是角频率。

值得一提的是，由于不平衡电容引起的差模电流随频率成比例增加，因此
电容不平衡对高频骚扰的重要性相对较大。

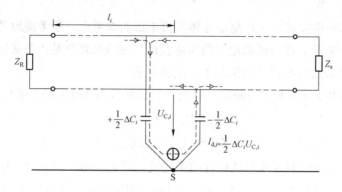

图 5-25 共模电压（$U_{C,i}$）在第 i 单元通过不平衡
电容（ΔC_i）产生的差模电流（$I_{d,i}$）

上述 $I_{d,i}$ 的表达式导致随长度变化的差模电流注入，相应于 ΔC_i 的值以及
$U_{C,i}$ 的大小的可能变化。计算 $I_{d,i}$ 时两者都可以被认为是均匀的。计算结果为沿
线路逐段产生的差模电流值，并附有幅值和符号。

最后的结果，即线路端部产生的差模骚扰电压，是在考虑由不平衡转换引
起的差模分布电流注入的情况下，通过差模电路的求解得到的。

2. 对电容不平衡转换的抑制（缓减措施）

通过减小由上述 $I_{d,i}$ 公式给出的差模电流的注入，可以抑制电容不平衡转换的
影响。根据该公式，缓减措施要求降低共模电压和不平衡电容或两者兼而有之。

降低共模电压的方法如下：

（1）采用前面章节中已说明的方法降低感应电压。

（2）将屏蔽层的搭接和接大地的实施与电路接地相协调，以尽量减少与屏
蔽层相关的共模电压（参见 5.3.4）。

（3）避免将工作在于具有不同接地连接的电路中的导体混合，以减少由于

剩余导体组不平衡引起的转换。

减小不平衡电容应遵循的方法：

（1）在敏感电路中采用由双绞线制成的对称通信电缆。

（2）在信号电缆中，采用相邻导体组成回路。

（3）避免使用信号电缆中不同层的导体组成回路。

5.2.3.3 容性耦合干扰实例

（1）高压设施产生的低频电场，这种骚扰有时可能是安全问题的根源。有关耦合计算的详细内容[5.10][5.11]。

（2）低压设备开关操作引起的快速瞬变。

（3）信号电缆中的串扰。

（4）变电站隔离变压器、光电耦合器或电压/电流互感器一次绕组与二次绕组之间的共模耦合。

5.2.4 辐射耦合

5.2.4.1 近场/远场边界

在前文中，假设电路尺寸（包括源和受干扰部分）远小于骚扰❶的最高有效频率分量 f 对应的波长 $\lambda = c/f$。这通常被称为近场或感应场。在该条件适用的区域内，电场与磁场的比值 $Z_W = E/H$（即波阻抗）可能为任何值。当 $Z_W < 377\Omega$（$120\pi\Omega$）时，磁场占主导地位，骚扰源因为电流大（电压低）而被称为低阻抗源，此时可以使用感性耦合模型。相反，当 $Z_W > 377\Omega$，则以电场为主，骚扰源的电压大，但电流小（高阻抗电源）。

此时采用容性耦合模型。随着与骚扰源距离的增加，比值 E/H 逐渐趋于 377Ω，即自由空间阻抗的值。此时很难判断哪个场分量占优势，而这个场被描述为一个辐射电磁场。发生这种情况的距离决定了近场与远场（或辐射场）的分界点，并取决于源的尺寸。当源远小于波长时，远场与近场的边界与源的距离为 $R = \lambda/2\pi$（约为波长的 1/6）。然而，当源的最大尺寸 D 大于 $\lambda/2$ 时，边界距离变为 $R \approx D_2/2\lambda$。图 5-26 描述了 Z_W 随与源的归一化距离 x 的变化，以及横向场分量的衰减率（忽略传播方向的场分量）。

辐射场的主要来源是雷电、GIS 开关操作、电晕、FACTS 转换器开关动作、无线电发射机和对讲机。前两个源产生脉冲场，第三、四个源产生宽带连续场，后两个源产生固定频率的场。

---

❶ 当骚扰具有脉冲性质时，其频谱的最高有效成分，即截止频率的计算式为 $f = 1/\pi\tau_r$，其中 τ_r 是脉冲的上升时间。

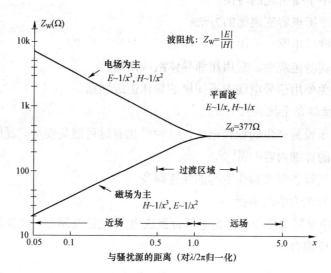

图 5-26　近场和远场中波阻抗 Z_W 与骚扰源类别和距离的变化关系

5.2.4.2　数学模型

如 5.1.1 所述，电磁场与导线结构的耦合可用两种主要数学模型表示：散射（或天线理论）和传输线近似（TL）。这两种建模技术都要求深入研究电磁场，即受电磁场照射结构附近的电场和/或磁场分布情况。

图 5-27 显示了一个经典布局，平面电磁波照射到平行于地平面且位于地平面上方 h 高度的导线。入射场的磁场（H^i）和电场（E^i）分量相互垂直，并与其矢量积 $\boldsymbol{k}$（坡印廷矢量）垂直，$\boldsymbol{k}$ 的方向即为传播方向。包含 $\boldsymbol{k}$ 且垂直于地平面的平面称为入射平面。当电场分量 E 包含在入射平面内，磁场分量 H 与地平面平行时，称为垂直极化或横向磁场（TM）。当磁场分量 H 在入射面内，电场分量 E 与地平面平行时，称为水平极化或横向电场（TE）。总是可以将任何电磁场分解为横向电场与横向磁场之和。

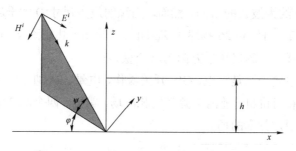

图 5-27　平面电磁波与地平面上导线的耦合

利用散射理论建立的一般模型是一个积分–微分方程，该方程只能用数值方法求解。该数值解涉及将场耦合到结构剖分的若干单元上，单元长度必须满足以下条件

$$l_{\text{segm}} \leqslant \lambda/10 \tag{5-36}$$

式中　l_{segm}——单元的长度。

这意味着长的结构必须被划分成大量的单元，这将需要大量的内存和计算时间。对于这种问题，传输线近似为求解场线耦合问题提供了强有力的工具。泰勒、萨特怀特和哈里森于 1965 年提出了针对自由空间两条导线的求解方法，自那时以来，人们还做了很多工作来改进这种方法[5.8][5.12][5.13]。

正如导言中已经提到的，传输线模型的基本假设是，研究的结构是一个良导体，其横向尺寸与最小波长相比很小，因而只有一种传播模式，即 TEM 模式（详见下文所述）。

这里回顾一下，在波导中——线是波导的一种特殊情况——有三种可能的传播模式：

（1）横向电场（transverse electric，TE），其中沿波导（线）轴向的电场分量等于 0，即 $E_x=0$。

（2）横向磁场（tsverse magneticran，TM），其中沿波导轴向的磁场分量等于 0，即 $H_x=0$。

（3）横向电磁场（tsverse electro magneticran，TEM），其中沿波导轴向的电场和磁场分量都等于 0，即 $E_x=0$，$H_x=0$。

这意味着电磁场与波导轴向正交，换句话说，坡印廷矢量平行于轴向方向。

严格地说，外激励在线上的响应沿传输线方向的传播模式是横向磁场（TM）。然而，由于线的电阻率很小，轴向电场分量比横向分量小得多，因此这种传播可看做是准 TEM。

该模型可由电报方程描述，方程中加入了强迫函数。对于电导率为有限值的土壤上方的导体，在强迫函数中又出现一项，即与地面相切的水平电场分量。所以传输线方程为

$$\left. \begin{aligned} \frac{\partial U(x)}{\partial x} + Z'I(x) &= j\omega\int_0^h B_y^e(x,o,z)\mathrm{d}z + E_x^e(x,o,o) \\ \frac{\partial I(x)}{\partial x} + Y'U(x) &= -Y'\int_0^h E_z^e(x,o,z)\mathrm{d}z \end{aligned} \right\} \tag{5-37}$$

式中　$E_z^e(x,o,z)$，$E_x^e(x,o,o)$，$B_y^e(x,o,z)$——垂直电场、纵向电场分量和横向磁感应强度分量。上标 e 表示激励场，该场有时也称为作用场，是骚扰源辐射的入射场[1]和地面反射场的叠加，在不考虑受干扰部分的情况下，即

$$E^e = E^i + E^r \quad \text{and} \quad B^e = B^i + B^r \tag{5-38}$$

请注意，未提及的总场实际上是激励场与被照射结构体散射场的总和，即由结构体中感应的电流和电荷辐射的场

$$E = E^e + E^s \quad \text{与} \quad B = B^e + B^s$$

设 Z' 为纵向分布阻抗，Y' 为横向分布导纳（撇号表示单位长度）

$$Z' = Z_i' + Z_g' + j\omega L_e' \tag{5-39}$$

$$Y' = \frac{j\omega C'Y_g'}{Y_g' + j\omega C'} \tag{5-40}$$

$$Y_g'Z_g' = -\omega^2 \varepsilon_g \mu_0 \tag{5-41}$$

$$(\varepsilon_g = \varepsilon_{rg}\varepsilon_0 \approx 10\varepsilon_0)$$

式中　Z_i'——导线内阻抗（即它的频率相关电阻）；

　　　Z_g'——接地阻抗；

　　　L_e'——导线与接地形成的回路的自感。

值得注意的是，对于大多数涉及电力线、架空通信电缆等实际中的高频问题，电缆的内阻抗 Z_i' 与接地阻抗 Z_g' 相比可以忽略不计。

接地阻抗的计算代表了耦合建模的主要问题之一。这是由于集肤效应在时域中不易处理，而且对于频域和时域计算，接地电导率的不均匀性也较难处理。

图 5-28 表示由电磁场激励的线单元的等效集总电路。集总激励的电压和电流源 U_s' 和 I_s'（称为源项）的表达式由方程式（5-42）给出。

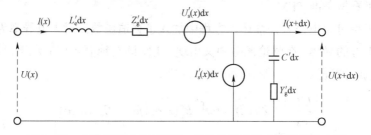

图 5-28　电磁场激励的有损线-地传输线的微分等效集总电路

---

[1] 一些作者使用"入射"一词来表示激励场，将"初始入射"表示为实际的入射场，并带有相应的上标。

$$
\left.\begin{aligned}
U_s'(x) &= j\omega\int_o^h B_y^e(x,o,z)\mathrm{d}z + E_x^e(x,o,o) \\
I_s'(x) &= -Y'\int_o^h E_z^e(x,o,z)\mathrm{d}z
\end{aligned}\right\}
\tag{5-42}
$$

边界条件表示为

$$
U(O) = -Z_A I(O) \text{ 和 } U(L) = Z_B I(L)
\tag{5-43}
$$

式中 Z_A 与 Z_B——线路起点 O 和终点 L 处的负载阻抗。

可用时域和频域方法求解方程式（5-42）。目前，许多计算机代码（见 5.6.4）已在不同的大学和电力企业的研究中心使用，它们可以完成这类耦合计算。这些理论方法已经通过 EMP 测试设备的验证[5.14]-[5.16]。

使用时域方法的优点是，可以模拟浪涌保护器的非线性行为。另外，频域计算允许以更直接的方式考虑与频率相关的现象，如集肤效应。傅里叶逆变换技术可用于将频域转换为时域。

对于多导体线，传输线方法也可以毫无困难地使用，特别是当假设由外部电磁场感应的电压和电流在一个导体和另一个导体上的传播速度没有很大不同时。该假设的有效性已通过测量得到了验证。传输线理论还扩展到了具有非平行导体的多导体线（见图 5-29），甚至扩展到了横向尺寸与波长相比不可忽略的结构。文献 [5.17] 和文献 [5.18] 对不同的场线耦合模型以及在 5.6.4 中介绍的一些程序代码进行了综述。

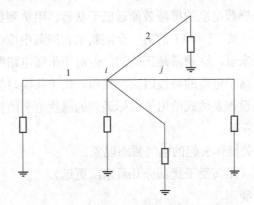

图 5-29　具有非平行多导体线路的网络

5.2.4.3　实践结果

在设计重要的电缆系统时，需要通过计算机模拟来确定哪些参数是必须考虑的最重要的参数。因此，有关可用计算机程序代码的更多详细信息，请参见 5.6.4。

　　然而，很明显，前文所述的所有基本原则，特别是由此产生的所有缓减方法，对于减少由辐射耦合引起的高频骚扰也是有效的。此外，传播现象的引入也意味着衰减的存在。因此，至少在变电站和发电厂的情况下，辐射骚扰通常比直接感应产生的骚扰小。为了说明这一论断，笔者将简要讨论从传输线理论导出的少数解析表达式之一。可以证明[5.8]在两端接地并受到电磁场照射的长屏蔽电缆端部的匹配负载上测得的共模电压的平均值可由非常简单的表达式给出

$$U_\mathrm{L} = \frac{2E_x^i h}{Z_\mathrm{C,3}} L_\mathrm{t} \frac{c}{\sqrt{\varepsilon_\mathrm{r}}} \tag{5-44}$$

式中　$Z_\mathrm{C,3}$——屏蔽/地线的浪涌阻抗；

　　　　L_t——其转移电感（假设远大于其电阻）；

　　　　c——光速；

　　　　ε_r——导体和屏蔽之间介质的相对介电常数；

　　　　h——电缆离地高度。

　　这个表达式表明，平均骚扰电平实际上与线的长度无关，然而在 5.2.2.3 的表达式（不考虑任何传播效应）中却与其成比例，并导致对骚扰电平的高估。另外，应指出，当发生谐振时，即当电缆长度是 $\lambda/2$ 的整数倍时，表达式（5-44）无效。

　　众所周知，除非阻尼正确，否则谐振会大大降低电缆屏蔽的有效性。矛盾之处在于，屏蔽越好，即其电导率越高，发生欠阻尼振荡的风险就越高。这是仅在端部连接的双屏蔽电缆的屏蔽效能远低于从转移阻抗测量值推算屏蔽效能值的主要原因。表达式（5-44）的另一个限制来自屏蔽电缆在其端部匹配的假设。对于同轴电缆来说，这通常是正确的，但对于平衡电路而言，终端设备的共模输入阻抗通常高于电缆的特性阻抗。然而，由于共模阻抗随频率的增加而显著降低，可以假设该表达式给出了实际遇到的骚扰电平的良好估计。

5.2.4.4　辐射骚扰实例

　　（1）GIS 中开关操作引起的电气暂态现象。

　　（2）远方雷击（距离受干扰部分几百米或更远）。

　　（3）电晕宽带噪声。

　　（4）无线电发射机产生的高频场。

5.3　电缆屏蔽层的接地

　　在 5.2 中可看到，抑制高频共模骚扰要求电缆屏蔽层在两端接地，或者更

准确地说，连接到设备的屏蔽外壳。前面已说明，在低频（50/60Hz，音频）下，如果仅需降低容性耦合，那么使屏蔽层在一端接地就足够了。现在将看到，根据负载阻抗比、回路的对称程度和接地方式的不同，共模骚扰电压在各端之间的分配方式也将不同，并可能转换为差模电压[5.8]。

5.3.1　低频共模骚扰

在前文的叙述中，为了简单起见，假定负载和共模骚扰电压仅存在于一端。现在考虑图 5−30 中的电路，其中纵向❶低频电压 E 施加到具有终端阻抗 Z_S 和 Z_L 的屏蔽导体上，该电压可能是由共阻抗耦合或感性耦合引起的。

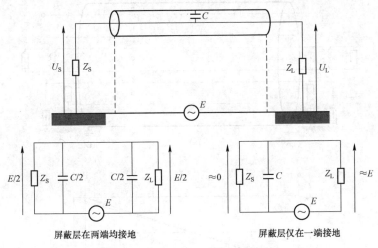

图 5−30　从纵向到共模的电压转换

假设屏蔽层的导纳 $j\omega C$ 相对于 $1/Z_S$ 和 $1/Z_L$ 是比较大的数值。同时假设屏蔽层（含接地回路）的纵向阻抗 $Z=R+j\omega L$ 远小于负载阻抗 Z_S 和 Z_L。则有：

（1）如果回路本身仅在一端接地，如图 5−31 的布线 a 和布线 b 所示（即 Z_S 或 $Z_L=0$），或者如果在回路某一端的浪涌保护器（SPD）动作，或者如果屏蔽层仅在一端接地，则接地端的电容会短路该端的阻抗，此时整个纵向电压以共模形式转移到回路的另一端。

---

❶ 纵向通常是指回路或传输线（或其一部分）两端之间的走向。请记住，此概念仅在低频或测量路径的定义明确时有效。在这种情况下，测量路径是沿着屏蔽层内表面选取的。因此，它只不过是屏蔽层上的电压降，是转移阻抗测量的结果。换句话说，5.2.2.3 中定义的那样，它包括屏蔽层带来的屏蔽系数。然而，如果屏蔽层仅在一端接地，则不存在屏蔽系数，并且纵向电压表示由屏蔽层和地形成的回路中感应的实际电压，或者由接地电阻引起的电压降（地电位升）。

（2）如果屏蔽层在两端都接地，并且回路本身是不接地的，如图 5-31 的布线 c 所示，不接地变压器就是这样的情况，那么其电容在两端均分，而共模电压 U_L 和 U_S 近似等于 $E/2$。

（3）如图 5-31 的布线 d 所示，如果回路两端均有浪涌保护器，其阻抗 Z 与 Z_S 和 Z_L 相比不可忽略，从而导致 U_L 和 U_S 的值等于浪涌保护器的残压。

在许多情况下，将共模形式的纵向电压按照阻抗比转移到端部需要非常重视，特别是在那些装有隔离变压器，且其线路侧中点要么接地要么不接地（悬浮）的情况下。

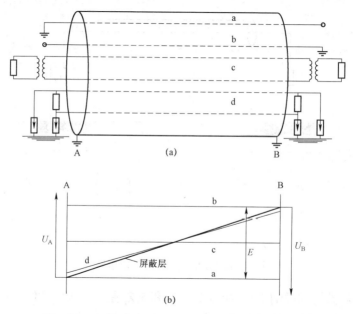

图 5-31　不同类型回路的电压分布取决于接地方式
（a）电路布置示意图；（b）电压分布图

5.3.2　低频差模骚扰电压

在低频时，为减少由于对称回路不完全平衡而引起的差模骚扰电压（或横向电压或工作电压），电缆屏蔽层的接地也起着重要的作用。图 5-32 给出了这种机理的说明。

根据端部阻抗值及其相对于地的不平衡度，以及导线本身的不平衡度，在每一端部将产生差模骚扰电压 U_S 和 U_L。

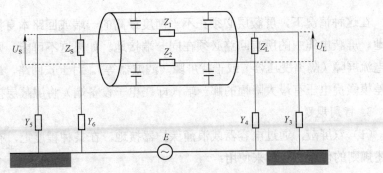

图 5-32　低频不平衡电路中从共模电压向差模电压的转换

在这里不可能对从 E 到 U 的复杂表达式进行详细的研究和讨论。

只列出两个重要结论：

（1）在一端阻抗（$Y_3 - Y_4$ 或 $Y_5 - Y_6$）不平衡的情况下，如果屏蔽就在该端接地时其差模电压最小，如果屏蔽在另一端接地时其差模电压最大，如果屏蔽在两端都接地时其差模电压为中间数值。

这是由于屏蔽层在某一端接地，就相当于将屏蔽层与该端导线之间的电容接入电路。将平衡电容并联接入不平衡导纳可降低相对不平衡性。

（2）端部设备的输入阻抗（Z_S，Z_L）越低，差模骚扰电压就越低。

5.3.3　信号电缆接地的实用规则

基于上述考虑，得出了以下规则。

1. 基本规则

信号电缆和电力电缆的屏蔽层必须在两端接地。

这是减少共模骚扰的最佳方法，特别是在中高频段。当屏蔽层含有磁性材料（钢、坡莫合金、铁氧体）时，即使在低频下抑制系数仍然显著（即远远小于1）。

2. 例外规则

在下列情况下，信号电缆的屏蔽层只能在一端接地。

（1）沿电缆屏蔽层不允许流过大电流。这可能是由于在非屏蔽电力线路中出现短路故障，或者简单地说，是由于没有良好的接地网（共阻抗耦合）。然而，正如前文所述，屏蔽层中的电流削弱了骚扰磁通，产生了抑制效果。这就是为什么总是希望保持屏蔽层两端都接地，并将其特性设计得能够承受大电流。如果不可行，请设置平行接地线或加强接地网络。

（2）该回路用于传输低频低电平信号，并且相对于屏蔽层或接地层存在严重的不平衡（例如热电偶、热阻等）。

在这种情况下，屏蔽层必须在不平衡度最高的一端或回路本身接地的地方接地。屏蔽电缆中的所有回路必须在同一端接地。如果这不可能，则有必要使用电流屏障（隔离变压器）或干扰屏障（滤波器等）。对于长回路，最好是在希望差模骚扰电压有最大降幅的那一端（即在电子设备端）将屏蔽层接地。

3. 特别规则

（1）双屏蔽，通过电容器或浪涌保护器接地。在某种程度上，有时可以将上述规则的优点结合起来使用：

1）双屏蔽电缆，只将外侧屏蔽层双端接地。

2）单屏蔽电缆，将其屏蔽层在一端直接接地，另一端则通过电容器（防止低频电流环流）或浪涌保护器（SPD）接地，这样一来只允许雷电或故障电流流过屏蔽层。

（2）同轴回路。同轴电缆是一种屏蔽电缆，其屏蔽层用作信号的返回路径。因此，适用于有源回路的一般规则都适用，屏蔽应仅在一端接地。然而，同轴电缆通常用于传输高频或甚高频信号，其中，由于集肤效应，在屏蔽层内表面上流动的电流（信号）和屏蔽层外表面上流动的电流（骚扰）之间存在自然去耦性。由于这一现象，在 5.2.2.4 中谈到处理其转移阻抗时已有描述，同轴电缆的屏蔽在大多数情况下都可以在两端都接地。当然，这时假设骚扰是高频的，或者如果不是，信号是经过高通滤波器传输的。

对于长距离连线，特别是涉及不同接地网的互联，建议不要将两端的屏蔽层接地或布设平行接地导体（ECP）。值得一提的是，电缆屏蔽层接大地本身没有意义，这只是由于与电缆屏蔽层搭接的设备需要接大地的结果（见图 5-19）。

（3）只在一端有有源元件的回路。即使电缆屏蔽层只在一端接地，高频骚扰电流也能在其中流动，并通过电容耦合经接地线返回。因此，对于只在一端涉及敏感电路的回路，可以通过仅在该端将屏蔽层接地来减少高频共模骚扰。然而，如果将这种做法推广，会引入许多例外情况，并与"通过多个接地导体实现良好等电位搭接网络"的意图相违背（见 5.5）。因此，这种做法应被视为例外规则。

5.3.4 电缆屏蔽层和电路的主要接地方式小结

图 5-33 给出了从上述推荐中形成的各种可能的接地方式。每种接地方式对应一个特定的场景，其中参考了 7.1.2 中描述的变电站和电厂中通常遇到的信号的不同类型。虽然某些布置相对于接地不是两端对称的，但未指明源和负载在哪一端。这是因为电路可以是双向的，也因为接地点的选择并不总是自由的。当可自由选择时，最敏感的设备应位于接地端。

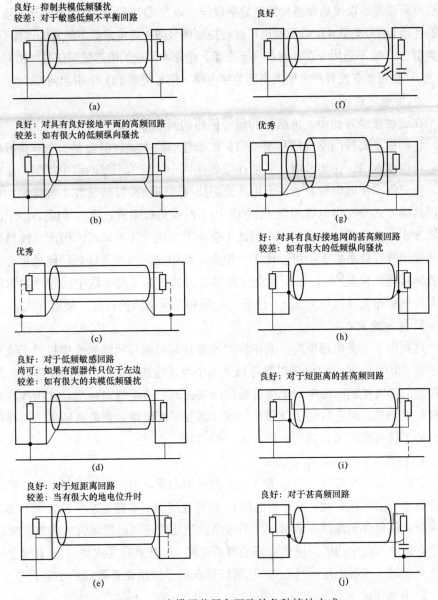

图 5-33 电缆屏蔽层和回路的各种接地方式

(a) 接地方式 a；(b) 接地方式 b；(c) 接地方式 c；(d) 接地方式 d；(e) 接地方式 d′；

(f) 接地方式 e；(g) 接地方式 f；(h) 接地方式 g；(i) 接地方式 h；(j) 接地方式 i

注：此图只是示意图，而不是实际布置图。显然，每个平衡回路都应按照前述规则来实施。

特别是，平衡回路应使用双绞线制成，接地导线应尽可能短（甚至采用同轴线）。

1. 接地方式 a

这是最常建议的接地方式，其中信号回路仅在一端接地以避免工频干扰，屏蔽层则两端接地以使高频骚扰抑制效果最佳。该方式广泛用于与变电站开关场设备的连接（信号类型 4），以及发电厂过程控制信号或中等电平数字信号的连接（信号类型 3）。它不适用于在非对称（不平衡）电路中流动的敏感低频信号（信号类型 2b），也可能在没有参考地的高速数字电路（信号类型 1a）中引起问题。

2. 接地方式 b

在这种接地方式中，屏蔽层和信号回路的两端都接地。

这构成了高频回路（信号类型 1）的最佳解决方案，但需要一个非常好的等电位连接网络，在实践中，只能在限制在同一区域的小型网络中找到。实际上，任何纵向接地电位差 E，无论其来源如何，即使按屏蔽系数 k 被抑制，也将以共模方式分配到电缆两端（比例取决于两端负载阻抗之比）。但是，由于此接地方式中的共模与差模相同，因此不会再发生进一步的降低。因此，既然知道在低频时屏蔽系数 k 不可能比 1 小很多，很明显，当涉及低频回路或担心大的低频接地电位差❶时，必须避免这种接地方式。为了避免这个问题，通常优先考虑平衡布置（接地方式 c）或分离低频和高频电流的布置（接地方式 e）。

3. 接地方式 c

这利用了平衡电路原理，其中终端设备及其与信号回路的连接相对于地等同布置（电气）。这种电路可以悬浮或采用中点接地连接。它主要用在需要远距离传输的远方控制回路中。电缆屏蔽层两端接地，屏蔽纵向骚扰。这种接地方式有时很昂贵，但它解决了从最低频率（需要平衡电路）到最高频率（需要屏蔽）的干扰问题，因此适用于所有类型的信号。

4. 接地方式 d 和接地方式 d'

它们是低电平信号（信号类型 2a）的常用布置，当存在低频骚扰时，可以保持低水平的差模骚扰（不平衡电路），它们也可用于不接地端（对纵向干扰没有保护）仅包含无源或不敏感元件的电路。当比较这两种接地方式的布置时，似乎方式 d'不接地的机箱提供更好的屏蔽性能（屏蔽具有连续性），但有时会导致安全问题（接触电压）。因此，通常仅用在位于接地设备附近的小型设备上。

5. 接地方式 e

在这种方式中，利用去耦电容器实现高频电流和低频电流的分离，即对高频骚扰电容器良好导通实现了双端接地的高频屏蔽系数，而对低频骚扰电容器的阻止作用降低了由信号回路不平衡导致的任何低频差模干扰。信号回路的高

❶ 事实上，在这种配置中，降低低频干扰电压的唯一方法是确保负载阻抗低于导线的纵向阻抗（即它们的阻抗及其接地回路的阻抗）。由于该阻抗的电阻部分通常很小，因此只能增加其电感部分，例如在导体周围放置磁性材料。这是众所周知的实现合理低频屏蔽的方法。

频接地可由杂散电容或去耦电容实现。

6. 接地方式 f

这种双屏蔽回路结合了接地方式 a 和 d 的优点，在整个频率范围内对所有类型的干扰提供了良好的保护。因此，它适合在恶劣环境中对低电平低频信号（信号类型 2）的保护。

7. 接地方式 g

多点接地的同轴布局通常用于将甚高频信号传送到对低频或高频干扰都不十分敏感的设备。对于工作频率远高于常见干扰频谱的微波无线电设备，情况尤其如此。当距离很短（几十米），并保证有良好的接地网的情况下（见接地方式 b），它也被广泛用于高速数字信号（信号类型 1a）。当转移阻抗足够低并且干扰电流受到良好接地网或平行接地导体（ECP）的限制时，它也适用于更长的距离。

8. 接地方式 h

当外导体的（低频）骚扰环流可能干扰到信号时，应采用单点接地的同轴布局。当回路连接到不同接地网时可能发生这种情况。它还可用于连接浮地设备，如摄像机或监视器。如有必要，浮地设备可通过电容器（虚线）接地。显然，与接地方式 f 一样，采用三同轴布局有时可以解决所有可能的干扰问题，因此，可以推荐用于非常敏感的电路，例如信号类型 1。

9. 接地方式 i

与接地方式 e 一样，该布局将屏蔽层通过电容器接地，以确保良好的高频屏蔽效果，而不存在低频电流环流带来的风险。

5.4 外 壳 屏 蔽

5.4.1 基本机理

根据耦合的类型（容性的、感性的），涉及不同的机理。容性耦合骚扰来自电场，主要靠屏蔽防护，其作用相当于"短路"（见图 5-2，其传递函数中 $Z_C \approx 0$）。因此，这需要至少有一点接地。感性耦合骚扰来自磁场，通过电流在屏蔽体内的循环而减小。这种环流作为二次电源，由它产生的磁场反作用于原来的磁场（见图 5-2，其传递函数中串联高阻抗）。因此，为使屏蔽体中能够流过环流，它至少应有两个接地点。除上述两种，第三种屏蔽是用金属片状体将某一个体积完全包容起来，这三种方式都是屏蔽的基本机理。屏蔽机理如图 5-34 所示。

在被称为静电屏蔽的电屏蔽机理中，电力线（等场线）向屏蔽体表面弯曲，就好像它们被屏蔽体吸引并短路，其结果是屏蔽区内的电场几乎为零。

常用名称	静电屏蔽	静磁屏蔽	涡流屏蔽
作用于	电场	磁场	磁场
基本机理	场线终止于屏蔽体的电荷上	场线被屏蔽体吸收	屏蔽体中的感应电流排斥场线
屏蔽材料应有的性能	电导率（在低频时弱电导率已足够）	高磁导率	高电导率（在低频下）
低频时的效益	优	良好。当屏蔽层足够厚时	不好（对直流无效）
高频时的效益	优（屏蔽层有孔时电力线将透入）	不能肯定：涡流开始起作用，并且 $\mu_r \to 1$	优（屏蔽层有孔时磁力线将透入）
封闭式屏蔽（通量线）	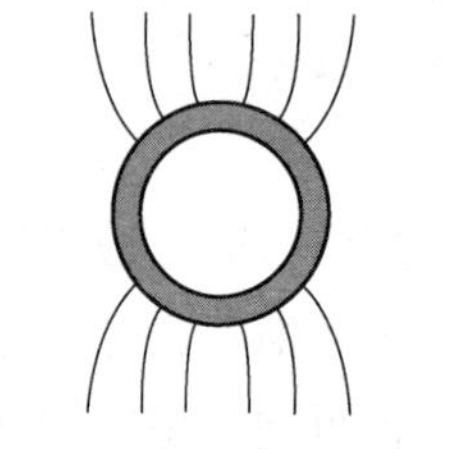	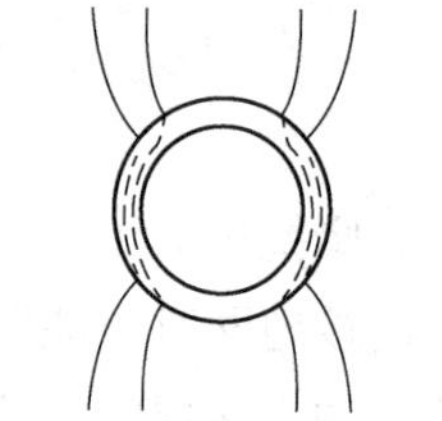	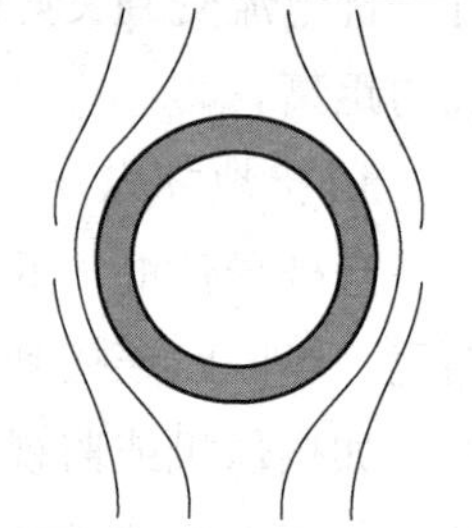
开放式屏蔽（通量线）	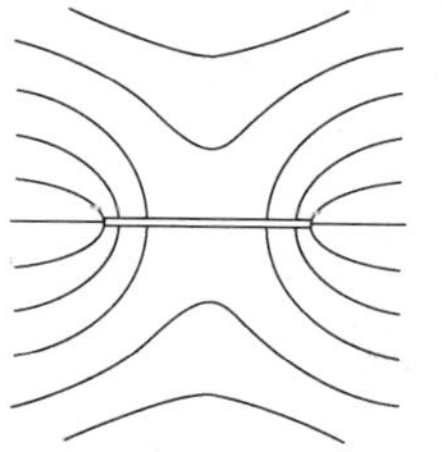	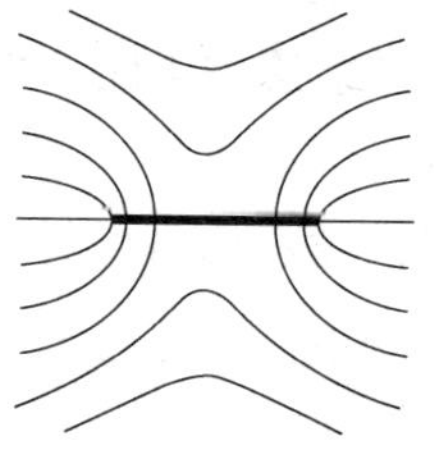	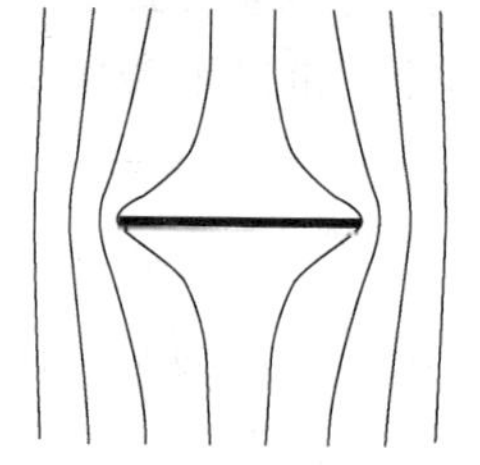

图 5-34　屏蔽机理[5.19]

在被称为涡流屏蔽的磁屏蔽机理中，外磁场在屏蔽体内感应出电流（如同在电缆屏蔽层中感应电流一样），形成另一个磁场，这个新磁场排斥原有磁场。通常可以根据不同的材料类型识别不同的屏蔽机理，例如，当材料的导电性大于导磁性（例如铝和铜）时，采用涡流机理进行屏蔽。

第三种机理称为静磁屏蔽，只对低频磁场起作用，与静电屏蔽作用于电场完全相同。这种屏蔽对磁力线提供一个低磁阻通路（不仅是一个低电阻通路，除了电气短路之外，还导致了磁短路），其结果是磁力线被吸入屏蔽体，而屏蔽区内的磁场减小了。当材料的导磁性大于导电性（例如高导磁合金、晶粒取向钢、铁氧体磁环）时，静磁屏蔽通过屏蔽材料来识别。

在这三种机理中，涡流的磁屏蔽作用更为重要，在中高频段占主导地位。当频率低到足以忽略涡流时，静磁屏蔽占据主导地位。只有相对磁导率大于 1 的屏蔽体才能在这个频率范围内有效。

涡流使屏蔽体内的磁场衰减，阻止磁力线深度穿透，因此引入了集肤深度的概念。这一深度是指磁场被减低 3dB 的深度。其表示式为

$$\delta = \sqrt{\frac{2}{\sigma\mu\omega}} \qquad (5-45)$$

式中　σ——材料的导电率；

　　　μ——磁导率；

　　　ω——角频率。

通常，屏蔽体是指将空间划分为干扰源区和屏蔽区的物体。根据屏蔽体的几何形状，这两个区域可以完全或部分隔离。开放式屏蔽部分隔离干扰源和屏蔽区，封闭式屏蔽完全隔离这两个区域。对于封闭式屏蔽，屏蔽区出现磁场的唯一机理是穿透屏蔽。如果没有磁场穿透屏蔽体，封闭式屏蔽具有良好的屏蔽效能，而开放式屏蔽则具有一定的非零级磁场泄漏。磁场通过缝隙、小孔或屏蔽体的边缘处渗入。

5.4.1.1　封闭式屏蔽

显然，在考虑封闭式屏蔽时，屏蔽体厚度是一个重要因素。一般来说，较厚的屏蔽体会产生较好的屏蔽。然而，由于前一节讨论过的集肤效应影响，屏蔽效能将递减。

在计算封闭式屏蔽的屏蔽效能时，可以得到精确的封闭表达式。原因是，封闭屏蔽体的几何形状，如圆柱形、球形外壳和无限平板，在可分离的坐标系中与整个常坐标曲线一致。这些解析解的最大优点是从对精确表达式的近似中得到的洞察力。这里，给出了半径为 r_0 的球体的屏蔽效能 S_H 的近似公式（在 r_0 远小于波长的假设下简化）[5.19][5.20]

$$S_H = 20\log|H_e / H_i| \qquad (5-46)$$

$$H_e / H_i = \text{ch}(kt) + 1/3(K + 2/K)\text{sh}(kt) \qquad (5-47)$$

$$k = (1+j)/\delta \qquad (5-48)$$

$$K = kr_0/\mu_r \qquad (5-49)$$

式中　H_e——外磁场；

　　　H_i——内磁场；

　　　μ_r——相对磁导率；

t —— 屏蔽体厚度。

当屏蔽体厚度远小于集肤效应深度且 $r_0^2 \omega \mu_0 \sigma \gg 2\mu_r$（第二个条件通常适用于可被视为涡流抵消屏蔽的非磁性导体），可以导出简化表达式，如（对于半径为 r_0 的球体）

$$S_H = 10\log\{1 + (\omega\mu_0 r_0 t\sigma / 3)^2\} \tag{5-50}$$

对于半径为 r_c 的圆柱体

$$S_H = 10\log\{1 + (\omega\mu_0 r_c t\sigma / 2)^2\} \tag{5-51}$$

对于源到点距离 r_i 的无限平面屏蔽

$$S_H = 10\log\{1 + (r_i t / 2\delta^2)^2\} \tag{5-52}$$

注意：屏蔽效能与 $r^{[5.21]}$ 成正比。这与大的、封闭的涡流抵消屏蔽体比小的屏蔽体表现更好的结果是一致的[5.22]。

另外，屏蔽体厚度仍远小于集肤效应深度和 $r_0^2 \omega \mu_0 \sigma \gg 2\mu_r$（第二个条件通常适用于可被视为静磁屏蔽机理屏蔽的导电性差的磁性材料），简化表达式可导出（对于半径为 r_0 的球体）

$$S_H = 20\log\{1 + 2\mu_r t / 3r_0\} \tag{5-53}$$

对于半径为 r_c 的圆柱体

$$S_H = 20\log\{1 + \mu_r t / 2r_c\} \tag{5-54}$$

对于源到点距离 r_i 的无限平面屏蔽

$$S_H = 20\log\{1 + \mu_r t / 2r_i\} \tag{5-55}$$

在更高的频率下，当 δ 与 t 相当，并且没有任何共振现象的情况下，上述表达式给出的为保守值（即偏低）。

显然，对于静磁屏蔽，屏蔽效能与 r 成反比。这一结果也与观察结果一致，即较小的、封闭的、静磁屏蔽机理屏蔽体的性能优于较大的屏蔽体。

5.4.1.2 开放式屏蔽

开放式屏蔽通常用于屏蔽较大的干扰源，如变压器室。在这种情况下，由于现有的管道、导管和其他固定装置，封闭式屏蔽难以实施。

显然，屏蔽的范围和形状是考虑开放式屏蔽的重要因素。一般来说，屏蔽体形状越接近封闭屏蔽，屏蔽效能越好。图 5-35 中的简单示例显示了这一点。将 PEC 材料制成的平面屏蔽体向水平偶极源弯曲以形成 U 形屏蔽体。图 5-35 所示为两种情况下，在屏蔽层以下 0.5m 处的屏蔽效能。显然，U 形屏蔽比平面屏蔽具有更好的屏蔽效能。这与磁场泄漏机理在很大程度上取决于开放屏蔽体的几何形状这一事实是一致的。

在开放式屏蔽的分析中，常用的方法是将良好的涡流屏蔽体和良好的静磁屏蔽体分别近似为理想电导体（perfect electric conductor，PEC）和理想磁导体（perfect magntic conductor，PMC）。

这里，PMC 屏蔽可以定义为具有无限大的磁导率和零电导率的屏蔽。在电源频率下，低电导率的高磁导率屏蔽接近这种情况。直流磁场中的高磁导率屏蔽体也接近这个条件，与导电性无关。完成此操作后，屏蔽体的穿透和泄漏效应将被分离。这种理想材料假设的另一个结果是，利用共形变换理论可以导出解析的封闭形式解决方案[5.23]。

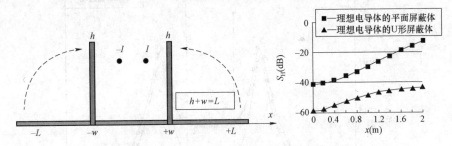

图 5-35 平面屏蔽与 U 形开放式屏蔽效能比较

这里，为了简单起见，此处给出了一个由 PEC 材料组成的长平面屏蔽的屏蔽效果公式，公式为平面屏蔽中心正下方的 S_H（即 $x=0$）和垂直磁场（见图 5-36）

$$S_H = 20\log\{L[(L/y)^2 + 1]\} \qquad (5-56)$$

式中　y——从屏蔽体中心到观测点的距离。

显然，对于磁场泄漏，屏蔽效能与屏蔽体宽度 $2L$ 成正比。这个数学结果与前面的观察结果一致，即屏蔽体几何结构越像一个封闭屏蔽（这里是无限平面屏蔽），屏蔽效能越好。屏蔽效能也与距离屏蔽体中心 y 成反比，因此，距离屏蔽体中心越远，磁场泄漏越大。

结果表明，开放式屏蔽的屏蔽效能与干扰源的方向和屏蔽材料的类型密切相关[5.23]。原因如下。考虑没有屏蔽的水平磁场。如果沿源正常磁场已经为零的表面放置具有零正常磁场边界条件的理想涡流消除（即 PEC）屏蔽体，则屏蔽体对磁场没有影响。但是，如果磁场是垂直的，并且沿屏蔽体的正常磁场不为零，则屏蔽体将影响磁场并发生屏蔽。

当屏蔽体边缘周围的泄漏占主导地位时，由不完美材料制成的有限宽度屏蔽体可以近似为理想导体。例如，如果 $t \gg (1.65/h) \times 10^{-4}$ m [有限宽度（$2L=4$m）的薄铝板可以近似为 PEC]。这里，h 是长偶极子电流源到屏蔽体的距离。因此，

如果 $h=0.1\text{m}$，屏蔽体必须大于 1cm 厚，才能适用 PEC 理论。显然，用于较薄屏蔽体的设计公式必须考虑到穿过屏蔽体的磁场渗透。

这可以通过在有限宽度的理想导体解决方案中加入真实材料无限平面屏蔽的解决方案来实现。结果是一个混合公式，它综合了屏蔽边缘泄漏和磁场穿透屏蔽的影响[5.24]（使用混合公式计算屏蔽效能的示例如图 5-36 所示）。对于屏蔽板尺寸为 $(x, y)=(0.4, 2)$ 和 $(x, y)=(-0.4, 2)$ 下的水平电流作用下，在 A 区，磁场以渗透为主，在 B 区，磁场以泄漏为主。

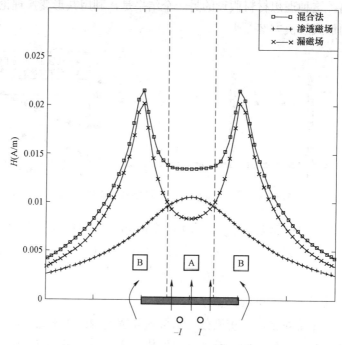

图 5-36　48%镍铁金属屏蔽板下方 0.3m 处的磁场分布

$$H_{\text{T}}=\left(\left|H_{\text{FINX}}\right|^2+\left|H_{\text{FINY}}\right|^2+\left|H_{\text{INFX}}\right|^2+\left|H_{\text{INFY}}\right|^2\right)^{1/2} \qquad (5-57)$$

式中　　　H_{T}——实现屏蔽后的总磁场；

H_{FINX} 和 H_{FINY}——由理想导体近似方法计算的磁场泄漏值；

H_{INFX} 与 H_{INFY}——根据相关的封闭式屏蔽分析方法计算的磁场值（例如对于有限宽的屏蔽体，用无限大平面屏蔽体的表达式计算渗透）。

对于屏蔽效能，当屏蔽体边缘的泄漏与磁场的穿透相当时，上述表达式给出了保守值（偏低）。结果表明，所提出的用混合公式计算屏蔽效能的方法对于开发最佳屏蔽设计是一种非常有用的设计和优化工具。

5.4.2 行波概念

在文献中常见由 Schelkunoff 开发的描述两种主要屏蔽机理的方法[5.25]。类似输电线路及其特性阻抗的匹配（或不匹配）概念，以及屏蔽体（即除真空以外的其他传播特性的介质）的存在而影响入射电磁波的方式（见图 5-37）。

如 5.2.4.1 中所述，入射电磁波的特性阻抗（即波阻抗）为 $Z_W = E/H$，对大多数磁场（变压器、线圈、环状天线等）而言，其阻抗小于 377Ω；对于大多数电场（棒状天线、高压输电线等）而言，其阻抗大于 377Ω。

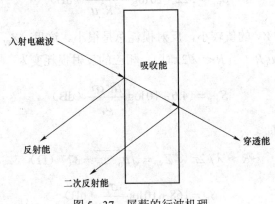

入射电磁波

吸收能

反射能

穿透能

二次反射能

图 5-37 屏蔽的行波机理

5.4.2.1 反射损耗

当电磁波碰到屏蔽时，将被反射出一部分，这与波阻抗和屏蔽体固有阻抗之比有关，后者由以下公式给出

$$Z_S = \sqrt{\frac{j\omega\mu}{\sigma + j\omega\varepsilon}} \qquad (5-58)$$

对金属而言

$$Z_S = \sqrt{\frac{j\omega\mu}{\sigma}} = 3.7\times10^{-7}\sqrt{\frac{j\mu_r f}{\sigma_r}} \qquad (5-59)$$

式中　σ_r, μ_r——电导率和磁导率所对应的铜的相对值。

就反射而言，Z_S 和 Z_W 越是不配合，屏蔽效能越好。这种反射机理对屏蔽效能的贡献（即反射损耗）由以下表达式给出

$$S_R = -20\log\frac{(Z_S + Z_W)^2}{4Z_S Z_W} \tag{5-60}$$

或者，由于 Z_S 通常小于 Z_W

$$S_R = -20\log\frac{Z_W}{4Z_S} = -20\log\frac{Z_W}{4}\sqrt{\frac{\sigma}{\mu\omega}}\ (\text{dB}) \tag{5-61}$$

虽然行波理论不适用于低频现象，但文献中有时提及，低频电场的易屏蔽性是由于 Z_W 总是比 Z_S 小很多。这就是前面提到的静电屏蔽效应。由于 Z_W（在空气中）的值，对于远小于 $\lambda/2\pi$ 的干扰源和屏蔽体之间的距离 R，由以下公式给出 $Z_W = 1/\omega\varepsilon_0 R$，反射损耗可以表示为

$$S_{RE} = 322 + 10\log\frac{\sigma_r}{f^3 R^2 \mu_r}\ (\text{dB}) \tag{5-62}$$

对于磁场，计及 Z_W 的值较小，反射损耗总是很小。这里，Z_W（在空气中）的渐近值为 $Z_W = \omega\mu_0 R$（当 $R \ll \lambda/2\pi$ 时），相应的反射损耗变为

$$S_{RH} = 14.6 + 10\log\frac{fR^2\sigma r}{\mu_r}\ (\text{dB}) \tag{5-63}$$

对平面波而言，即

$$R \gg \lambda/2\pi,\quad Z_W = \sqrt{\mu_0/\varepsilon_0} = 377\ (\Omega)$$

$$S_R^{'} = 168 + 10\log\frac{\sigma_r}{\mu_r f}\ (\text{dB}) \tag{5-64}$$

5.4.2.2 吸收损耗

未被屏蔽体反射的部分电磁波通过金属传播，由于集肤效应，电磁波产生衰减。对屏蔽效能的第二个重要贡献是吸收损耗。它与入射波的性质无关，由以下表达式给出

$$S_A = 8,7\frac{t}{\delta}\ (\text{dB}) \tag{5-65}$$

或

$$S_A = 132t\sqrt{f_{\mu_r\sigma_r}}\ (\text{dB})$$

式中　δ——集肤效应深度；

　　　t——厚度。

这是导致磁场减少的主要机理。由于最大吸收意味着最小的集肤效应深度，当使用高电导率材料时，能降低 δ 值的唯一参数是材料的磁导率 μ。显然，这意味着只能使用铁磁材料，但必须注意，避免材料的饱和。

5.4.2.3 总损耗

图 5-37 说明了入射波被金属屏蔽体部分反射和部分吸收。总的屏蔽效能是反射和吸收损耗之和（其中，对于小于约 10dB 的吸收损耗，还应计入由金属进入大气的第二次反射损耗）。应强调的是，5.4.2 中给出的所有表达式均假设金属面是无限大平面，很少适用于计算形状复杂得多的金属外壳的实际屏蔽效能。

此外，屏蔽体内的共振现象有时会改变计算结果。通常，基于涡流概念推导的表达式（见 5.4.1）能够获得更好的结果。

表 5-1 给出了不同的大型材料的吸收和反射损耗，这些材料可用于屏蔽装置。

表 5-1 屏蔽定性总结（实心屏蔽，无孔洞或接缝）

可渗透材料	频率	吸收损耗 所有电磁场	反射损耗		
			电场	磁场	平面波
磁性材料 $\mu \geqslant 1000$	低 <1kHz	不好	优秀	失败	—
	中 1~100kHz	良好	良好	不好	一般
	高 >100kHz	优秀	一般	较差	一般
非磁性材料 $\mu=1$	低 <1kHz	失败	优秀	不好	—
	中 1~100kHz	不好	优秀	较差	良好
	高 >100kHz	良好	良好	一般	一般

假设－材料厚度：8mm；源距离：3m；无线电频率，如表所示。

衰减分数					
优秀： >150dB	良好： 100~150dB	一般： 50~150dB	较差： 30~50dB	不好： 10~30dB	失败： <10dB

先前对屏蔽效能的计算假定为无接缝或孔洞的实心屏蔽。然而，实际上，大多数屏蔽体并不实心，因为可能有检修盖、门、导体孔、通风孔、开关、仪表和机械接头和接缝。屏蔽不连续对磁场泄漏的影响通常大于对电场泄

漏的影响，但最小化技术一般对磁场和电场都适用。金属外壳的影响见5.4.3。

　　孔的最大尺寸（非面积）或不连续性决定泄漏量。此外，与相同面积的较大孔相比，大量的小孔导致的泄漏要小。这就是图 5-38 所示蜂窝通风罩被广泛使用的原因。在蜂窝结构中，每个六边形单元与其邻域连贯地连在一起。

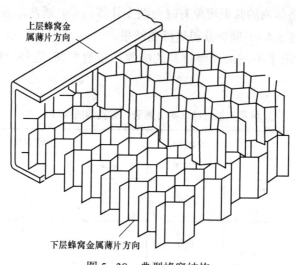

图 5-38　典型蜂窝结构

5.4.3　金属壳体的传输阻抗

　　5.4.1 和 5.4.2 中表明金属屏蔽能使电磁场衰减，即减小干扰源与彼此非电接触的受干扰方之间的耦合。如果这些电缆是屏蔽的，且这些屏蔽又与壳体正确地绑接，则在电缆屏蔽层中流过的电流也将流过壳体，然后经由大地，或其他电缆屏蔽层返回。根据电缆屏蔽与壳体之间的绑接方式、壳体的特性（材料、连续性、存在开口等），以及壳内回路和壳体之间的耦合，在这些回路中的敏感元件上有可能出现干扰电压 U。转移阻抗 Z_t（相对于特定电路和特定端口）比值 U/I 被定义为壳体的。对于设计良好的壳体，由于集肤效应，当频率升高时，Z_t 随频率的上升而下降。然而，在多数实际情况下，如电缆屏蔽，会产生一些感性效应，它降低了整个屏蔽体系的效能（指壳体和电缆的总体屏蔽效能）。金属壳体的转移阻抗是个很重要的因素，常被忽视。特别是在高频传导骚扰方面，如快速瞬变或静电放电等，Z_t 是耦合机理中起重要影响的因素之一。

5.4.4　建筑物屏蔽

建筑物的电磁屏蔽对于辐射或抗扰性是必要的。在某些情况下，干扰源可能是内部的，如在 GIS 变电站或电力电子转换器中，这些干扰源也可能来自外部导体。

在变电站中，高频电磁干扰源来自电力电子设备（如 FACTS 和 HVDC）中的换向、高压设备中的电晕和火花，以及开关事件（尤其 GIS 设备）。通过在墙壁或窗户内设置导电栅格或金属网孔，通常更容易实现对建筑物辐射和抗扰的高频屏蔽（见 7.3.3）。

建筑磁环境已成为建筑设施设计和运行中的一个重要问题。磁场会影响敏感的电信设备、计算机和阴极射线管屏蔽（见 7.3.3），需要将其保持在健康和安全范围内，特别是长期接触时。通常，输送大电流的电力电缆和母线被认为是干扰源，它们在周围区域产生足够的磁场。邻近的输电线路、地铁的电网和建筑物外的其他设施也是严重的干扰源。

电磁屏蔽被公认为是降低外部 ELF 磁场的有效措施之一。该措施可应用于建筑物。当考虑大范围（如变电站或体积大的建筑物内的房间）电磁屏蔽时（如变电站或屏蔽体积大的建筑物内的房间），必须使用大型金属板。

商业建筑中经常使用平面屏蔽和封闭屏蔽（如矩形外壳）。平面屏蔽指的是金属板。它通常用于屏蔽较大的干扰源，如变压器室或大屏蔽空间（如受影响的房间）。例如，对于与变压器室相邻的受影响房间，可以在面对变压器的墙上安装屏蔽。如果变压器位于相邻楼层，也可以考虑在天花板上或地板下安装屏蔽层。在此，几张板片被连接起来，以将屏蔽区与干扰源分开。屏蔽体上的气隙或接缝是不可避免的。但是，采用重叠相邻薄板的方法，可以将接缝处的磁场泄漏降到最小。

在电气设施中，经常使用矩形外壳（线槽）来放置电缆或母线。主要目的是为导体提供保护，防止机械应力、火灾等。由于其金属性质，这些外壳也表现出一定程度的磁性屏蔽。这在 5.4.3 中有更详细的讨论。

由于屏蔽效能取决于干扰源屏蔽的整体配置（干扰源的类型、方向和相对于屏蔽体的位置），考虑哪种屏蔽方案是可行的很重要。因此，首先要确定主要干扰源的位置和特征。这可以在现场调查中通过磁场测量完成。通过这个过程，首先确定每个干扰源是否具有单导体源、单相源或三相源的特性。然后，确定方向为水平、垂直或其他方向。在确定干扰源的情况下，图 5-39 可以用来帮助确定哪些屏蔽选项是切实可行的。

常用名称	两种屏蔽机理		静磁屏蔽	涡流屏蔽
屏蔽结构	封闭式屏蔽		开放式屏蔽	
单线接地（远离电流廻线）	不适用	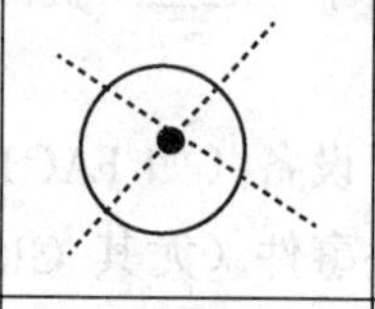 (图)	不适用 (图)	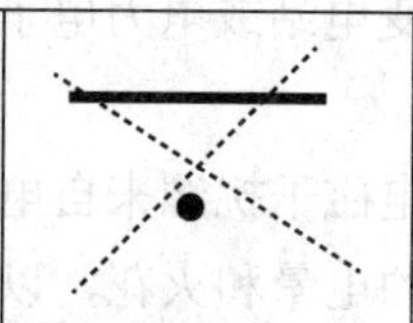 不适用 (图) 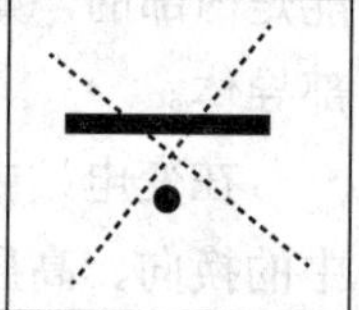
单相	优	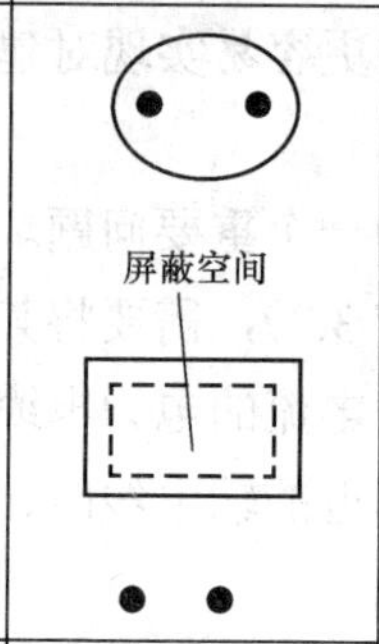 (图，屏蔽空间)	昂贵的（如高渗透性合金或铁氧体材料）	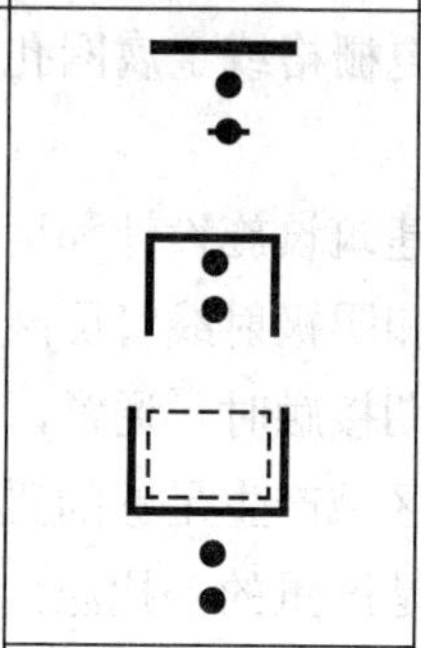 好（如铝、铜、钢） 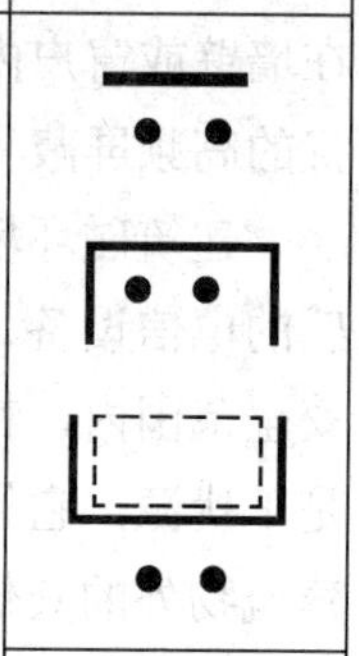
三相	优	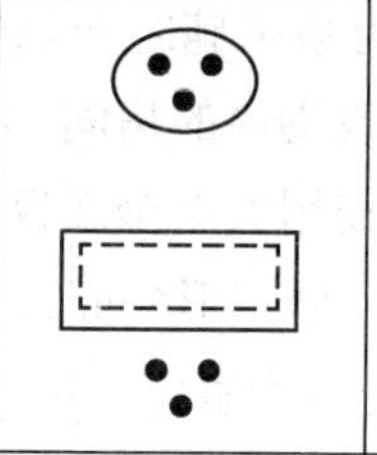 (图)	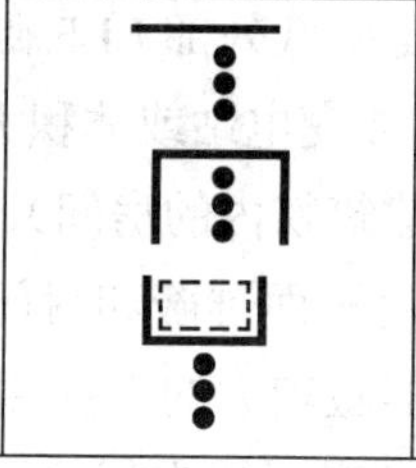	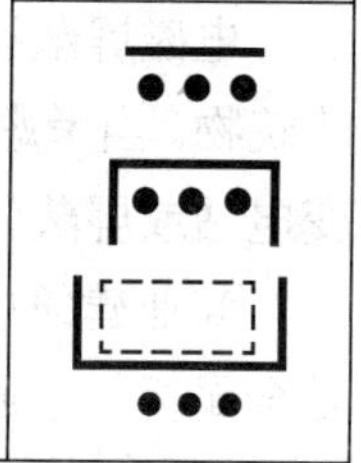
水平和垂直方向多源	优	(图)	双层屏蔽（一层静磁屏蔽，一层涡流屏蔽） 相当好（另一种选择是由合金制成的单层屏蔽，其损耗也取决于干扰源的方向［CC，DD］）	(图)

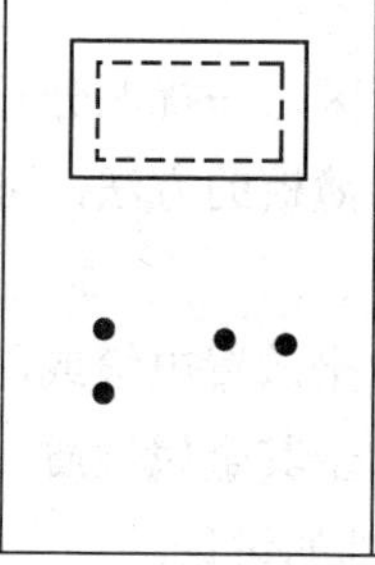

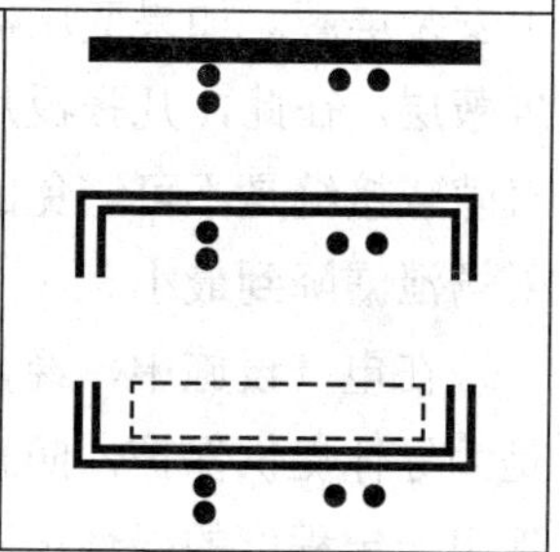

图 5-39　建筑物工频磁场屏蔽建议

5.5　电磁兼容的搭接网及其与接地网的连接

搭接网络有星形网络和网状网络两种方式。

5.5.1　星形网络或分离的搭接网络

星形网络的原理，每个设备只在一点与接地网通过单线直接相连，这个连接点只能由属于同回路或同系统的设备共享（见图 5–40）[5.26]。

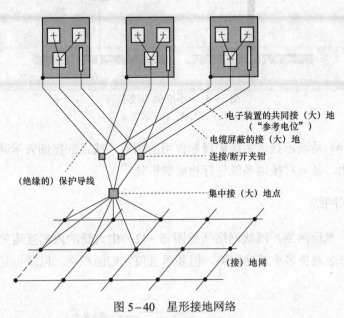

电子装置的共同接（大）地（"参考电位"）
电缆屏蔽的接（大）地
（绝缘的）保护导线
连接/断开夹钳
集中接（大）地点
（接）地网

图 5–40　星形接地网络

其思想是尽可能防止由于电流在接地网中流动而产生的共阻抗耦合。这种做法在今天已不太适应，至少用得有限。

这是因为：

（1）首先，接地系统不同于排水系统。在该系统中，越来越多的排水管汇聚到一根目的地为"不确定"的主管［图 5–41（a）］。实际上，接地系统由一组导体组成，在这些导体中，电流可能会在设备的接地端子之间流动而不是流向大地［图 5–41（b）］。

（2）图 5–41（b）中的接地连接并非是唯一的，它只是总电流回路的一部分，根据电荷守恒定律 $div(J+\partial D/\partial t)=0$，总电流必须有进有出。

因此可能出现两种情况：要么设备通过一个单一的连接线接地，没有电流流过它；要么骚扰电流流过这个接地线，然后通过其他不希望的和不受控制的路径返回设备。此外，尽管有这一基本原理，但接地导体可能很长，在高频时电感很大，接地效果不好。现代电子设备对诸如快速瞬变和静电放电等高频骚扰特别敏感，所以这种接地方法已过时了。

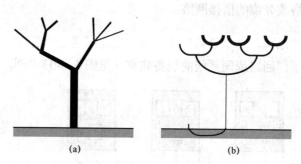

图 5-41　不准确和较准确

（a）不准确；（b）较准确

图 5-41 是表示接地系统如何起作用的图片，线路的粗细表示其中电流的大小，因此，必须对接地系统进行相应的设计。

5.5.2　网状网络

相对于星形网络，网状网络（见图 5-42）由大量的内部互连的导体群组成。不必考虑避免多个接地回路，但要尽量使它们面积小，以减少其阻抗。

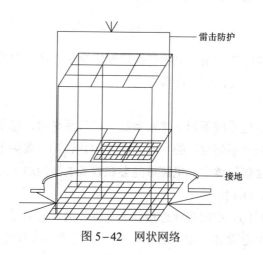

图 5-42　网状网络

要尽量做到等电位互联，这样不仅构成低阻抗返回路径，而且还构成电磁场屏蔽（见 5.4.1）。随着这一技术在电气和通信领域的广泛应用[5.2][5.3]，实际存在的所有金属结构部件，无论是水平的还是垂直的，都可以利用（如框架、轨道、工字梁、水泥中的加强钢筋、电缆支架、交流电力管道等）。这样就实现了一个三维接地平面，该接地平面可以依次在多个点连接到接地网（保护接地）。

安装的设备越敏感（如计算机），接地网格应越小。网状搭接网络的主要优点除了它的高效性外，还有它非常容易建立，不需要任何控制或校核，而且是自我发展的。所有的新增设备、新的搭接元件和新的屏蔽体都自然地对整个网络的效能起着加强作用。有了良好的网状网络后，孤立的接地导线就可以不用了（但PE安全接地导线仍应保留）。

5.5.3　混合网络

一些组织支持混合式接地网络，在局部区域中发挥网状网络的优势。例如，建筑物的每一层或每一个房间，但保持与大地的单一连接，用于外部电流的流通，例如，雷击电流。

这一概念在一些设施中得到了证明，但也有一些缺点：

（1）安全搭接网（即PE接地导线）与EMC搭接网之间存在互联问题。这就需要使用隔离变压器或二级设备。

（2）以为各个分离的搭接网（IBN）都不错，是经过充分考虑的，以后在不使用电气隔离的情况下，在属于不同搭接网的设备之间增加新的联结（通信电缆、LAN等）是没有问题的，这是不对的。

这个系统太复杂，难以维护。任何一个意外的轻微短接事故都会形成一个很长的感应路径，由此会产生很大的电压降及随之而来的其他问题（见图5-43）。

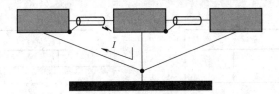

图5-43　星形网络中的闪络和电流返回路径

最后，将所有电缆屏蔽层两端都接地（在大多数情况下是最好的方法），实际上无法实现。对于混合接地网，应该保留的唯一原则是，强干扰回路即电压或电流差异较大的回路之间，应尽量保持较远的距离。例如，应避免在避雷针附近安装敏感的电子设备（或任何可能起到这种作用的导体，如通风井或电梯）。在这方面，建议将防雷导线单独接至地面网状接地网。然而，这也不总是易于实现的（有时是不可能的，如在一些通信大楼）；此外，在发生高风险闪络时，具有多个接地点的设施［见图5-44（a）］的表现将优于只有单个接地点的设施［见图5-44（b）］。

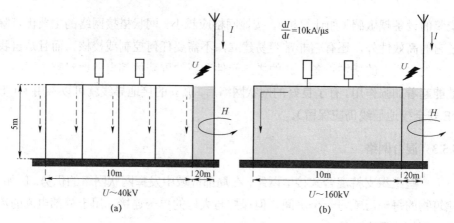

图 5-44 有多个或单个接地导体的两种不同接地结构中的雷电感应电压

（a）多个接地导体；（b）单个接地导体

5.6 附 录

5.6.1 平行导体的自感和互感

对称电路和包括电学镜像的非对称电路之间的等效性如图 5-45 所示，考虑两个与高度相比长度较长的闭合电路见图 5-45（a）。

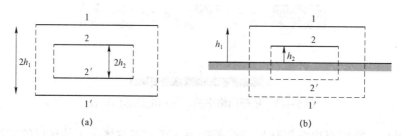

图 5-45 对称电路和包括电学镜像的非对称电路之间的等效性

（a）两个与高度相比长度较长的闭合电路；（b）等效于回流路径在地下深度等于其离地高度的导体布局

流过导体 2 和无穷远处回流导体的电流 I 在电路 1 中感应的单位长度磁通量为

$$\Phi_{11',2\infty} = I\frac{\mu}{2\pi}\ln\frac{D_{21'}}{D_{21}} \qquad (5-66)$$

式中 D_{21}——导体 2 和 1 之间的距离。

出于同样的原因

$$\Phi_{11',2'\infty} = I\frac{\mu}{2\pi}\ln\frac{D_{2'1'}}{D_{2'1}} \tag{5-67}$$

因此，电路 2 在电路 1 中感应的磁通量为

$$\Phi_{11',22'} = I\frac{\mu}{2\pi}\left(\ln\frac{D_{21}}{D_{21}} - \ln\frac{D_{2'1'}}{D_{2'1}}\right) = I\frac{\mu}{2\pi}\ln\frac{D_{21}D_{2'1}}{D_{21}D_{2'1'}} \tag{5-68}$$

从而有互感

$$M_{12} = M_{11',22'} = \frac{\mu}{2\pi}\ln\frac{D_{21'}D_{2'1}}{D_{21}D_{2'1'}} \tag{5-69}$$

或

$$M_{12} = \frac{\mu}{2\pi}\ln\left(\frac{h_1 + h_2}{h_1 - h_2}\right)^2 = \frac{\mu}{\pi}\ln\frac{h_1 + h_2}{h_1 - h_2} \tag{5-70}$$

使电路 2 与电路 1 重合，将有

$$M_{11',11'} = L_{11'} = L_1 = \frac{\mu}{2\pi}\ln\frac{D_{11'}D_{1'1}}{D_{11}D_{1'1'}} = \frac{\mu}{\pi}\ln\frac{D_{11'}}{D_{11}} = \frac{\mu}{\pi}\ln\frac{2h_1}{r} \tag{5-71}$$

其中 $\qquad\qquad\qquad r = D_{11} = D_{1'1}$

式中 r——导体 1（$1'$）的平均几何半径。

假设现在导体 1 和导体 2 的返回路径是地面，并且地面是理想导体（电阻率 $\rho = 0$）。基于电学镜像理论，可以发现，这种布局等效于回流路径在地下深度等于其离地高度的导体布局 [见图 5-45（b）]。因此，导体 1 和导体 2 的单位长度自感和互感应与图 5-45（a）中计算的类似。尽管如此，如果可以应用电学镜像理论计算地面上的磁通量，地面下的磁通量则必须等于零（在该理论中大地假定为理想导体），从而相应的电感值必须由图 5-45（a）中的电感值除以系数 2

$$M'_{12} = \frac{\mu}{2\pi}\ln\frac{h_1 + h_2}{h_1 - h_2} \tag{5-72}$$

$$M'_{12} = \frac{\mu}{2\pi}\ln\frac{D_{2r}}{D_{21}}$$

或更一般地，如果导体不在同一垂直面上，则

$$L'_1 = \frac{\mu}{2\pi}\ln\frac{2h_1}{r} \tag{5-73}$$

当土壤不是理想导体时，这些表达式在高频下也有效。在低频时，土壤表面不能被视为镜像面。然而，由于引入了复镜像面[5.10]，可以应用镜像理论，以复距离放置在地表以下，复距离与土壤电阻率 ρ 和频率 f 相关。

对于工频，包括谐波，简化的 Carson-Clem 公式[5.10]可用于计算以地为回路的互感和自感。在该计算中，假设返回路径的等效距离 D_e 由以下公式给出

$$D_e = 659\sqrt{\frac{\rho}{f}} \qquad (5-74)$$

因此，假设 $h \ll D_e$，上述表达式在 50Hz 条件下变为

$$M_{12}' = \frac{\mu}{2\pi}\ln\frac{93\sqrt{\rho}}{h_1 - h_2} \qquad (5-75)$$

$$L_1' = \frac{\mu}{2\pi}\ln\frac{93\sqrt{\rho}}{r} \qquad (5-76)$$

在空气中，当大地电阻率为 $100\Omega \cdot m$，导体半径为 1cm 时，可以得到

$$L_1' = 2\mu H/m \qquad (5-77)$$

该值可与单根导体在高频下的传统值 $1\mu H/m$ 的相比较。

5.6.2 Z_t 随频率的变化

如 5.2.2.3 和 5.2.2.4 所述，电缆屏蔽层的转移阻抗 Z_t 与沿屏蔽层的电阻压降 IR_t 和芯与屏蔽层之间的感应电压 $j\omega IL_t$ 有关。事实上，Z_t 和 ω 之间的关系并不是那么简单，R_t 和 L_t 本身是复数，并且依赖于频率。因此，将 Z_t 分解为电阻和电感元件只是一种简单的方法，旨在将电路理论的概念应用于这些现象。现在将给出更严格的 Z_t 随频率的物理特性描述。

1. 电阻部分（频率增加时减少的分量）

对于均匀屏蔽，R_t 随频率的变化很容易理解：当频率增加时，电流由于集肤效应倾向于在屏蔽的外部流动。因此，矛盾的是，尽管外部电路测量（见图 5-12 中 U_1 和 U_2）的屏蔽电阻随频率增加，但在内部电路测量的屏蔽层内部的电压降将会减小，如图 5-12 中 U_3 所示。R_t 随频率的降低取决于屏蔽层厚度 t、电导率 σ 和磁导率 μ。

R_t 的近似表达式为

$$R_t = \frac{R_{t0}(1+j)t/\delta}{\text{sh}[(1+j)t/\delta]} \approx \frac{R_{t0}}{1-e^{-\delta/t}} \quad \delta < t \qquad (5-78)$$

集肤深度为 $\delta = \sqrt{\dfrac{2}{\omega\mu\sigma}}$ 和 R_{t0} 是 R_t 的直流值。

R_t 开始下降的截止频率为

$$f_c = 1/\pi t^2 \mu\sigma \qquad (5-79)$$

频率越高，两条传输线之间的耦合度就越低。这是众所周知的同轴电缆（在 5.2.1 中已经提到）在扩散影响下的高频行为。这种行为在某种程度上对屏蔽布置接

近连续管壁的其他类型电缆仍然有效。在一定频率范围内，编织角 α 接近 45°的编织屏蔽就是这种情况（见图 5-46）。当这个角度差异很大时，其他物理机理如下文所述，占主导地位。

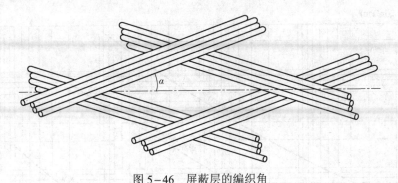

图 5-46　屏蔽层的编织角

2. 电抗部分（随频率增加的成分）

Z_t 的电抗部分，当它存在时，似乎一部分是由于电磁场通过屏蔽中的开口衍射（泄漏），一部分是由于屏蔽内层（绞合导体）被外层中的电流感应出涡流。

第一个贡献主要出现在编织屏蔽层中，并导致 Z_t 随频率的准线性增加。它取决于编织角和填充因子 F。后一个因子是编织密度的度量，用%表示［这里值得指出的是，填充因子 F 不同于被称为光学覆盖因子（或比率）的经典因子 K，但是它们通过表达式 $K = 2F - F^2$ 相互关联］。

对 L_t 的第二个贡献是基于与均质屏蔽层相同的扩散现象，通常导致 Z_t 与 $\sqrt{\omega}$ 成正比地增加。同样需要注意的是，基于螺旋缠绕带或电线的屏蔽层 Z_t 总是随着频率呈线性增加。图 5-47 给出了在发电厂使用的一组四芯屏蔽电缆上进行转移阻抗测量的一些示例。它非常清楚地突出了不同屏蔽布置之间高频时存在的重要差异。

5.6.3　长电缆的屏蔽效能

可以看出，当一个渐进的电流波 $I_3 = I_{30} e^{-\gamma x}$ 在匹配同轴电缆（其转移导纳可以忽略）的屏蔽上流动（见图 5-18）时，电缆的始端和末端（此处称为源端和负载端）芯线和屏蔽之间的电压 U_{1S} 与 U_{1L} 可由以下表达式给出

$$U_{1S} = \frac{I_{30}}{2} Z_t l \frac{1 - \exp[-(\gamma_1 + \gamma_3)l]}{(\gamma_1 + \gamma_3)l} \tag{5-80}$$

$$U_{1L} = \frac{I_{30}}{2} Z_t l \frac{1 - \exp[-(\gamma_1 - \gamma_3)l]}{(\gamma_1 - \gamma_3)l} \exp(-\gamma_3 l) \tag{5-81}$$

式中　　Z_t——屏蔽层的转移阻抗；

l ——电缆的长度；

γ_1 和 γ_3 ——屏蔽层和外部回流导体（接地或相邻电缆）之间以及芯线和屏蔽线之间的波的传播常数。

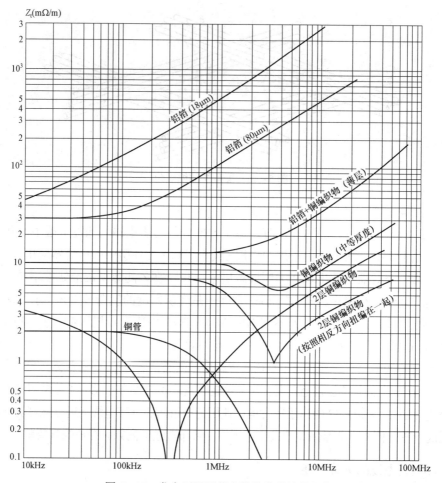

图 5-47　发电厂用屏蔽电缆的典型转移阻抗

假设低损耗电路 $\gamma \approx j\omega / v$，$v$ 为传播速度，则

$$|U_{1S}| = I_{30} Z_t l F_S(\omega l) \tag{5-82}$$

$$|U_{1L}| = I_{30} Z_t l F_L(\omega l) \tag{5-83}$$

$$F_S(\omega l) = \frac{\sin \dfrac{\omega l}{2}\left(\dfrac{1}{v_1} + \dfrac{1}{v_3}\right)}{\dfrac{\omega l}{2}\left(\dfrac{1}{v_1} + \dfrac{1}{v_3}\right)} \text{ 和 } F_L(\omega l) = \frac{\sin \dfrac{\omega l}{2}\left(\dfrac{1}{v_1} - \dfrac{1}{v_3}\right)}{\dfrac{\omega l}{2}\left(\dfrac{1}{v_1} - \dfrac{1}{v_3}\right)} \tag{5-84}$$

当 x 无限趋向于 0 且又不等于 0 时，$F(x) = \dfrac{\sin x}{x} = 1$。

在 $x=\pi$ 时，F_S 与 F_L 随频率的变化如图 5-48 所示

$$f_S = \frac{1}{\left(\dfrac{1}{v_1} + \dfrac{1}{v_3}\right)l} \quad f_L = \frac{1}{\left(\dfrac{1}{v_1} - \dfrac{1}{v_3}\right)l} \tag{5-85}$$

这些表达式表明，截止频率取决于电缆的长度和电缆内外波的速度。

如果屏蔽中的电流 I_3 不是简单的渐进波形状，而是任何其他形状，则仍然可以通过傅里叶展开计算干扰 U_1[5.27]。另一方面，I_1 为在没有任何屏蔽的情况下流过内导体的电流。在这种情况下，端部匹配负载 Z_{c1} 上出现的干扰电压为

$$U_1' = Z_{c1}I_1 \tag{5-86}$$

假设为了能够应用上述方程，屏蔽和接地形成的电路也匹配，那么

$$I_1 \approx I_3 \tag{5-87}$$

根据这些假设，衰减系数可以表示为

$$k = \left|\frac{U_1}{U_1'}\right| = \frac{Z_t l}{2Z_{c1}} F(\omega l) \tag{5-88}$$

屏蔽效能 $S = -20\log k$，其中 $F(\omega l) = FS(\omega l)$ 或 $FL(\omega l)$，取决于骚扰是从该端还是朝该端流动。

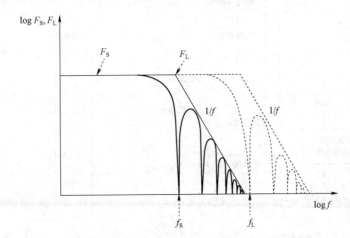

图 5-48 当电流波沿屏蔽层流动时，在长电缆末端的匹配负载上测量的电压包络线

如图 5-49 所示，由于同轴系统壁共模电流产生的磁场 H_{ext} 透入壁中的开口。这种漏磁通将产生可在电缆末端测量的差模电压，导致 Z_t 随频率的增加而

增加。值得注意的是，对于带编织屏蔽层的电缆，感应电流在高频时会增加，其中第一谐振点代表发生明显耦合的第一个频率[5.30]。

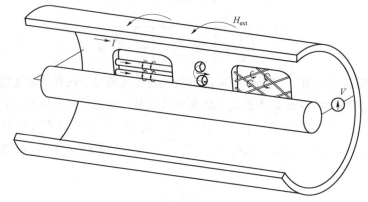

图 5-49 同轴系统壁外部磁场的透入

5.6.4 开关和雷电浪涌到控制电缆的输入路径

图 5-50 总结了开关和雷电浪涌到控制电缆的输入路径[5.31]~[5.33]。

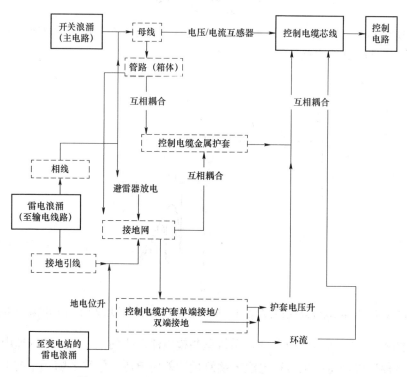

图 5-50 开关和雷电浪涌到控制电缆的输入路径

5.6.4.1 操作浪涌

由断路器（CB）和隔离开关（DS）操作引起的变电站主电路中的操作浪涌通过变电站母线的电压互感器和电流互感器直接传输到控制电缆的芯线。如果母线被封闭在管道中，如在气体绝缘变电站中，则操作浪涌也会感应到母线的管道（或罐体）。在这种情况下，由于管道和屏蔽层之间的相互耦合，操作浪涌被感应到控制电缆的金属屏蔽层。然后，通过金属屏蔽层和控制电缆芯线之间的相互耦合，将屏蔽层上的操作浪涌感应到芯线。

只有当主电路中的操作浪涌过大且避雷器放电时，浪涌电流才会流入接地网，并且电流会以雷电浪涌所解释的方式（a、b、c）向控制电缆感应瞬态电压。

5.6.4.2 雷电浪涌

（1）当雷击输电线路时，流入相线的雷击电流传播到变电站，并流入母线。然后，以与上述操作浪涌情况相同的方式，雷击浪涌通过电压互感器和电流互感器传输到控制电缆的芯线。

（2）当变电站入口处的雷电过电压高于避雷器的闪络电压时，避雷器闪络，雷电电流流入接地网。从接地网到控制电缆的金属屏蔽层，基本上有两条雷电浪涌的输入路径。

1）通过金属屏蔽层和接地网之间的相互耦合，接地网电流在金属屏蔽层产生感应电压，进一步通过屏蔽层和芯线的相互耦合感应至芯线。

2）当金属屏蔽层接地时，尽管接地导线对屏蔽层电压的影响很大，但屏蔽层电压与其连接的网格节点处的电压相同。屏蔽层电压通过（1）中的相互耦合在芯线上感应电压（或电流）。

3）当金属屏蔽层的两端连接至接地网时，存在一个由屏蔽层和接地网组成的闭合回路，这将导致环流。环流将在芯线上感应电压。

（3）当雷击输电塔时，流入地线的雷击电流传导到变电站并流入接地网。然后，如（2）中所述，在控制电缆的芯线上感应雷电浪涌。

（4）如果有从塔到相线的反击，则采用（1）中所述的相同路径。

当雷击变电站架构（如微波塔）时，雷击电流流入接地网。然后，与（2）相同，或地电位升高通过接地网传输到控制电缆。

要分析控制电缆芯线上的瞬态电压，必须仔细表示上述输入路径。应注意的是，出现在芯线上的瞬态电压是各种路径浪涌的叠加。

5.6.5 电磁场及耦合计算程序

在电磁兼容文献中，已经报道了计算各种源的电磁场以及与线路和电缆的场耦合的大量程序。

5.6.4.2 所述为由操作电涌和雷电电涌引起的电磁骚扰可用作程序使用的说明。

图 5-51 流程图中的注释编号（5.1～5.4）对应于下文中的（1）～（4）。

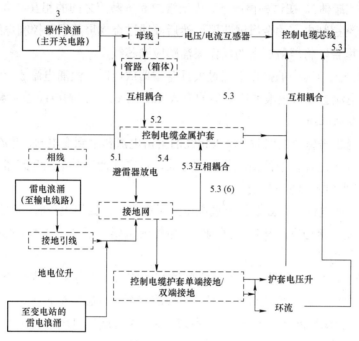

图 5-51　5.6.4.2 中解决操作和雷电浪涌至控制电缆的输入路径的计算程序使用示例

本导则中列出的程序是通过与测量值进行比较验证的程序。

任何经过实验室验证的，程序作者给出的建议都会受到欢迎，并会纳入本导则的后续版本中。

（1）电磁场程序。这些程序允许计算由不同来源引起的干扰电磁场。

考虑的来源包括：

1）断路器或隔离开关操作引起的瞬变现象和短路故障；

2）雷电；

3）HEMP。

注：对于 HEMP，激励电磁场由 IEC 61000-2-9 定义的标准双指数函数给出。

电磁场程序要么基于频域算法，要么基于时域算法，通常使用问题空间中的结构化网格或非结构化网格，或者从表面网格结构上导出的电流来求解电磁场。程序的选择取决于是否考虑开关器件等的非线性效应或者关注的频率范围。

（2）耦合计算程序。耦合程序主要用于架空线路（电力和电信线路），并不总是适用于变电站的数据传输线路和控制电缆。

这些计算机程序分析了附近雷击的回击部分激发的架空电缆行为。用于处理入射平面波场［如核电磁脉冲（HEMP）］激发的线缆分析模型已经成功地应用了许多年，并开发了一些用于快速数值研究的计算机程序。这些程序将频域或时域分析技术扩展到非平面波入射场的情况。这些电场是由一个代表闪电放电通道的圆柱形行波电流源产生的。由于入射场的空间行为更为复杂，耦合到线缆所需的场积分不能用解析的方法进行。数值积分会导致计算时间增加，但在计算机上很快就能得到合理的结果。

（3）耦合和电路计算程序。这种情况适用于与线路相连并受非线性保护电路保护的装置。在这种情况下，已开发出与时域电路程序相连接的耦合程序。

（4）接地计算程序。接地程序主要涉及瞬态现象下接地结构行为的计算。程序的选择取决于感兴趣的频率范围（例如雷击或故障引起的地电位升高）。提供的程序还包括土壤类型和结构。

参 考 文 献

［5.1］ C. Christopoulos. Principles and techniques of electromagnetic compatibility —2nd edition. CRC Press, London, UK, 2007 ISBN 0 − 8493 − 7035 − 3.

［5.2］ P. Baraton. Domaine de validité des différentes théories traitant du couplage onde/cable. EDF − DER − Service Matériel Electrique, 1992.

［5.3］ S. Benda. Interference-free electronics. Studentlitteratur, Sweden, 1991.

［5.4］ P.C.T. Van Der Laan & alii. Grounding philosophy. 7th International Zurich Symposium on Electromagnetic Compatibility, 3 − 5 March 1987.

［5.5］ ITU − T Directives. Directives concerning the protection of telecommunication lines against harmful effects from electric power and electrified railway lines, Volume II. Calculating Induced Voltages and Currents in Practical Cases, Geneva, 1998.

［5.6］ C.R. Paul. Introduction to electromagnetic compatibility. Wiley 1992.

［5.7］ F.G. Canavero, S. Pignari. A prediction model for interferences on twisted-wire line. 7th International EMC Symposium, Zurich, 1987.

［5.8］ P. Degauque , J. Hamelin. Compatibilité électromagnétique. Dunod, Paris, 1990.

［5.9］ M. Mardiguian. Manuel pratique de compatibilité électromagnétique, Prâna Recherche & Développement, France, 1992.

［5.10］ ITU－T Directives. Directives concerning the protection of telecommunication lines against harmful effects from electric power and electrified railway lines, Volume III. Capacitive, inductive and conducting coupling: physical theory and calculation methods, Geneva, 1989.

［5.11］ Guide on the iInfluence of high voltage a.c. power systems on metallic pipelines, CIGRE W. G 36.02 TB 095, 1995.

［5.12］ M. Ianoz, C.A. Nucci, F.M. Tesche. Transmission line theory for field-to-transmission line coupling calculations, Electromagnetics, vol. 8, n° 2－4, 171－211, 1988.

［5.13］ F. Rachidi. Formulation of the field-to-transmission line coupling equations in terms of magnetic excitation field, IEEE Trans. on Electromagnetic Compatibility, vol. 35, n° 3, August 1993.

［5.14］ C. Imposimato, M. Agostinelli, G. Gianmattei, A. Longhi, L. Pandini, L. Inzoli. A feasibility analysis to carry out measurements on effective power transmission lines illuminated by electromagnetic transient fields produced inside the CISAM EMP facility, NATO Symposium on EMC with Partnership for Peace, San Miniato, Italy, 23－25 October 1996.

［5.15］ M. Ianoz, C. Mazzetti, C.A. Nucci, F. Rachidi. Response of multiconductor power lines to close indirect lightning strokes, International CIGRE Symposium on Power Systems Electromagnetic Compatibility, paper 200－07, Lausanne, October 1993.

［5.16］ M. Ianoz. Lightning electromagnetic effects on lines and cables, Proc. 12th Int. Zurich Symp. EMC, 18－20 February 1997, paper T3.

［5.17］ C. Christopoulos, J.L. Herring. The application of Transmission-Line modeling (TLM) to electromagnetic compatibility problems. IEEE Transactions on EMC, vol. 35, n° 2, May 1993.

［5.18］ F.M. Tesche, M. Ianoz, T. Karlsson. EMC analysis methods and computational models. J. Wiley & Sons, New York 1997.

［5.19］ P.C.T. Van Der Laan, W.J.L. Jansen, E.F. Steennis. The design of shielded enclosures, especially for high-voltage laboratories, Kema Scientific & Technical Reports 2 (11)－101－111, The Netherlands, 1984.

［5.20］ H. Kaden. Wirbelströme und Schirmung in der Nachrichten Technik, Berlin Springer Verlag 1959.

［5.21］ Y. Du, T.C. Cheng, A.S. Farag. Principles of power frequency magnetic field shielding with flat sheets in a source of long conductors, IEEE Trans. Electromag. Compat, vol 38,

194

450－459, Aug. 1996.

［5.22］ J. F. Hoburg. Principles of quasistatic magnetic shielding with cylindrical and spherical shields. IEEE Trans, Electromag, Compat, vol 37, Nov. 1995.

［5.23］ P. Moreno and R.G. Olsen. A simple theory for optimizing finite width ELF magnetic field shields for minimum dependence on source orientation. IEEE Trans, Electromag, Compat, vol 39, 340－348, Nov. 1997.

［5.24］ M. Isteničand R.G. Olsen. A simple hybrid method for ELF shielding by imperfect finite planar shields. IEEE Trans, Electromag, Compat, vol 46, May. 2004.

［5.25］ Schelkunoff. Electromagnetic waves. Van Nostrand, New York, 1943.

［5.26］ IEC 1000－5－2 (Draft). Electromagnetic compatibility (EMC) —Part 5: Installation and mitigation guidelines-section 2: Earthing and cabling.

［5.27］ B. Demoulin, S. El Assad, P. Degauque. Calcul de la réponse d'un câble blindé soumis à une distribution quelconque de courant perturbateur. Colloque International sur la Compatibilité Electromagnétique, Limoges 1987.

［5.28］ C.A. Nucci. Lightning-Induced Voltages on overhead power Lines Part 1: Return-stroke current models with specified channel-base current for the evaluation of the return-stroke electromagnetic fields. Electra, No 161, August 1995.

［5.29］ C.A. Nucci. Lightning-induced voltages on overhead power lines Part 2: Coupling models for the evaluation of the induced voltages. Electra, No 162, October 1995.

［5.30］ D. W. P. Thomas, C Christopoulos, F. Leferink and J Bergsma. Practical measure of cable coupling. 2009. International Conf. on Electromagnetics in Advanced Applications, 14－18 Sep. 2009, Torino, Italy, 441.

［5.31］ A. Ametani. EMTP study on electro-magnetic interferences in low-voltage control circuits of power systems. European EMTP Users Group (EEUG) 2006 Proceedings, 136－144, Dresden, Sep. 2006.

［5.32］ A. Ametani, K. Ohtsuki, N, Nagaoka. Switcning surge characteristics in gas-insulated substations in particular reference to low-voltage control circuits, UPEC 2004, Bristol, Sep. 2004.

［5.33］ A. Ametani et al. Switching surge characteristics in gas-insulated substations, UPEC 2006, Paper 12－9, Newcastle, Sep. 2006.

6

实验室试验和现场试验以及干扰对系统运行的影响

本章介绍抗扰度和发射试验以及干扰可接受和不可接受的程度，同时考虑到骚扰的性质和被影响的设备功能，如控制、保护、计量、记录、通信和监测。

在实验室对设备进行的 EMC 一致性试验（型式试验），目的是检查设备一旦安装在现场，是否与其电磁环境（抗扰度和发射）兼容。型式试验需要制定严格的试验计划，规定试验程序、试验水平和验收准则。试验程序可以基于国际标准（例如 IEC）、国家标准（例如 JEC）或制造商或用户提供的规范。

对于生产于北美或计划用于北美市场的设备，广泛采用 IEEE 和 ANSI 标准。IEEE 和 ANSI 旨在使其标准与 IEC 标准保持一致。例如，IEEE 1613：电力变电站通信网络设备的环境和测试要求[6.1]（等同于 IEC 61850-3[6.2]）、试验方法与 IEC 61000-4 系列相同。然而，在某些测试等级更高的情况下，一些抗扰度测试和所有发射测试都未开展。

自 1996 年 1 月 1 日起，所有投放到欧洲经济区（EEA）市场的电气和电子产品必须符合 EMC 导则 89/336/EEC（现已被 2007 年 7 月 20 日生效的 EMC 导则 2004/108/EC 取代）中概述的要求。EMC 导则涉及设备和装置的抗扰度以及设备和装置的发射的基本要求。使用 CE（Conformité Europeenne）标记标明符合性。在 EMC 导则中引用的协调标准通常是带有 EN 前缀的 CENELEC、CEN 或 ETSI 标准。这些标准通常以 IEC 标准为基础。

当测试设备时，总体思路是考虑系统内设备的最终互联和设备的最终位置（例如控制室或高压场）。现在有各种各样的互联选择，包括电子设备位于高压开关站的位置。这些互联选项可能不被现有的测试程序所覆盖，并且在修订或起草后续 EMC 标准时必须加以考虑。

除了实验室试验外，装置安装或作为最终检查时还可进行现场试验。这些试验与型式试验范围不同，例如验证特定 EMC 规定的功效（例如搭接和屏蔽的作用）或验证安装的 EMC 裕度。现场试验还允许灵活地使用基础标准中未包含的波形进行测试，使用更能代表现场实际出现的波形进行测试。

6.1 电子设备和系统的实验室 EMC 测试

一整套 EMC 测试应包括抗扰度和发射两个方面，每个方面都包括辐射和传导两种试验。所模拟的相关现象能够包括低频和高频以及瞬态和连续现象。

在过去，处理电子设备的不同技术机构在确定 EMC 要求和测试时采用了各种方法和程序。此外，EMC 规范和测试程序在某些情况下由制造商或用户规定。这些要求没有得到系统的协调和统一。IEC 为改善这种情况做出了重大贡献，其中电子系统的抗扰度要求现在被一系列 EMC 基础标准所涵盖（见 6.2.1）。每一个基础标准都给出了一个具体的测试程序和选择测试水平的总体指南。产品和产品系列标准推荐了特定设备的测试和测试级别（例如 IEC 60439-1[6.3]和 IEC 60870-2-1[6.4]）。当特定类型的设备不存在产品标准或产品系列标准时，采用通用标准推荐的测试和测试水平（IEC TS 61000-6-5[6.5]）。这些标准的可用性使不同产品 EMC 要求的协调变得更加容易。

测试自动化和控制系统的方针考虑了不同类别的测试：

（1）型式试验，在样机上进行，验证 EMC 性能是否达到设计要求。

（2）例行试验，在生产过程中进行，以确认每个单独的设备制造是否合格。

（3）抽样试验，以适当的时间间隔对代表性样品进行重复性试验，以评估制造过程的一致性。

这种方法应谨慎地应用于 EMC 测试。事实上，某些抗扰度试验的应用会导致被试设备性能降级。

型式试验包括最完整的 EMC 试验项目，并在专用样品上进行。出于上述原因，考虑到降级的风险，不应安装此样品，除非对损坏情况进行了准确的检查。例行试验包括的试验项目较少，一般不包括最严酷的抗扰度试验（例如高能量瞬态的试验）。由于电磁骚扰的统计特性，具有相关严重性的试验程序可能不包括临界或非典型环境条件。在这种情况下，采用适当的 EMC 裕度可以降低干扰的风险。

6.1.1　抗扰度试验程序和推荐试验等级

本节给出了对通常用于实验室试验的标准化程序的调查。对于每项试验均指明其规范性参考，以及范围和相关现象。该列表基于 IEC 61000-4-1：抗扰度试验概述[6.6]。

6.1.1.1　谐波和间谐波

谐波和间谐波是附加于施加在电子设备的交流电源端口的供电电压波形，用于检查电子设备对低压电源网络中的谐波失真的抗扰度。典型的谐波和间谐波试验等级在 IEC 61000-2-1[6.7]和 IEC 61000-2-2[6.8]中述及。试验程序见 IEC 61000-4-13[6.9]。

6.1.1.2　电压暂降、短时中断和快速电压变化

电压暂降、短时中断和快速电压变化施加在电子设备的直流和交流电源端口上，以检验其对低压供电网络干扰的抗扰性。交流电源端口的测试程序见 IEC

61000－4－11[6.10]，直流电源端口的测试程序见 IEC 61000－4－29[6.11]。

上述两项试验是针对低频骚扰所做的试验。当设备不是由专用电源供电而是由配电系统供电时，建议进行这两项试验。

典型试验值见表 6－1。

表 6－1　　　　　　　电 压 中 断 试 验 值

IEC 60255－11（产品标准）[6.12]	电压中断（s）
直流电源端口	5
交流电源端口	5

6.1.1.3　浪涌

1.2/50μs 的浪涌电压施加到设备的端口（电源和信号），以检验其在受到由雷电、电力系统开关操作和电力系统故障引起的浪涌骚扰的抗扰性。试验程序见 IEC 61000－4－5[6.13]。典型试验值见表 6－2。

表 6－2　　　　　　1.2/50μs 浪涌试验值

IEC TS 61000－6－5（通用标准）[6.5]	1.2/50μs（电压）－8/20μs（电流） 2Ω 源阻抗
连接到类似控制室的中等 EMC 环境中本地运行的信号电缆的信号端口	1kV（共模） 0.5kV（差模）
连接到现场传感器和变换器信号电缆的信号端口	2kV（共模） 1kV（差模）
连接到高压场高压设备或者电信设备信号电缆的信号端口	4kV（共模） 2kV（差模）
发电厂和中压变电站中设备的交流电源端口	2kV（线－地） 1kV（线－线）
高压变电站中设备的交流电源端口	4kV（线－地） 2kV（线－线）
IEC 60255－22－5（产品标准）[6.14]	1.2/50μs（电压）－8/20μs（电流）
辅助电源端口	0.5kV 1kV 2kV（线－地） 0.5kV 1kV（线－线）
输入/输出端口（连接非双绞线电缆）	0.5kV 1kV 2kV（共模） 0.5kV 1kV（差模）
通信端口（连接电缆＞10m）	0.5kV 1kV（共模） 0kV（差模）

6.1.1.4 阻尼振荡波

1MHz 阻尼振荡波施加到设备的不同端口（电源和信号），以检验其对由高压隔离开关操作、断路器操作和故障引起的振荡瞬态的抗扰性。试验程序见 IEC 61000-4-12[6.15]和 IEC 61000-4-18[6.16]。典型试验值见表 6-3。

表 6-3   1MHz 阻尼振荡波试验值

IEC TS 61000-6-5（通用标准）[6.5]	1MHz 阻尼振荡波 75ns 上升时间 400Hz 重复率 200Ω 源阻抗
连接到类似控制室的中等 EMC 环境中本地运行的信号电缆的信号端口	无需测试
连接到现场传感器和变换器信号电缆的信号端口	1kV（共模） 0.5kV（差模）
连接到高压场高压设备或者电信设备信号电缆的信号端口	2.5kV（共模） 1kV（差模）
发电厂和中压变电站中设备的交流电源端口	1kV（线-地） 0.5kV（线-线）
高压变电站中设备的交流电源端口	2.5kV（线-地） 1kV（线-线）
IEC 60255-22-1（产品标准）[6.17]	1MHz 阻尼振荡波
辅助电源端口	2.5kV（线-地） 1kV（线-线）
输入和输出端口（在更恶劣的环境中，电流互感器和电压互感器输入端口可能需要 2.5kV 的差模测试电压）	2.5kV（共模） 1kV（差模）
通信端口（如果与非永久连接或根据制造商规定的总长度始终小于 3m 的电缆，则不进行测试）	2kV（共模） 0kV（差模）

1MHz 阻尼振荡波试验模拟了敞开式变电站的电磁环境，但不适用于瞬态振荡频率在数十兆赫兹范围的 GIS 变电站。最新的 IEC 61000-4-18[6.16]详细地说明了这一方面的内容。

6.1.1.5 电快速瞬变脉冲群

电快速瞬变脉冲群施加到设备的不同端口（电源、信号和功能地），以检验其对由低感性电流通断引起的快速瞬变脉冲群（上升时间 5ns，持续时间 50ns）的抗扰性。试验程序见 IEC 61000-4-4[6.18]。典型试验值见表 6-4。

表 6-4　　　　　　　　　　　　　电快速瞬变脉冲群试验值

IEC TS 61000-6-5（通用标准）[6.5]	5/50ns 快速瞬变脉冲群 5/2.5kHz 重复率
连接到类似控制室的中等EMC环境中本地运行的信号电缆的信号端口	1kV（共模）（5kHz）
连接到现场传感器和变换器信号电缆的信号端口	2kV（共模）（5kHz）
连接到高压场高压设备或者电信设备信号电缆的信号端口	4kV（共模）（2.5kHz）
发电厂和中压变电站中设备的交流电源端口	2kV（线-地）（5kHz）
高压变电站中设备的交流电源端口	4kV（线-地）（2.5kHz）
IEC 60255-22-4（产品标准）[6.19]	5/50ns 快速瞬变脉冲群
功能地端口（连接电缆>3m）	2kV（共模）（5kHz 或 100kHz）（B 级） 4kV（共模）（5kHz 或 100kHz）（A 级）
辅助电源输入端口（连接电缆>10m）	2kV（共模）（5kHz 或 100kHz）（B 级） 4kV（共模）（5kHz 或 100kHz）（A 级）
输入/输出端口（连接电缆>10m）	2kV（共模）（5kHz 或 100kHz）（B 级） 4kV（共模）（5kHz 或 100kHz）（A 级）
通信端口（连接电缆>3m）	1kV（CM）（5kHz 或 100kHz）（B 级） 2kV（CM）（5kHz 或 100kHz）（A 级）

在一些近期的标准［IEC 60255-26（2008）[6.20]］中，也建议在 100kHz 重复率下进行测试——这个重复率被认为更接近实际情况。

6.1.1.6　射频场感应的传导骚扰

连续的射频电压（150kHz～80MHz）施加于设备的不同端口（电源、信号和功能地），以检验其对由邻近的便携式无线电发射机引起的射频共模骚扰的抗扰性。试验程序见 IEC 61000-4-6[6.21]。典型试验值见表 6-5。

表 6-5　　　　　　　　　　　　射频场感应的传导骚扰试验值

IEC TS 61000-6-5（通用标准）[6.5]	150kHz～80MHz 150Ω 源阻抗 80%调幅（1kHz）
所有端口	10V 未调制，有效值
IEC 60255-22-6（产品标准）[6.22]	150kHz～80MHz 80%调幅（1kHz）
所有端口	10V 未调制，有效值

6.1.1.7　工频共模传导骚扰

通常将工频（50Hz 或 60Hz）共模电压施加到设备的不同端口（电源和信号），以检验其对由电网接地故障引起的共模骚扰的抗扰性。试验程序见 IEC 61000-4-16[6.23]。典型试验值见表 6-6。

表 6-6 　　　　　　　　　　**50/60Hz 共模传导骚扰试验值**

IEC TS 61000-6-5（通用标准）[6.5]	50/60Hz 共模电压
连接到类似控制室的中等 EMC 环境中本地运行的信号电缆的信号端口	30V（共模）
连接到现场传感器和变换器信号电缆的信号端口	300V（共模）
连接到高压场高压设备或者电信设备信号电缆的信号端口	300V（共模）
IEC 60255-22-7（产品标准）[6.24]	50/60Hz 共模电压
直流状态量输入端口	300V（共模） 100V（B 级）150V（A 级）（差模）

一些用户认为这些试验等级太低。

6.1.1.8　工频磁场

工频（50Hz 或 60Hz）磁场施加到装置的外壳端口，以检验其对邻近母线、电力变压器、高压线路等引起的工频磁场的抗扰性。试验程序见 IEC 61000-4-8[6.25]。典型试验值见表 6-7。

表 6-7 　　　　　　　　　　**工频（50/60Hz）磁场试验值**

IEC TS 61000-6-5（通用标准）[6.5]	50/60Hz 磁场
CRT 监视器	3.77μT（3A/m）
外壳包含对磁场敏感的组件	126μT（100A/m）（连续磁场） 1260μT（1000A/m）（1s）

6.1.1.9　脉冲或阻尼振荡磁场

脉冲或阻尼振荡磁场施加到装置的外壳端口，以检验其对由雷电和高压隔离开关操作引起的瞬态磁场骚扰的抗扰性。试验程序见 IEC 61000-4-9[6.26]和 IEC 61000-4-10[6.27]。

6.1.1.10　射频辐射电磁场

辐射电磁场（80MHz～1GHz）施加到装置的外壳端口，以检验其对由邻近便携式无线电发射机产生的辐射电磁场骚扰的抗扰性。试验程序见 IEC 61000-4-3[6.28]。典型试验值见表 6-8。

表 6-8 　　　　　　　　　　**射频辐射电磁场试验值**

IEC TS 61000-6-5（通用标准）[6.5]	80MHz～1GHz 辐射射频场 80%调幅（1kHz）
外壳端口	10V/m 未调制，有效值

续表

IEC 60255－22－2（产品标准）[6.29]	80MHz～1GHz 辐射射频场 80%调幅（1kHz）
外壳端口	10V/m 未调制，有效值

6.1.1.11　静电放电（ESD）

静电放电施加到装置的外壳端口，以检验其对由操作人员接触设备或附近其他物体所产生的静电放电骚扰的抗扰性。试验程序见 IEC 61000－4－2[6.30]。典型试验值见表 6-9。

表 6-9　　　　　　　静电放电（ESD）试验值

IEC TS 61000－6－5（通用标准）[6.5]	静电放电（ESD）
外壳端口	6kV（接触）（充电电压） 8kV（空气）（充电电压）
IEC 60255－22－2（产品标准）[6.31]	静电放电（ESD）
外壳端口	6kV（接触）（充电电压） 8kV（空气）（充电电压）

6.1.2　发射试验程序和推荐试验等级

电力和电子设备产生的可能的电磁发射包括反向注入电网的低频骚扰（例如谐波）和反向注入所有连接线缆的传导和射频辐射骚扰。对于交流电源端口的特殊低频发射限值和相关测试程序已做出了规定。这些通常应用于标称电流 16A 以下的商用设备，以免导致公用电网电能质量的降级。

6.1.2.1　每相额定电流 16A 以下设备谐波电流发射限值

要求和试验程序见 IEC 61000－3－2[6.32]。

6.1.2.2　每相额定电流 16A 以下设备的电压波动和闪烁发射限值

要求和试验程序见 IEC 61000－3－3[6.33]。

其他的 IEC 61000－3 系列标准致力于定义更高额定电流设备的限值和评估准则。

上述发射限值可能并不直接适用于发电厂和高压变电站的自动化和控制系统，因为在发电厂和高压变电站中的电子设备采用直流电源和专用交流电源。在任何情况下，对自动和控制系统都应考虑低频发射限值，特别是当采用经由 UPS 供电的专用交流配电系统时。事实上，由于 UPS 的输出阻抗较高，由电子设备产生的谐波和涌流会降低输出网络的电能质量。

有关无线电频率发射限值（传导和辐射）的规定适用于这些设备，以避免干扰到广播和电信。

在没有公用环境通用发射标准的情况下，使用工业环境通用标准（IEC 61000－6－4[6.34]）。

6.1.2.3 传导射频骚扰限值

其测量频段一般规定为 150kHz～30MHz。试验程序见 CISPR 16[6.35]。典型试验值见表 6－10。

表 6－10　　　　　　传 导 射 频 骚 扰 限 值

IEC TS 61000－6－5（通用标准）[6.5]	150kHz～30MHz 电压
交流电源端口	79dB（μVQP）（150～500kHz） 73dB（μVQP）（500kHz～30MHz）
电信和网络端口	87dB（μVQP）（150～500kHz） 87dB（μVQP）（500kHz～30MHz）
IEC 60255－25（产品标准）[6.37]	150kHz～30MHz 电压
辅助电源输入端口	79dB（μVQP）（150～500kHz） 73dB（μVQP）（500kHz～30MHz）

6.1.2.4 辐射射频骚扰限值

其测量频段一般规定为 30MHz～1GHz。试验程序见 CISPR 16[6.35]。

对架空电力线路和高压设备的无线电干扰发射应给予特别的关注，有关这方面的规定见 CISPR 18 系列文件[6.36]。这些文件描述了现象、测量方法、确定限值的步骤，以确定最大限度地降低无线电噪声产生的限值和方法。典型试验值见表 6－11。

表 6－11　　　　　　辐 射 射 频 骚 扰 限 值

IEC TS 61000－6－5（通用标准）[6.5]	30MHz～1GHz 辐射场
外壳端口	40dB（μV/m, QP）（10m）（30～230MHz） 47dB（μV/m, QP）（10m）（230MHz～1GHz）
IEC 60255－25（产品标准）[6.37]	30MHz～1GHz 辐射场
外壳端口	40dB（μV/m, QP）（10m）（30～230MHz） 47dB（μV/m, QP）（10m）（230MHz～1GHz）

6.1.3　日本国家标准

4.4 节解释的日本现场经验，推动修订了发电厂和变电站电磁兼容测试的日本标准[6.38]。

新标准于 2004 年完成，编号为 JEC-0103—2004[6.38]。标准概要见表 6-12。

表 6-12　　　　　　　日本低压和控制电路的电磁兼容试验电压[6.38]

回路类别	EMC 测试电压													
	AC 耐受能力 (kV)		雷电冲击耐受能力 (kV)				振荡波 (kV)		快速瞬变脉冲群		浪涌抗扰度 (kV)		矩形脉冲波 (仅日本) (kV)	
					触点之间/线圈端子间				对地					
	对地	端子间	对地	端子间	TV/TA	直流/交流回路	对地	端子间	I/O 信号回路	电源回路 (kV)	对地	端子间	对地	端子间
1	2	2	7	4.5	4.5									
2-1	2		7	3		3								
2-2	2		5	3		3								
2-3	1.5		5	3		3								
3	2		3	3		3								
4	2	2	4	4.5	3		2.5		1kV		2	1	1	
5	2		4	3		3	2.5	2.5	1kV		2	1	1	1
6			4						500V		1			
7-1	2								500V		1			
7-2	1.5								500V		1			
8									—					

表 6-12 中的典型对象控制电路类别如下（主电路定位为类别 1→控制箱定位为类别 8（数字越高，干扰电压越低）：

（1）1 类：与主电路相关的 TV/TA 的二次和三次电路。

（2）2 类：断路器或隔离开关的控制电路。

（3）2-1 类：要求高介质强度的控制电路。在这种情况下，对地的雷击浪涌测试电压为 7kV。

（4）2-2 类：有浪涌抑制措施或不可能出现过大的雷击浪涌的控制电路（例如，如果采用带屏蔽控制电缆（CVVS），并且两端/终端接地）。在这种情况下，对地的雷击浪涌测试电压为 5kV。

（5）4类：直接控制板中的 TV/TA 的二次和三次电路、保护继电器板、远程监控板和其他控制装置。在这种情况下，对地的雷击浪涌测试电压为 4kV。

注意，尽管控制电路已按照 4 类（即对地 4kV）进行了测试和确认，但控制板还是发生了故障，设备上的浪涌电压高于控制板上的浪涌电压。因此，应采用 2-1 类测试电压（即对地 7kV）。

日本的继电保护系统已经由机电型经静态型发展到了数字型。在日本，许多变电站都引入了带有数字继电器的 GIS，这些继电器通常安装在 GIS 附近，以节省变电站内的空间。继电器系统的这些环境变化表明，高频操作浪涌导致的噪声抗扰度问题变得更加严峻。鉴于从 1991 年开始安装的 GIS 单元显著增加，并且考虑到 GIS 中的高频操作浪涌，1991 年引入了一种称为"矩形脉冲抗扰度试验标准"的抗扰度标准，此后在日本一直应用[6.39]-[6.41]。

日本电力公司对 GIS 和 AIS 中产生的操作浪涌引起的数字继电器故障进行了 10 年的统计，结果表明日本数字继电器采用的浪涌抗扰度标准对 GIS 产生的高频操作浪涌是有效的。

在设备的不同端口（电源、信号和功能地）上进行的传导干扰试验检验其在重复矩形脉冲下的抗扰度，上升时间为 1ns，持续时间为 100ns。如图 6-1 所示，瞬态被视为等同于 GIS 中产生的传导操作浪涌。测试程序见 JEC-0103[6.38]。

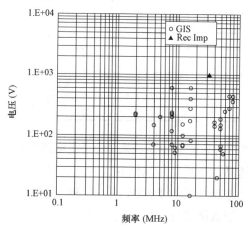

图 6-1　GIS 开关继电器单元 TA 端子处测量的频率和电压

标准矩形脉冲的电压波形如图 6-2 所示。所连接继电器端子的输出电压波形如图 6-2 右侧所示。注意，当连接到继电器端子时，输出电压波形的上升时间从 1ns 变为 5ns。与继电器端子连接时的等效频率计算为 31.8MHz。试验电压和计算频率如图 6-1 所示。

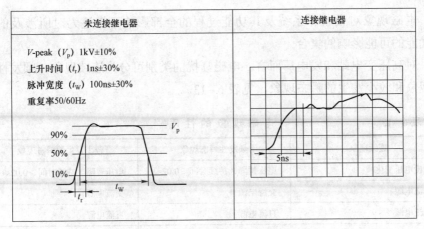

图 6-2 标准矩形脉冲试验波形

6.2 抗扰度试验时可接受的设备性能降级

并非所有设备都需要完全不受所有可能的电磁干扰的影响。性能降级的可接受程度取决于设备功能。本节所述方法摘自 IEC TS 61000-6-5[6.5]。

下列功能被认为与电子设备和系统有特别关联：

（1）保护和远方保护。

（2）在线处理和调节。

（3）计量（kWh）。

（4）命令和控制。

（5）监测。

（6）人机接口。

（7）报警。

（8）数据传输和电信。

（9）数据采集和存储。

（10）测量。

（11）离线处理。

（12）监视。

（13）自诊断。

设备和系统中一般同时具有几种功能。

根据电磁骚扰的类型（传导和辐射、低频和高频）和所涉及的设备端口，电磁骚扰对设备的影响可能仅限于一个功能或不可预见的几种功能。

电磁现象对设备和系统及其功能过程的全部影响可表述为对所涉及的不同功能的可能影响的集合。

对高压变电站和发电厂而言，电磁骚扰的类别可分为连续现象、频发性瞬态现象和较少发生的瞬态现象，见表 6-13。

表 6-13   电磁现象的性质[6.5]

连续现象	频发性瞬态现象	较少发生的瞬态现象
缓慢电压变化	电压暂降（持续时间≤0.02s）	电压暂降（持续时间＞0.02s）
交流电源	交流电源	交流电源
直流电源	直流电源	直流电源
谐波，间谐波	电压波动	电压中断
信号电压	工频电压	交流电源
直流电源波纹	快速瞬变脉冲群	直流电源
从直流到 150kHz 的传导骚扰	振荡波：阻尼振荡波	工频变化 浪涌
射频场感应的传导骚扰工频磁场	阻尼振荡磁场 静电放电	振荡波：振铃波短时工频磁场
辐射，射频电磁场		

以下是针对设备的不同功能受到电磁干扰引起性能变化的简要介绍。

6.2.1 电力系统功能和由电磁干扰引起的可接受降级

对于每种功能因电磁干扰的性能降低以对过程的影响后果来衡量。

评估标准示例如表 6-14 所示。

电磁骚扰对设备的影响因其他环境因素（如气候压力）的共同作用可能变得更为复杂。由于经验不够充分，这里暂不讨论这类问题。

1. 保护和远方保护

保护对电力系统特别重要，事关高压变电站和发电厂的安全性和可靠性。

保护涉及对异常状态的检测和合理的控制。

电子保护设备在遭受到电磁骚扰时，不应降低其控制的准确性和反应的快速性，如：

（1）失去保护功能，在一些极端状况下，会造成电力系统组件损坏。

（2）保护动作延迟，导致电力系统组件过载。

（3）误动，影响工作进程，或使工作中断。

（4）运行记录丢失，导致故障定位和分析无法进行。

任何保护功能的性能降级都是不允许的。因此，在一定裕度下，保护系统应具有完全的抗扰度。

2. 在线处理和调节

在线处理和调节系统使运行过程按照控制/遥控系统或运行人员的要求正常进行，在这些功能作用下及其相关参量的处理下使其达到最佳运行状态。

设备有关的输入/输出接口和相关仪表的抗扰度的不足，会导致在线处理和调节出现性能降低，可能出现的后果是运行过程的不必要的过载或者损坏和性能的降级。

在线处理和调节系统对电磁骚扰（包括较少发生的瞬态现象）的抗扰度是特别重要的。

3. 计量（kWh）

因涉及合同的各相关利益方，电气设备发电和送电的电能计量以及燃料供应，其可靠性特别重要。

在电能计量上采用的传统的电能表或新技术开发的类似设备，它们能按运行条件整定，并存储数据。

该功能应高度可靠，因此对持续的和瞬态的电磁骚扰的抗干扰性能要求是强制性的。

4. 命令和控制

命令和控制功能对电气设备的所有运行工况都很重要，包括电厂的局部操作和临时停运。

电气设备由具有不同复杂度的专用设备/系统控制，这些设备和系统在必要时与其他系统连接，以便实现全自动控制，或由操作员直接操作进行手动控制。通过优先级别协议，确保所有命令和控制源可协调。

因缺乏足够的抗干扰性能，命令和控制功能的可靠性不足会导致：

（1）涉及安全性的电力设备的误操作。

（2）动作程序错误，可能导致被控制的设备损坏或过载。

（3）运行设备的停止，进而影响整个进程或它们的一部分。

命令和控制单元应能够在实际的电磁环境中正确运行，这包括在持续性现象或频发瞬态现象下。

遥控开关设备的误动是不允许的。

控制系统中有时会出现发生概率较低的电磁现象，但其影响较小，所以是被允许的。如：某些命令的执行时间出现延迟，如果这对被控过程的时间常数来说并不重要，则不影响主要功能。

5. 监测

监测系统从运行过程和相关设备中采集数据，用以进行状态诊断、程序维护和过程评估等。一般地，它们不会影响到被监测对象本身。

监控系统的性能降级或丧失会导致运行过程信息的丢失和事件记录时间的偏离，这种影响有时是可以接受的。如：在出现小概率的瞬态现象时，对循环测量的数据采集的影响。

但对事件出现的先后顺序应能正确地记录下来。

6. 人机接口

人机接口功能使操作人员从操作台直接进行控制或者处理来自电气设备的信息，对运行过程进行控制和调整的接口和对手控指挥运行过程设备的接口有较高的优先权。

操作人员通过人机接口实现各种操作功能。对运行过程中最优先的指令通常是由操作人员通过专用装置发出。

这种功能对小概率瞬态现象不一定具备绝对的抗扰度，操作人员可以手动复位。

7. 报警

当装置和系统工作条件出现任何暂时的或非暂时的性能降低现象时，报警系统能就地发出信号和给出远方指示信号。

根据是否需要立即处理或者在某种可接受的模式中（如：有冗余设计）继续运行，报警有不同的紧急级别。

对能自恢复的情况，在短暂的性能降低现象之后报警信号消失。但是根据生产规范，不论什么时候这些报警信号出现的顺序记录要能自动建立起来。报警信号不能受到电磁现象的影响。

8. 数据传输和电信

相对于其他功能来说，数据传输和电信起着辅助作用。通过它可对安装在电厂内的系统进行数据采集和远程控制，过程的控制功能由就地系统实现。这里不考虑声音传输。

通过数据传输和电信，遥控系统可以协调各发电厂的运行状态，提高电网的整体效率。

如果这一功能受到干扰会延迟命令和控制信号的传输将影响遥控效率。

根据所采用的通信介质，电磁骚扰会影响通信的连接或影响终端设备，产生一些误码率。只有采取一些特别措施才能做到完全防止干扰，如采用光缆通信。

如果链路在可接受的时间内自动恢复，则通信功能暂时丧失是允许的，但不允许接收损坏的数据。

9. 数据采集和存储

对发电厂有关参数进行数据采集和存储，通过数据处理后可以实现离线分析，与参考条件对比、计算等，这些功能一般被称为"现场"设备，它是对监测的补充。

合理设计数据采集系统接口，包括硬件和/或软件滤波，可使得数据采集系统对电磁现象具有必要的抗扰度。

当有数据识别和校正措施时，因暂态现象引起的模拟数据采集发生短暂的差错以及数字量数据短暂的时间配置差错有时是容许的。

不允许损坏本地存储的数据。

10. 测量

采用模拟量或数字式仪表可测量过程的一些数据，直接标明其数值和趋势。这些仪表安装在如系统控制屏、显示屏或电气设备附近。

由于瞬态骚扰所引起的模拟指示或数字指示暂时偏移是可以接受的，但持续性电磁现象引起的性能降低是不被容许的。

11. 离线处理

离线处理功能可以进行过程模拟、发电计划、模型研究和关键工况分析等。此功能需要利用从运行过程中采集的数据或者存储的数据，但它不与运行过程交互。

在不损坏存储数据或处理精度的情况下，原则上可接受由于瞬态现象而导致的该功能的暂时降级。

12. 监视

监视是通过显示器来显示发电厂的全部设置的参数和运行状态。带有 CRT 监视器的信息技术设备或者其他装置对运行情况及其参数按不同的详细程度进行显示。

只要处理过程的监视可以恢复稳定，这种功能的暂时降级（如在图形质量方面）是可以接受的。

暂时失去显示，但在规定的时间内，例如几秒钟，经操作人员干预而恢复显示也是可以接受的，例如由短时工频磁场引起 CRT 显示器上的图像不稳定。

13. 自诊断

电子系统的自诊断能力越来越强，并且对系统本身的可靠性有着特别重要的意义。

一般在任务程序中自诊断测试循环并非重点所在。

通常认为暂时失去自诊断功能是可以接受的，只要它在系统的工作周期内能自行恢复，并且只延迟了对运行人员发出故障状态报警。但在这种功能丧失的情况下，不应发出错误的、需要在无人值守的远方变电所进行维护的报警信号，见表6-14。

表6-14　　各种功能的性能评估标准（按重要性降序排列）[6.5]

功能 [a]	针对电磁现象性质提出的功能要求		
	持续现象	频发性瞬态现象	低概率瞬态现象
保护和远方保护 [b]	在规范的范围内性能正常		
在线处理和调整			
计量			
命令和控制	在规范的范围内性能正常		短时延时 [d]
监测			暂时丧失，自恢复 [e]
人机接口			停止和复位 [f]
报警		短时延时 [g]，短时指示错误	
数据传输和电信 [c]		传输数据不丢失，误码率可能降级 [h]	暂时丧失 [h]
数据采集和存储		暂时降级 [e,i]	
测量		暂时降级，自恢复 [j]	
离线处理		暂时降级 [i]	暂时丧失，复位 [i]
监视		暂时降级	暂时丧失
自诊断		暂时丧失，自恢复 [k]	

a　当将这些性能评估标准应用于具有多个功能的设备以及各种功能同时并存（例如监测和监视）时，应取用最关键功能的性能标准。

b　对于使用电力线载波的远方保护，高压隔离器切换期间的"性能正常"可能需要另加适当的验证程序。

c　在自动化和控制系统中起辅助作用，例如完成配合功能。

d　延迟一段时间，但与受控过程的时间常数相比并不重要时是可以接受的。

e　数据采集暂时丧失和事件发生时间出现偏差是允许的，但必须保持正确的事件顺序。

f　允许运行人员手动恢复。

g　对紧急程度而言（而不是过程）。

h　误码率的暂时降级会影响通信效率，必须自动恢复任何通信中断。

i　对存储的数据或处理准确度应无影响。

j　不影响模拟或数字显示的准确度。

k　在系统诊断周期内。

6.3　整套装置的现场电磁兼容测试

对整套装置进行现场电磁兼容测试是电磁兼容设计的最后一步，例如检验缓减方法或最终的电磁兼容裕度。这些试验也可以在经历干扰后进行。

现场电磁兼容测试可在不同情况的电厂运行中断情况下进行：

（1）电厂正常运行工况下稳态电磁环境的研究。在这种情况下，电厂的运行不会中断。

（2）与某些设备或系统的特定运行条件的影响有关的研究（例如负荷调度、设备配置等）。电厂运行需要适度中断。

（3）电力设备切换操作的影响研究、过程中有关的瞬态问题研究。在这种情况下，测试必须与电厂的正常运行相协调。

（4）试验和研究低概率事件有关的干扰，如电源线路故障或雷击。在这种情况下，根据现场试验要求可能有必要使电厂的一部分设备退出运行。

6.3.1　测试特定减缓方法的效果

对电厂特定的减缓方法和电磁兼容性防护措施（例如屏蔽、信号电缆保护等）效果的测试，对于比较不同实际实施效率特别重要。所采集的数据也可用于定期核查和将来的装置老化检查。

可能的研究内容和目的举例如下。

（1）用电阻测量法测量金属结构、电缆托盘部件、接地导体等的搭接效果。通过定期重复这些测量，可以检测到电气连接腐蚀和降级的可能影响。

（2）检查和检验控制系统机柜和相关电缆屏蔽层的接地效果，以检查接地连接是否良好，如是否出现由于腐蚀、磨损变质造成的接触不良等。

（3）测量设备小室以外如专用单元中元件如滤波器、保护装置、隔离变压器和其他 EMC 接口的保护效率。可使用连续或瞬态的干扰发生器进行测量，特别注意避免降低接口装置和受保护设备的性能。考虑到变阻器可能会老化，应使用适当的仪器定期检查这些设备，基本上是使用带有电压表的 1mA 电流发生器。

（4）保护范围内屏蔽效果的测量。对于屏蔽室，建议定期检验其屏蔽效果。可采用标准的屏蔽效果测试方法进行具体测量，在使用辐射电磁能量进行测试时应特别小心。必须特别注意用于保持法拉第笼完整性的垫圈、屏蔽门和其他措施。

6.3.2 持续性骚扰的监测

为了校核稳态电磁环境，应对影响自动化和控制系统的电源和信号电缆的连续骚扰及其附近的电磁场进行足够长的时间和不同操作条件的监测。可采用频谱分析仪、示波器、电能质量仪表和其他仪器仪表。

监测包括：

（1）自动和控制系统的电能质量及相关骚扰：电压波动、短时中断、交流谐波含量、直流电源中的纹波、共模噪声等。

（2）控制电缆和信号电缆（共模和差模）中感应的低频和高频噪声。

（3）通信链路的效率：利用图像发生器和误差检测器可以检测通信链路的信噪比。

（4）电厂各区域的工频磁场，特别是 CRT 显示器所在的区域。

测量结果与电厂运行工况有关，并与其他类似电厂的数据进行比较，有助于对电磁环境进行最终评价。

还可以进行专门的测量，以研究高压设备和架空电力线路辐射的射频噪声。CISPR 18[6.36]中描述了测量程序。

6.3.3 操作引起的传导和辐射瞬态骚扰的测量

敞开式和 GIS 变电站中高压隔离开关和断路器的操作会在辅助电路中引发严重骚扰。应先研究骚扰的原因以便全面地评估电磁环境。可采用具有足够带宽的瞬态记录仪、示波器以及电压电流探头。

在发电厂中高压、中压和低压回路会频繁切换。如果采用适当措施隔开不同类别的电缆，则控制电缆和信号电缆中相关的瞬态骚扰并不严重。感应负载的低压开关可能会感应快速瞬变进入相邻的信号电缆。

开关操作也会辐射出足够强的瞬态电磁场。由于这些场的瞬态特性、频带宽和电平高，它们的特性很难描述。

6.3.4 低发生率瞬态骚扰的测量

电网故障或雷击高压线路、杆塔、烟囱等构筑物，都可能产生发生频率较低的瞬态骚扰。由于这些现象发生概率低和不可预测性，研究起来很困难。瞬态记录仪应在足够长的时间内安装在重要位置，以确保提高检测到这些骚

214

扰的概率。

对这些现象进行缩尺模拟有助于了解电磁环境的特性。对涉及接地系统电力电路的故障条件的模拟，可以通过将工频的接地电流直接注入能承受故障电流的金属构架和接地导体来进行。在这个模拟中，可以测量接地电位上升和辅助电路上的感应电压，经过模拟比的换算可得出实际故障电流相应的情况。

更困难的是模拟建筑物上的雷击现象。一种测试设置如图 6-3 所示。另一种安装在远离被测试发电厂的由高压直流源和电容器组组成的瞬态发电机。通过高压引线和放电间隙向接地导体和金属构架中注入很大的瞬态电流。这种模拟的效果与测试发生器的性能和测试装置的布置有关。经验表明，按照 1/10 的模拟比，使用 100kV 试验发生器可以产生数千安培的瞬态电流。

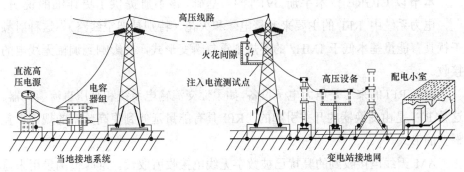

图 6-3　研究高压变电站受直击雷影响的试验装置示例

6.3.5　现场电磁兼容抗扰度试验

现场电磁兼容抗扰度测试可以作为实验室一致性测试（型式测试）的补充。

（1）益处在于：

1）在系统最终状态进行的测试（关于布线布局、接地和搭接习惯）。

2）对实际骚扰源进行测试（例如高压隔离开关）。

3）更好地理解实际的骚扰耦合方式（更具代表性的共模电压和电流水平）。

4）现有实验室测试水平的验证。

5）现有实验室测试波形和测试方法的验证。

6）研究常见骚扰的最佳方式。

（2）困难包括：

1）系统最终状态的可变性。

2）在实际骚扰源（例如高压隔离器）无效的情况下注入有意义的骚扰。

3）试验重复性。

4）最坏情况的确定。

5）测试设置的准确描述。

6）电厂运行下的测试（首选方法）增加了电厂安全风险。

7）电力公司反对做现场试验（电力公司预料设备制造商提供的设备能适应实际应用）。

8）现场电磁兼容抗扰度试验缺乏统一标准。

6.3.6 变电站 RFI 发射的现场测量

本节以 CIGRE 技术手册 391[6.42]为基础，该手册提供了更详细的说明。

电力系统中 RFI 的主要来源是电晕和火花（特别是架空线路）。这种射频干扰具有能量基本低于 1MHz 的不规则重复瞬变形式，会影响到调幅无线电的接收。

最近 RFI 的来源是电力电子设备，如柔性交流输电系统和高压直流换流器。这种 RFI 是由变换器的开关引起的，RFI 具有能量延伸到更高频率的规则重复瞬变的形式。

AM 无线电接收到的骚扰已被数字无线电接收所取代。准峰值测量用来量化对 AM 无线电接收的影响，建议使用有效值测量来量化对数字无线电接收的影响。

变电站的 RFI 发射测量难点在于变电站的规模（靠近变电站的测量比其他方法更能反映出变电站内部的骚扰源）、距离衰减（难以量化）、射频背景噪声，整个变电站的射频干扰发射的现场测量很困难，变电站内功率水平的改变（对电力电子设备的射频干扰发射尤其重要）和天气条件的改变（对电晕和火花产生的射频干扰影响很大）。

测量距离会反映公用的无线电接收器的距离。该测量距离应从包括变电站中所有可能辐射 RFI 元件的最小轮廓测量，而不是从特定的变电站围栏测量。

最基本的准则是无线电接收器的 RFI 限值，如图 6-4 所示。

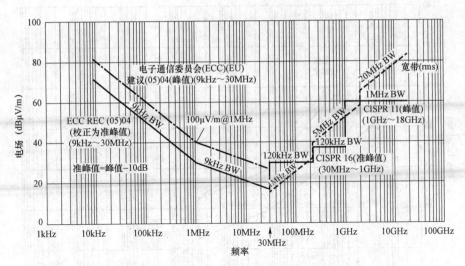

图6-4 基本准则-无线电接收器的RFI限值

表6-15列出了建议的测量距离和相应的曲线限值。

表 6-15 建议的测量距离和相应的曲线限值

相关项的选择		建议测量 距离（d_1） （m）	建议曲线限值	
交流变电站电压等级 （kV）	电力电子设备额定值		9kHz～30MHz	>30MHz
低压	民用 ≤1kVA	10	限值1（不确定）	限值1+宽带限值
	工业 ≤100kVA	30	限值1（不确定）	限值1+宽带限值
2～30	101kVA～1MVA	30	限值1升高10dB	限值1+宽带限值
31～100	1～7MVA	30	限值2降低5dB	限值1+宽带限值
101～170	8～40MVA	50	限值2	限值2+宽带限值
171～250	41～200MVA	100	限值2	限值2+宽带限值
251～420	201MVA～1GVA	200	限值2	限值2+宽带限值
421～620	1.1～5GVA	200	限值2	限值2+宽带限值
621～800	6～25GVA	200	限值3	限值2+宽带限值
801～1000	26～100GVA	200	限值3	限值2+宽带限值
1001～1200	>100GVA	200	限值3	限值2+宽带限值

表6-15中提到的建议曲线限值如图6-5所示。

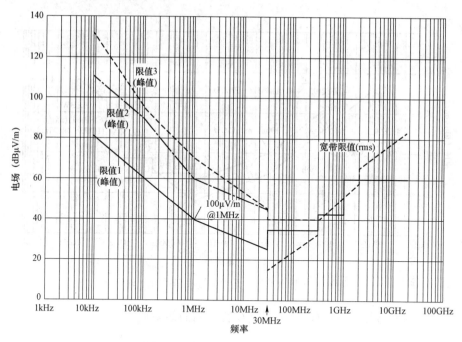

图 6-5　表 6-15 所示的曲线限值

表 6-15 中提到的建议测量位置如图 6-6 所示。

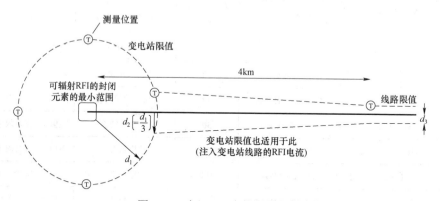

图 6-6　表 6-15 中的测量距离

更多详情见 CIGRE 技术手册 391[6.42]。

参 考 文 献

[6.1]　IEEE 1613：2009，IEEE standard environmental and testing requirements for communications networking devices in electric power substations.

[6.2] IEC 61850−3：2002，Communication networks and systems in substations—Part 3：General requirements.

[6.3] IEC 60439−1：1999，Low-voltage switchgear and control gear assemblies—Part 1：Type-tested and partially type-tested assemblies.

[6.4] IEC 60870−2−1：1995，Telecontrol equipment and systems—Part 2：Operating conditions-Section 1：Power supply and electromagnetic compatibility.

[6.5] IEC TS 61000−6−5：2001，Electromagnetic compatibility（EMC）—Part 6−5：Generic standards-Immunity for power station and substation environments.

[6.6] IEC 61000−4−1：2006，Electromagnetic compatibility（EMC）—Part 4−1：Testing and measurement techniques-Overview of IEC 61000−4 series.

[6.7] IEC 61000−2−1：1990，Electromagnetic compatibility（EMC）—Part 2：Environment-Section 1：Description of the environment-Electromagnetic environment for low-frequency conducted disturbances and signalling in public power supply systems.

[6.8] IEC 61000−2−2：2002，Electromagnetic compatibility（EMC）—Part 2−2：Environment-Compatibility levels for low-frequency conducted disturbances and signalling in public low-voltage power supply systems.

[6.9] IEC 61000−4−13：2009，Electromagnetic compatibility（EMC）—Part 4−13：Testing and measurement techniques-Harmonics and interharmonics including mains signalling at a.c.power port，low frequency immunity tests.

[6.10] IEC 61000−4−11：2004，Electromagnetic compatibility（EMC）—Part 4−11：Testing and measurement techniques-Voltage dips，short interruptions and voltage variations immunity tests.

[6.11] IEC 61000−4−29：2000，Electromagnetic compatibility（EMC）—Part 4−29：Testing and measurement techniques-Voltage dips，short interruptions and voltage variations on d.c.input power port immunity tests.

[6.12] IEC 60255−11：2008，Measuring relays and protection equipment—Part 11：Voltage dips，short interruptions，variations and ripple on auxiliary power supply port.

[6.13] IEC 61000−4−5：2005，Electromagnetic compatibility（EMC）—Part 4−5：Testing and measurement techniques-Surge immunity test.

[6.14] IEC 60255−22−5：2008，Measuring relays and protection equipment—Part 22−5：Electrical disturbance tests-Surge immunity test.

[6.15] IEC 61000−4−12：2006，Electromagnetic compatibility（EMC）—Part 4−12：Testing and measurement techniques-Ring wave immunity test.

［6.16］ IEC 61000－4－18：2011，Electromagnetic compatibility（EMC）—Part 4－18：Testing and measurement techniques-Damped oscillatory wave immunity test.

［6.17］ IEC 60255－22－1：2007，Measuring relays and protection equipment—Part 22－1：Electrical disturbance tests－1MHz burst immunity tests.

［6.18］ IEC 61000－4－4：2011，Electromagnetic compatibility（EMC）—Part 4－4：Testing and measurement techniques-Electrical fast transient/burst immunity test.

［6.19］ IEC 60255－22－4：2008，Measuring relays and protection equipment—Part 22－4：Electrical disturbance tests-Electrical fast transient/burst immunity test.

［6.20］ IEC 60255－26：2008，Measuring relays and protection equipment—Part 26：Electromagnetic compatibility requirements.

［6.21］ IEC 61000－4－6：2008，Electromagnetic compatibility（EMC）—Part 4－6：Testing and measurement techniques-Immunity to conducted disturbances, induced by radio-frequency fields.

［6.22］ IEC 60255－22－6：2008，Electrical relays—Part 22－6：Electrical disturbance tests for measuring relays and protection equipment-Immunity to conducted disturbances induced by radio frequency fields.

［6.23］ IEC 61000－4－16：2011，Electromagnetic compatibility（EMC）—Part 4－16：Testing and measurement techniques-Test for immunity to conducted, common mode disturbances in the frequency range 0Hz to 150kHz.

［6.24］ IEC 60255－22－7：2003，Electrical relays—Part 22－7：Electrical disturbance tests for measuring relays and protection equipment-Power frequency immunity tests.

［6.25］ IEC 61000－4－8：2009，Electromagnetic compatibility（EMC）—Part 4－8：Testing and measurement techniques-Power frequency magnetic field immunity test.

［6.26］ IEC 61000－4－9：2001，Electromagnetic compatibility（EMC）—Part 4－9：Testing and measurement techniques-Pulse magnetic field immunity test.

［6.27］ IEC 61000－4－10：2001，Electromagnetic compatibility（EMC）—Part 4－10：Testing and measurement techniques-Damped oscillatory magnetic field immunity test.

［6.28］ IEC 61000－4－3：2010，Electromagnetic compatibility（EMC）—Part 4－3：Testing and measurement techniques-Radiated, radio-frequency, electromagnetic field immunity test.

［6.29］ IEC 60255－22－2：2008，Measuring relays and protection equipment—Part 22－2：Electrical disturbance tests-Electrostatic discharge tests.

［6.30］ IEC 61000－4－2：2008，Electromagnetic compatibility（EMC）—Part 4－2：Testing and measurement techniques-Electrostatic discharge immunity test.

［6.31］ IEC 60255－22－2：2008，Measuring relays and protection equipment—Part 22－2：Electrical disturbance tests-Electrostatic discharge tests.

［6.32］ IEC 61000－3－2：2009，Electromagnetic compatibility（EMC）—Part 3－2：Limits-Limits for harmonic current emissions （equipment input current≤16A per phase）.

［6.33］ IEC 61000－3－3：2008，Electromagnetic compatibility（EMC）—Part 3－3：Limits-Limitation of voltage changes，voltage fluctuations and flicker in public low-voltage supply systems，for equipment with rated current≤16A per phase and not subject to conditional connection.

［6.34］ IEC 61000－6－4：2011，Electromagnetic compatibility（EMC）—Part 6－4：Generic standards-Emission standard for industrial environments.

［6.35］ CISPR 16：2011，Specification for radio disturbance and immunity measuring apparatus and methods-ALL PARTS.

［6.36］ CISPR 18：2010，Radio interference characteristics of overhead power lines and high-voltage equipment-ALL PARTS.

［6.37］ IEC 60255－25：2000，Electrical relays—Part 25：Electromagnetic emission tests for measuring relays and protection equipment.

［6.38］ Japanese Electrotechnical Commission：JEC－0103－2005，—Standard of test voltage for low-voltage control circuits in power stations and substations‖，IEE Japan，2005 （in Japanese）.

［6.39］ A.Ametani，H.Motoyama，K.Ohkawara，H.Yamakawa and N.Suga：Electromagnetic disturbance of control circuits in power stations and substations experienced in Japan，IET Generation，Transmission and Distribution，Vol.3，No.3，801－815，Sep.2009.

［6.40］ T.Matsumoto，Y.Kurosawa，M.Usui，K.Yamashita and T.Tanaka：Experience of Numerical Protective Relays Operating in an Environment with High-Frequency Switching Surges in Japan，Power Delivery，IEEE Transactions on，Vol.21，No.1，88－93，Jan.2006.

［6.41］ S.Agematu et al.，—High-frequency switching surge in substation and its effects on operation of digital relays in Japan‖，CIGRE 2006，General Meeting，C4－304，Sep.2006.

［6.42］ CIGRE Technical Brochure 391 （2009），Guide for the measurement of radio frequency interference from HV and MV substations.

工程实施

7

本章描述了电磁兼容的工程实施，以及在新建或改建项目各个阶段中采用电磁兼容设计的重要性，电磁兼容设计贯穿了从概念设计到规范制订、施工、安装、调试、测试和维护等项目全过程。

7.1　设计过程和设施概述

高压变电站或发电厂内的电子系统需要满足电磁兼容和抗扰要求，为降低电磁骚扰的影响，可以采取以下几种措施：

（1）直接在骚扰源处减少电磁骚扰的发射，抑制或减少骚扰。

（2）改变骚扰源和"受影响设备"之间的耦合，消除或缓解骚扰源对电子系统的影响，评估并描述受影响后的工作环境。

（3）提高设备和系统的抗扰度，使设备和系统的抗扰度和实际电磁环境相适应。

在实现电磁兼容性方面，最佳的技术经济效益平衡需要建立在合理的安装水平（减少骚扰源处的发射和避免不必要的耦合）和对易受干扰设备的处置（提高抗扰性能）的基础上。在设计阶段，有必要考虑以下技术和策略：

（1）为了获得更好的电磁兼容效果和降低成本，在设计阶段就应该考虑一些重要的电磁兼容措施和防护，而不是在后续阶段加以规定。

（2）原则上，每个厂站都可精确定义一套专门的电磁兼容措施，力图尽可能降低电磁兼容防护的成本。然而，这也意味着要对整个电磁环境有全面的掌握。由于整个系统的复杂性和所涉及的参数的数量众多，详细的电磁兼容性分析需要基于模型的理论计算和花费不菲的现场调研。

（3）鉴于上述原因，普遍采用的最好方法是在设计阶段采取一套综合预防性措施，此法较为简单。但其结果受各安装设备的实际条件限制，最后得到的电磁兼容裕度可能是不同的。

（4）对自动化控制系统的电磁兼容性要求应作为设计参数对待。这些要求必须要在设备的交接时和质量认证阶段加以规定或取得一致意见，这有利于分清设备制造方和厂（站）设计方之间的责任范围。

（5）自动化控制系统应有良好的电磁兼容性设计，可以保证设备能够达到预期的使用寿命，避免电磁干扰引起的性能下降。

总之，结论性意见是：一个符合"标准"的设备及其安装设计应对电磁兼容性予以考虑，这要比其后在"个案"中再来想办法解决要好得多。

有些地方，对于自动化控制系统来说，电磁兼容相关的法律中有强制规定，要求必须采用标准化的电磁兼容措施。例如：欧盟为境内自由流通货物而颁发的欧洲电磁兼容管理 89/336/EEC 中规定的基本要求就属于此类。

本导则前几章介绍了电气装置中的典型骚扰源（第 3 章）、对于电缆和设备上的干扰耦合机理（第 4 章）以及相关的缓解方法（第 5 章）。因为用于厂（站）和设施的降低电磁干扰的许多概念均可用于设备和系统，本章则在前几章论述的基础上，进一步针对设备和系统的总体部署和电缆敷设给出了具体实施指南。

7.1.1 总布置

本节给出了在变电站和发电厂中的常见总布置，这些布置主要基于：不同设备相对于骚扰源的位置情况以及可能存在的抑制骚扰的因素，如接地网络、屏蔽材料等。

此外，特定设备所产生的骚扰强度取决于其自身所在位置，以及其端口所连接的所有其他设备的位置。

7.1.1.1 高压变电站

图 7-1 给出了高压变电站的典型布置，其中可以划分为三到四个主要区域：高压设备区、继电器室、控制室，有时还有通信室，这些区域彼此间通过辅助电缆互相连接。

这里需要指出的是，在某些场景下，继电器室不存在。此时，继电器室中所有功能都集中在控制室内。对于通信室也同样如此，其功能可能包含在控制室中，也可能独立于控制室存在。

所有上述各区域通常位于同一个接地网上，或者位于几个互连的接地网上（当存在不同的电压等级时）。

7.1.1.2 发电厂

典型发电厂的总布置如图 7-2 所示，根据设备所在的位置，可分为以下三个区域：

（1）包含以下设备的主厂房：

1）汽轮机/发电机组。

2）开关设备（电机控制）。

3）控制设备。

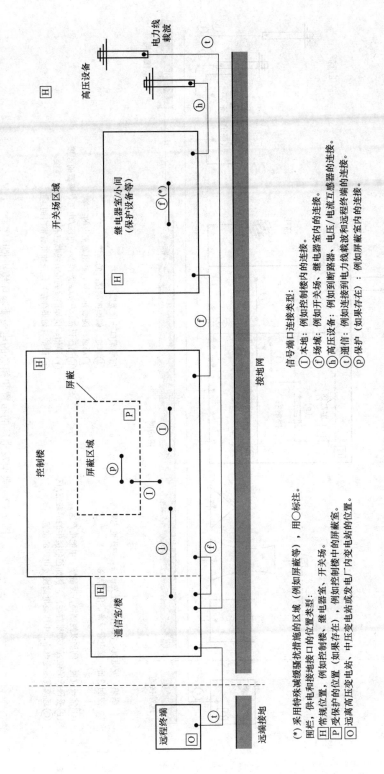

图 7-1 典型高压变电站的布置和相关的电磁兼容环境类型[7.39]

(* 采用特殊减缓蔽地槽拖的区域（例如屏蔽等），用○标注。
围栏、供电规位置，例如控制楼、继电器室、开关场。
H 常用位置，例如控制楼、继电器室、开关场。
P 受保护的位置（如果存在），例如控制楼中的屏蔽室。
○ 远离高压变电站、中压变电站或发电厂内变电站的位置。

信号端口连接类型：
① 本地：例如控制楼内的连接。
f 场域：例如开关场，继电器室内的连接。
h 高压设备：例如到断路器、电压/电流互感器的连接。
t 通信：例如连接到电力线载波和远程终端的连接。
P 保护（如果存在）：例如屏蔽室内的连接。

225

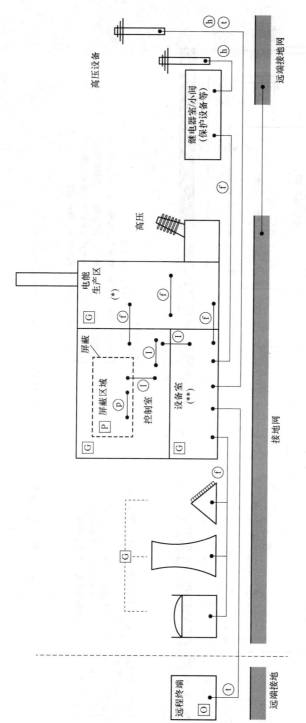

图7-2 典型发电厂的布置和相关的电磁兼容环境类型[7.39]

信号端口连接类型:
Ⓘ 本地: 例如控制楼内的连接。
Ⓕ 场域: 例如到开关场、继电器室内的连接。
Ⓗ 高压设备: 例如到断路器、电压/电流互感器的连接。
Ⓣ 通信: 例如连接到电力线载波和远程终端室内的连接。
Ⓟ 保护 (如果存在): 例如屏蔽室内的连接。

*   锅炉、发电机、汽轮机、开关设备、中压变电站等。
** 控制设备、继电器设备、传感器等。

Ⓖ 常规位置, 例如以控制楼、设备室、电能生产区。
Ⓟ 受保护的位置 (如果存在), 例如控制楼中的屏蔽室/区。
Ⓞ 远离高压变电站、中压变电站中的屏蔽室/区, 或发电厂的位置。

4）计算机。

（2）开关场或一完整的变电站。

（3）辅助设备，如：

1）燃料箱。

2）冷却塔。

3）大气监测。

4）储灰筒/仓。

通常，主厂房和开关场一般是建在同一个接地网或两个互连的接地网上。辅助设备的接地可以是一简单的防雷保护，或者是主接地网的延伸，或者甚至也可能不存在。

在总体布置方面，发电厂和核电站之间没有显著区别，只是后者更复杂，需要采取特殊的安全措施和可能用到信号电平非常低的电路（例如中子通量计）。此外，由于锅炉一般位于独立的建筑物内，因此许多电气和电子线路都会更长一些。

7.1.1.3 无线电站

电力部门的无线电站通常安装在变电站或发电厂内。这种情况下，无线电站可以利用良好的接地网络，但是其遭受直接雷击的风险较高，就电磁兼容性而言，可以与继电器室相提并论。

当无线电站的位置远离高压电气装置时，通常会选址在海拔稍高一些的地面上，这就意味着更高的土壤电阻率、有一个质量一般的单独接地网，而且受直接雷击的风险更高。基于以上原因，必须要特别注意无线电站与外界的连接（包括供电、通信连接等）（参见 7.3.4.7 和 7.3.5）。

7.1.1.4 控制中心

与无线电站一样，控制中心不一定位于高压设备附近，因此，它不一定能利用高压设备良好的接地网。从防雷方面考虑，这可能是一个劣势，但如果考虑到其他骚扰源（如高压故障或开关操作）时，这却是一个优势。因此，对于一特定控制中心的电磁兼容设计主要取决于其所处的电气环境：

（1）如果它是建在变电站内，则可以参照控制楼。

（2）如果还涉及通信塔，则必须部分参照无线电站来处理。

（3）如果它位于城镇中的一个独立建筑，则无需采取特殊的电磁兼容措施。

7.1.2 信号类型和电平

如第 5 章所述，骚扰对设备的影响或直接作用，或更经常的是通过电缆耦合。在后一种情况下，骚扰电平和抗扰性阈值将主要取决于以下两个因素：

（1）电缆的类型和敷设方式。

（2）所交换信号的类型。

第一个因素需要考虑第 5 章中定义的屏蔽效能，以及本章后面章节中所述的最优电缆敷设策略及其具体实施。

第二个因素则大致可以由信号的幅值（电压或电流）和带宽（或速度）来定性。不管交换的是模拟量信号还是数字量信号，初步看来与电磁兼容问题关系不大，但是可以根据其接入的设备或所处的环境类别对不同的信号进行分类。目前已有的三种分类方法（信号类型、设备类型或所处环境类型）之间存在某种相关性，这里主要采用第一种分类，因为：

（1）其他分类方式的例外情况太多，例如在一个强骚扰环境中传输低电平、高带宽信号，反之亦然。

（2）信号类型比所处环境类型更多变。

考虑以上因素，可以按对电磁骚扰敏感度逐渐降低的顺序将信号分为四类，见表 7-1。

表 7-1　　　　按对电磁骚扰敏感度的降序对典型信号进行分类

信号类型	定义	典型水平	典型带宽
1a	低电平高速数字信号 例如 RS422/V11，G703，以太网	0.1～5V	>20kHz
1b	宽带模拟量信号 例如中子流量计信号	10μV～1V	>10MHz
2a	低电平低速数字信号 例如用于速度或位置测量的脉冲发生器 RS232/V28	<20V	<20kHz
2b	低电平、低频模拟信号 例如温度测量，振动传感器	<1V	<1kHz
3a	中等电平逻辑信号 例如控制和指示信号	>10V	<100Hz
3b	中等电平模拟量信号 例如过程控制传感器信号	1～10V 4～20mA	<100Hz
4a	高电平逻辑信号 例如传送给隔离开关和断路器的继电器信号	>50V	<100Hz
4b	高电平模拟量信号 例如电流互感器和电压互感器信号	>10V >20mA	<1kHz

7.2 接地、搭接和电缆敷设的原则

本导则前几章节，特别是 5.5 节，已经介绍了在电磁兼容中应用接地和搭接技术所遵循的一般方法。这些方法同样也适用于需要接地或互相连接的电子设备及系统中，因此这里只强调其中最重要的概念。

如第 5 章所述，笔者将对所有相互连接以构成等电位网的导体使用搭接网的概念，而针对所有与土壤紧密接触的埋地导体采用接大地或地网的概念。

虽然这些术语通常可以互换使用，但通常会使用接地（grounding）这个词来说明与搭接网（或接地网）的连接，特别强调接地特征（例如阻值）时则保留"接大地（earthing）"这个术语的使用[7.1],[7.2],[7.21]。

电路接地通常有两个常见原因：

（1）为了安全。

（2）为信号电压提供等电位参考。

信号接地通常分为两类：单点接地（串联或并联连接）和多点接地。在过去，一套装备和系统有关的接地布置的首选方法是借助于一专门连接，将绝缘结构单点接地。由于现代电子电路极易受高频干扰影响，最新的设计技术一般采用分布式接地点接地，特别是要在高频干扰的情况下保证有效的搭接。其中最重要的规则如下[7.3],[7.4]：

（1）接地电路必须尽可能是网格状。除一些特殊情况外，可以毫不犹豫地增加接地连接的数量。注意这里是增加数量，而不是扩大其横截面积。

（2）减小电气（电子）电路中环路的面积。如果可能，对连接到同一设备的电路使用相同的路径。电路的信号导体和接地回路始终使用相同的电缆（译者注：这里是泛指，如电流电压的 A/B/C/N、电源的正负、遥信信号的公共端电缆和信号端电缆、通信线缆等电缆芯均应分别在同一根电缆内）。除了一些高频同轴连接链路或建立在良好等电位接地平面上的小面积环路之外，需要避免在信号电路中多点接地。

（3）保持信号回路（金属的、地电位的）所有部分都靠近接地导体，这有利于降低（耦合）系数，以便降低转移阻抗。

（4）不要把承载（或可能承载）电流值或电压值相差很大的电路（有源线或地回线）靠近在一起敷设。

7.2.1 对明显对立的规则的说明

当处理承载大电流（如雷击电流）的接地电路时，上述最后两条规则有时是矛盾的。根据规则四，电路应与可能存在大骚扰电流的接地导体保持一定距离（另见 7.4.2.2）。另外，第三条规则又强调了将电路充分地靠近接地导体的必要性。

事实上，这两条规则都遵循了一个总原则，即保持两个回路间共有的磁通尽可能小（见图 7-3）。

规则四是直接应用了"开路"策略（见第 5 章）："远离骚扰源"，而规则三则是提到互连的接地元件的屏蔽特性（见 7.2.2），考虑到极少电路没有接地参考点，因此与任何接地导体保持一定距离是合适的。

通过采用多个接地导体，以减少每个单独导体中的平均电流，并确保最大电流的低阻抗通路，可以实现在这两个规则之间的平衡。

规则四的应用还有一个出发点，就是希望减少共（地）阻抗耦合和电容耦合（串扰）。

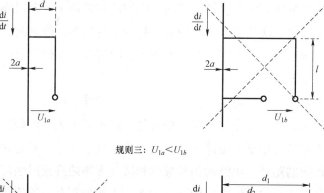

规则三：$U_{1a} < U_{1b}$

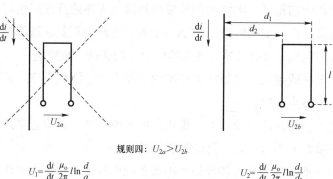

规则四：$U_{2a} > U_{2b}$

$$U_1 = \frac{\mathrm{d}i}{\mathrm{d}t} \frac{\mu_o}{2\pi} l \ln \frac{d}{a}$$

$$U_2 = \frac{\mathrm{d}i}{\mathrm{d}t} \frac{\mu_o}{2\pi} l \ln \frac{d_1}{d_2}$$

图 7-3 流过骚扰电流的接地导体和易受干扰的敏感电路之间的感应耦合[7.39]

图 7-4 和图 7-5 给出了这些基本规则的详细说明，图中比较了通过雷击电流的导体（也可能是天线馈线）连接到电路接地装置的六种不同方式。

在图 7-4 中，电路是一个面积较大的垂直方形环路：

（1）布置 A，部分回路安装在接地导体附近。

（2）布置 B，部分雷击电流直接泄放入地。

（3）布置 C，骚扰电流与环路保持一定距离。

比较这三种布置，很明显，骚扰电平将从 A 到 C 逐渐降低，图 7-6（a）给出的实测电流和感应电压的大小和波形❶证实了这一点。当整个环路全部靠近接地导体时，规则一和规则三的优势就更加明显。

（4）布置 D，虽然全部雷击电流都流入了电路的接地装置，但不会对其造成任何干扰。这是因为骚扰电流被分成两部分，这两部分电流产生的磁通在方形（或任何矩形）环路中大小相等、方向相反。按照图中的布置，流过右侧接地线的电流是流过左侧电流的两倍，但前者的路径是后者的一半。

这里值得注意的是，对于目前的布置，以及大多数的实际情况，不同可能的路径之间的电流分配实际上与它们的长度成反比（假设导体的横截面积大致相同）。

对于这种特定的布置，布置 E 和布置 F 就不是很有利，因为直接入地的那部分电流（译者注：布置 E 中的 0.54I、布置 F 中的 I）在环路中所产生的磁通无法抵消。

图 7-4 上的箭头方向依次指向感应电压降低的布置方式。很明显，图中所示的回路在实际中不是很有代表性，因为很少见到从一个设备出发的电路，又回到同一设备，虽然这种情况也可能发生，例如，在通信楼里从多路转换器的一个分层出发的回路，经过配线架回到同一多路转换器的另一分层。

更常见的布置如图 7-5 所示，图中给出了当电路的一端接地时，出现在电路另一端的电压情况。这里，电路的重要部分被有意安置在与一根可能流过雷击电流的垂直接地导体相接触的地方。箭头再次标示出感应电压依次降低的布置方式。

现在清楚地给出了规则三和规则四的补充解说。

的确，在图 7-5 所示的大多数布置中，电路与雷击电流入地引下线有共阻抗。但是，由于规则三的应用，这里的感应电压相差不大，图 7-6（b）与布置图 7-4 的感应电压图 7-6（a）的差不多。

---

❶ 这里展示的是实验测试曲线。

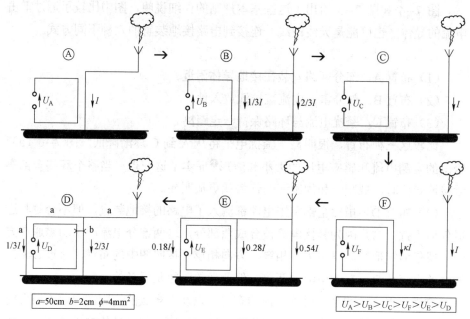

图 7-4 闭合回路和防雷保护结构之间的感应耦合[7.39]

译者注：在布置 E 中，电流分布应该是 0.125I、0.25I、0.625I，而非图中所示的 0.18I、0.28I、0.54I。

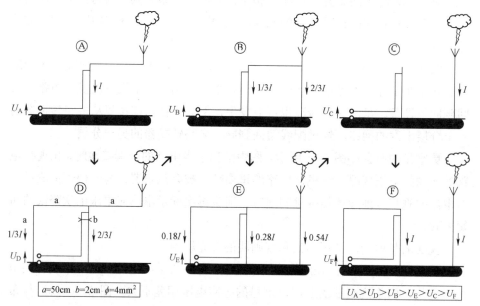

图 7-5 接地电路和防雷保护结构之间的共阻抗耦合和电感耦合[7.39]

译者注：在布置 E 中，电流分布应该是 0.125I、0.25I、0.625I，而非图中所示的 0.18I、0.28I、0.54I。

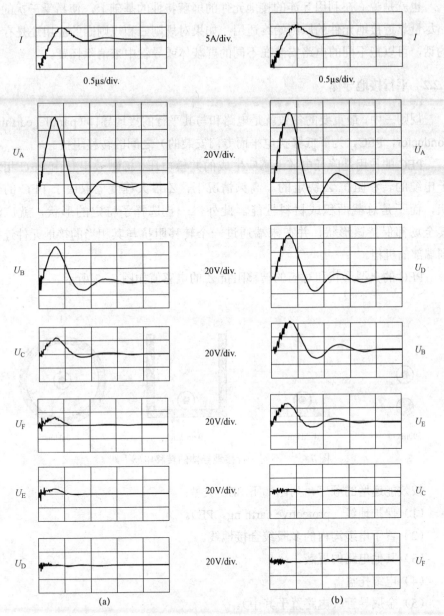

图7-6 图7-4和图7-5中的电流和电压[7.39]

(a)图7-4中的电流和电压;(b)图7-5中的电流和电压

这组图解说明的结论是:只要有可能避免在接地导线中流过大电流就要尽量避免,但这不是总能办到的,天线被雷电击中就是最好的例子。在这种情况下,唯一能做的就是给雷电骚扰提供最短的接地路径(电感最小)。

也就是说，在利用互连的接地元件的屏蔽特性的基础上，使易受干扰的电路尽量靠近接地元件的原则始终适用；如果对规则三和规则四的应用还是存疑的话，可以把不同的电路安装在不同的屏蔽体或导管中来消除怀疑。

7.2.2 平行接地导体

规则三中，最重要的参数就是电路和与其平行的接地导体（parallel earthing conductor，PEC，为降低骚扰电平而专门安装的）之间的转移阻抗。

PEC 的作用是降低电缆上感应生成的共模电压。抑制效果是由 PEC 相对于电缆的转移阻抗 Z_t 决定的。高频情况下，Z_t 很大程度上取决于 PEC 的形状，而不是总截面积或材料性能。此外，一旦选择了特定的形状，就应沿其全场都保持该形状，并在末端通过一个转移阻抗与其相当的接地元件连接到端部的机柜。

PEC 的典型形状和对应的转移阻抗 Z_t 的电感值如图 7-7 所示。

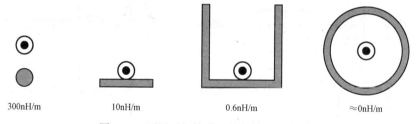

300nH/m 　　　10nH/m 　　　0.6nH/m 　　　≈0nH/m

图 7-7　不同平行接地导体的转移电感[7.39]

按效能递增的顺序，列出如下 PEC 类型：

（1）保护地线（protective earthing，PE）。

（2）置于电缆沟内的多股绞合接地线。

（3）其他电路的屏蔽。

（4）电缆托盘。

（5）金属导管（电路置于其中）。

在屏蔽电缆附近的 PEC 所获得的实际效果取决于骚扰电流在屏蔽层和 PEC 两个电路中的相对分配。对于简单的接地线，电流的分配实际上与两个电路的电阻成反比。这意味着，为了提高效率，PEC 的等效横截面必须始终大于所有电缆屏蔽层的等效横截面。

对于其他形状（板状、U 形、管状等），由于集肤效应，大部分高频电流分量将流入 PEC 而不是流入被保护的电缆的屏蔽层[7.5],[7.6]。这也是为什么用数量大而相对较小的 PEC 要比相同总横截面的单个 PEC 要好的原因。

同样重要的一点是，当一个设备的接地线（或电缆屏蔽层）附近未敷设 PEC 时，该接地线与其他接地导体之间的骚扰电流的分配主要取决于它们各自的电感，即其各自的长度，它们的相对横截面只起次要作用（至少是在高频环境下是这样的）。这是应用 7.2 节规则三的又一理由。

PEC 的另一个重要特性是它可以起到三同轴电缆的外部屏蔽层的作用（当由于某些特殊原因，内屏蔽层可能不能两端接地［参见图 5-33（g）]。

7.2.3 电气搭接

电气搭接是指将成套装备的组件或模块、装置或子系统用低阻抗导体电气连接在一起的操作。

搭接的目的是为高频电流的通过构建均匀良好通路，消除高频电流流过时产生的电位差，从而减轻骚扰的发生。图 7-8 给出了一些搭接配置的示例。

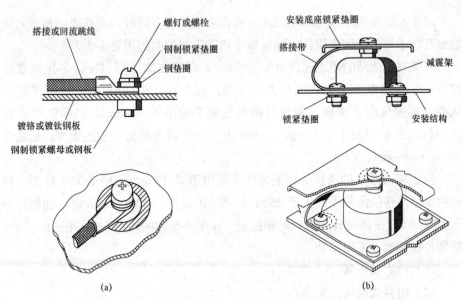

图 7-8 搭接布置示例[7.39]

（a）典型搭接硬件配置示例；（b）搭接减震架

因各金属件之间可能会出现相对运动，可将柔性金属带用于搭接防震[7.7]。

7.3 高压变电站导则

7.3.1 搭接和接地的实施

7.3.1.1 接地网

接地网旨在实现以下几个目标：

（1）低接地电阻。

（2）限制跨步电压和接触电压。

（3）抑制高频和低频共模干扰。

（4）耐受大短路电流。

为了达到以上目标，必须建成一个网状网络。网络需覆盖所有高压设备以及变电站内的所有建筑物。

当接地网面积为 A、土壤电阻率为 ρ 时，接地电阻 R 可由如下公式估算[7.8]

$$R = \frac{\rho}{4}\sqrt{\frac{\pi}{A}} \qquad\qquad (7-1)$$

对于小型变电站或土壤电阻率随着深度增加而下降时，垂直或倾斜埋入接地极有助于减小接地电阻，但这对减少电磁干扰方面的用处不大。

可能时，地网的埋地深度至少为 50cm，且应在冻土层以下。导体横截面积取决于故障电流下允许的最大电压降，通常在 1～3V/m 是可以接受的。从物理机械强度上考虑，铜绞线横截面积不应小于 25mm²，做了防锈处理的钢材截面积不应小于 90mm²。事实上，常采用大横截面积的铜带，如截面积 50mm×3mm。

为了降低感应的骚扰，在通常的土壤电阻率（$\rho \leqslant 200\Omega \cdot m$）条件下，接地网单个网格的面积不应大于 250m²，当电阻率大于 1000Ω·m 时，面积应小于 150m²[7.9]。在高压设备附近时则应进一步缩小导体间距（例如网格 5m×5m），特别是在靠近以下设备处：

（1）电力变压器。

（2）电容式电压互感器。

（3）避雷器。

（4）带有接地线的线路铁塔和其他支撑物。

（5）电力线载波系统用耦合变压器。

7.3.1.2 高压设备接地

高压设备应安装在接地网的一个结点附近，并通过至少 2 根（最好是 4 根）背对背布置的导线与接地网这个结点相连，导线的横截面积由工频（50Hz 或 60Hz）电流决定。

高压设备的金属支撑（例如控制柜、继电保护柜等）应作为接地连接的一部分。

所有接地引线应尽可能短。

最好用间距大于 10cm 的多根导线做接地连接，而不要采用一根具有相同等效横截面积的导线连接。特别是电力变压器应通过数条导线搭接到接地网的不同结点上。

应避免将不同设备在一条地线上做链式接地。

每个电缆沟或混凝土电缆管中均应敷设横截面积至少 50mm² 的平行接地导体（PEC），并将其两端接地，如有可能在其他一些点也接地。

所有接地导体的交叉点必须相互连接。

7.3.1.3 变电站接地网互联

每当两个（或更多）变电站（例如降压变电站、具有不同电压等级的变电站、连接到发电厂的变电站等）彼此相邻的时候，如果它们互相之间有测量、控制或通信信号交换，必须通过至少两根导体将这两个变电站接地网互联，所选导体的尺寸取决于变电站之间可能流通的最大工频电流决定，同时应尽可能拉大导体之间的距离。

电缆管道或电缆沟应部署在接地导体附近（可以把接地导体安装在电缆沟内），用两端接地的金属电缆管或电缆托盘则更好。

7.3.1.4 继电器室（小间）接地

如 5.5 节所述，每一个内部放置有电子设备的建筑物的接地应构成一个综合的地平面（integrated ground plane）。

为了达到这一目的，接地母线（或搭接母线）应沿房间墙壁敷设，且最好靠近地板位置。

接地母线的尺寸并不重要，但横截面积不应小于 50mm²（扁铜条或铜棒）。该母线结构形成一个闭合回路，且必须通过至少两个横截面积相同的导线接至接地网，两根连线彼此之间的距离要尽可能远。

以下物体应接到接地母线：

（1）室内的所有金属结构或外壳等。

（2）敷设在电缆沟中的接地导体。

（3）引向室外的电缆的屏蔽层和备用芯线（如果不是直接相连到接地母线，也至少要连接到下面描述的接地母线延伸）。

允许并推荐直接与接地网相连，也可以通过接地母线和埋入混凝土墙和地板中的加强钢筋等连接到接地网。

独立设备连续成排安装时接地母线必须延伸，从一面墙开始，连接所有外壳，到达对面墙，两端延伸至墙边与既有接地母线相连接。每一条接地母线的延伸都有助于形成接地网格，并成为综合地平面的一部分。

连接到接地母线（包括金属外壳❶）的所有连接线都应尽可能短（<10cm）。就电磁兼容性而言，横截面积并不是关键，根据导体中可能流过的低频电流的大小，取截面尺寸为 4～16mm² 即可。当然，4 根 4mm² 的连接要优于单根 16mm² 的连接。

正如 5.5.2 中指出的那样，推荐将所有电缆桥架、托盘、电缆架和电缆管道互连，以形成三维地网（ground mesh）。这意味着，就电磁兼容方面而言，将设备外壳或电缆屏蔽层直接连接到该三维地网所达到的接地效果将比使用一根孤立的铜导线连接到接地网（earthing network）或接地母线更好。

从这个意义上讲，只要整个金属结构总的铜等效横截面大于 50mm²，且用一根非绝缘 16mm² 铜导体紧固在结构上保证电连接，那就可以利用金属结构作为接地母线及其延伸部分。

7.3.1.5 控制楼的接地

原则上，对继电器室的所有推荐同样适用于控制楼。

然而，更重要的是，大多控制楼中都有一些存放极敏感设备（计算机）的房间。

为此，在电缆敷设，尤其是接地连接中，必须要采取一些特殊措施。

大部分多层控制楼可以构建混合型网络（见 5.5.3），构建一个完全网格状网络似乎更容易也更有效。在内部布置有特别敏感设备的房间，网格的网孔需更密集。

7.3.1.6 通信楼的电缆敷设和接地

对附有无线电天线塔的通信楼的电缆敷设，特别是接地，必须给予重点关注，这里至少包含以下个三原因：

（1）天线塔遭受直接雷击的风险较高。

（2）大多数通信设备不满足高压变电站恶劣电磁环境下的电磁兼容要求。

---

❶ 译者注：金属外壳及内部的各金属构件构成了接地母线延伸的一部分，接地线可在其附近安装螺栓处接地，可满足小于 10cm 的短引线接地要求。

（3）宽带信号（高速、低电平）的传输会使得电磁兼容问题更加突出。

7.3.1.4 中提到的所有基本原则在此处都适用，但与其他地方相比有所不同的是，三维地平面的概念在这里比其他任何地方更适用。

由于天线馈线通常从屋顶进入建筑，因此建议将接地母线及其延伸部分安装在设备上方，悬挂在屋顶之下，而不是部署在靠近地板的位置（天线馈线从建筑底层进入建筑时，则建议采用后一种敷设）。这意味着所有电缆支架都固定在靠近天花板的墙上或天花板上，不同的机架和外壳电缆从上方穿过。这种电缆敷设形成一电缆束，悬挂在房间天花板上，与地板没有任何直接电气接触。

在任何情况下，都必须避免在设备的顶部和底部之间分开敷设电缆，因为这样会形成环路，在雷击时，该环路会交链或产生明显的磁场。

考虑到雷击电流将从建筑物顶部流向底部，且无线电设备的连接主要采用同轴电缆或多点接地的导管，因此减少公共阻抗耦合和电感耦合的唯一方法就是避免在设备附近安装垂直接地导体，而是要把这些接地导体敷设在墙角。

出于同样的原因，每根由天线塔来的电缆（尤其是同轴电缆）的支架必须通过横截面积至少 50mm^2 的导体在建筑物墙外入口处直接与建筑物的接地网相连。

如果可能的话，连接通信建筑和其他建筑的所有电缆（通信电缆、电源电缆或地线电缆）应与来自塔楼的电缆从同一侧进入建筑物，以避免雷击电流穿过整个建筑物。

正确应用 7.2 节所列的规则，非常重要的是要考虑 7.2.1 的讨论。特别避免在同一个电缆槽内或彼此紧密靠近地敷设来自天线塔的电缆（例如同轴电缆、天线加热电缆）和建筑物内的电缆（例如无线电设备和多路调制器之间的 2Mbit 或 8Mbit 脉冲编码调制电缆、多路复用器和配线架之间的连线等）。

7.3.1.7 防雷

通常假设，高压设备尤其是这些设备的防雷装置，对低压设备以及高压变电站内建筑物而言可以起到法拉第笼的作用，因此不再需要额外的保护。

但是，仍有必要按照总导则中讨论的规则和防雷保护标准（见 7.4.2.2）中的相关规定，检验这种防护系统的有效性。

7.3.1.8 围栏

出于安全原因（接触电压），永远不要把围栏连接到变电站的接地网（earthing network），除非有人可同时接触围栏和变电站设备或结构。在这种情况下，接地网必须延伸到变电站围栏以外。

7.3.2 辅助电缆敷设

高压变电站内敷设的辅助电缆包括与以下相关的通用低压电缆：

（1）测量（TV、TA）。

（2）控制、操作。

（3）显示、通信。

（4）低压供电（直流、交流）。

7.3.2.1 电缆沟

辅助电路应尽量远离骚扰源，尤其要避免：

（1）与母线平行或间距过小。

（2）邻近电容式电压互感器和避雷器。

如 7.3.1.2 所述，每个电缆沟中都要敷设横截面积至少为 $50mm^2$ 的平行接地导体（PEC）。

7.3.2.2 电缆屏蔽

所有进出建筑物的电缆必须屏蔽。

除了在变电站中不常见的低电平传感器（7.1.2表7-1中信息类型标注的 2b 型信号）外，其他所有电缆的屏蔽层都应在两端接地。

这种接地可以在配线架处，也可以在电缆所连接的设备处。在第一种情况下，建议沿靠近电缆入口的墙壁安装配线架，并将屏蔽直接连接到接地母线（或接地母线的延伸部分）。

第二种是当前最常见的方式，在电缆进入设备的接线处，将屏蔽层连接到高导电性能良好的设备外壳上，例如金属机柜箱体。此连接应尽可能短，最好的是真正的圆周同轴连接（无引线搭接）。在大多数情况下，用小于10cm 的接地引线也是可接受的。

连接器应保证电缆屏蔽层和设备外壳之间良好的电气连接。避免使用有涂覆物的连接器，通过单（或双）销或锁紧元件（固定件、卡扣）确保接地连接的紧固。

接地连接器的横截面积应至少等于或大于屏蔽层的横截面积。

在第5章中已经表明，根据所使用的屏蔽类型的不同，可以得到不同的转移阻抗值，从而在给定的骚扰环境中产生不同电平的共模电压。以下是高压变电站中最常见的几种屏蔽类型，按效能升序排列：

（1）缠绕成螺旋状的钢带（铠装），无覆盖层，连同一些铜线一起，确保电气连续性。

由于螺旋的螺距很小，屏蔽效果非常差，且与电缆横截面积有关：横截面越小，效果越好。实际上，若频率不超过 100kHz，它的屏蔽效能范围为 10～20dB。

高压变电站应避免采用这种屏蔽。

（2）螺距大于 20cm 的缠绕钢丝。这种铠装的效能比前者稍好，可用于直至几百千赫兹的环境中。屏蔽效能可达为 30～40dB。然而，一般不推荐使用这类屏蔽，且绝不推荐在 GIS 变电站中使用。

（3）高覆盖率（≥80%）的单（或双）铜带编织屏蔽（有时以塑覆铝膜替代铜编织包裹在导体上）。

优化的铜编织的屏蔽效能可在几兆赫兹以上仍可达到≥40dB。

这种屏蔽可用于高压变电站内一般辅助电缆的屏蔽。

当安装在电缆沟时，建议推荐采用螺旋线包裹一个或两个铜（黄铜）带螺旋状缠绕在电缆上。这不仅能提高电缆的机械性能，而且还能降低转移阻抗。

（4）双铜带以相反方向重叠缠绕。由于良好的覆盖和双螺旋，在 10MHz 以上双铜带仍能保持良好屏蔽效能。但是由于它比较坚硬，这就限制了这种屏蔽在较小尺寸电缆中的应用，如通信电缆。

（5）由波纹状金属管（铅、铜）或围绕电缆重叠包绕的 U 形槽（钢、铜）构成的连续屏蔽。

铜屏蔽通常做成波纹状是为了保持足够的柔韧性。

连续的屏蔽表现出最好的屏蔽效能，主要是在高频环境，可以使残余共模电压不超过零点几伏。该屏蔽适用于任何地方，尤其适用于 GIS 变电站。

（6）多层屏蔽。有时用在低频下获得较低的转移阻抗（屏蔽中含磁性材料），有时是为了做成三同轴结构型式，以便不同的屏蔽层实现不同的接地方式（即内屏蔽一端接地、外屏蔽两端接地）。

以上推荐的所有屏蔽形式的组合（以铜线或铜带作为基础，用钢带加强）均能增加整体屏蔽的效能。

特别是，屏蔽效能良好的电缆与电流连续的 U 形金属电缆托盘（见 7.2.2）的组合作用可提供高达甚至超过 60dB 的降低因数，可以使任何类型的信号不受干扰地传输。

这里必须指出的是，与发电厂相反，高压变电站中的电缆数量相对有限，并且随着局域网和其他多路复用系统的出现，将来甚至有可能进一步减少。此外，大多数电缆都与高安全可靠性电路（如保护）相联系。

另外，由于靠近高压设备和较高的雷击危险性，变电站中的电磁环境通常比发电厂更恶劣。

结论：与发电厂相比，高压变电站中对电缆质量（即屏蔽效能）更值得关注。换句话说，高压变电站中屏蔽效能好的电缆的回报要比用于发电厂高。

7.3.2.3 建筑物内部电缆敷设

不延伸至建筑物外部的电缆可以不屏蔽，但传输 1 类和 2b 类信号的电缆除外，即：

（1）宽带通信电路（即 $\Delta f > 4\text{kHz}$ 或速度 $> 20\text{kbit/s}$）。

（2）低电平模拟量电路（温度测量等）。

7.3.2.4 绝缘水平

线间和线对屏蔽层之间的绝缘水平的最小取值取决于电路的类型和布置，但是任何情况下工频耐压试验电压不应小于 1000V（有效值）。为便于贸易，按照大多数国际标准，采用 2000V 更好。

7.3.2.5 电缆束

参考 7.2 规则四,绝不能在同一根电缆中混接不同类型信号（至少是如 7.1.2 中所列的 1、2 类信号属于非常敏感信号），或把非屏蔽电缆捆扎成一束。

上述原则同样适用于跨越干扰屏障的电路（见 7.3.4）。例如滤波器或隔离变压器的输入和输出电路绝不允许放在同一电缆中。

7.3.2.6 电压和电流互感器的二次回路

将电压和电流互感器连接到继电器室的电缆必须特别注意，因为这是唯一直接连接到高压设备的电路，即使这种连接是通过降压变压器实现的。降压系数（变比）仅对工频适用，该装置在共模和差模下的高频传递函数与变压器匝数比无关，而且两者之间的差异很大。

出于安全原因，二次回路必须在高压设备处接地，为了尽可能减少中性线和接地连接线形成的环路，电路和屏蔽层都应在互感器箱体上接地（bonding network），而不应分开连接到接地网（earthing network）（见图 7-9）。

互感器和继电器室之间的连接可用：

（1）通过分相双极电缆（电流和电压）。

（2）通过两根 4 芯电缆，一根用于电流，另一根用于电压。

后一种情况，用一个接线端子箱（通常靠近互感器中央位置）将不同的中性线连接在一起（见图 7-10）。

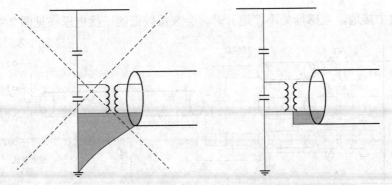

图 7-9　减小电缆屏蔽层接地形成的环路面积的基本概念[7.39]

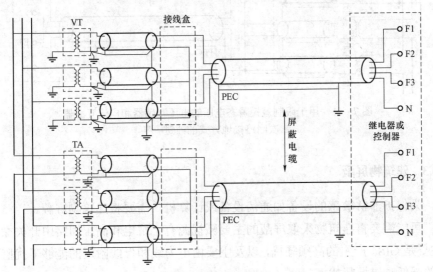

图 7-10　电压互感器和电流互感器二次回路的接地以及与
继电器室的连接电缆的接地[7.39]

所有进入接线盒的电缆屏蔽层和中性线都接到端子盒上，经端子盒接地（grounded）。

由于互感器和端子箱之间的双芯电缆长度很短，中性线（互感器和接线盒）的双重接地对共阻抗耦合干扰电平影响很小。

在任何情况下，继电器室内都不容许中性线另外接地。

当两互感器连接到同一设备（如同步回路）上，双重接地不可避免时，必须使用隔离变压器。

在任何情况下，最好为每根双芯电缆敷设一根截面至少 $50mm^2$ 的接地铜排 PEC。

然而，很明显，如果安全规则允许，当中性线仅在一个点接地（如在接线端子盒中接地，互感器处不接地）时，会获得较低的干扰电压（见图7-11）。

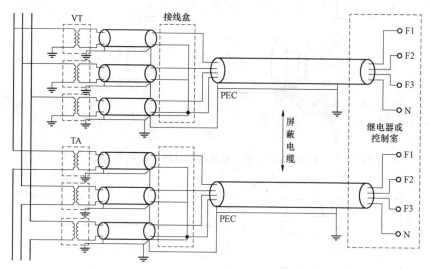

图7-11 用于限制差模瞬态电压的电压互感器和电流互感器
二次回路接地方式的改进[7.39]

7.3.3 建筑物屏蔽

为保护非常敏感的设备如通信设备或计算机，需要将建筑物屏蔽。

可能需要将建筑物采取屏蔽的主要骚扰源有：雷电和高压回路中开关操作（主要是 GIS）产生的高频骚扰，以及主要由电力线和母线附近的能够干扰监视器的强低频磁场骚扰。

当提出适当的性能要求，抑制高频骚扰的屏蔽是比较容易做到的（见 5.4节）。要求很高的屏蔽效能是不合理的，因为许多骚扰是通过电缆传导进入建筑物的。

这就是说，以低成本实现高频屏蔽的最简单方法之一是在墙壁中放入钢筋（ϕ5mm）构成的网孔尺寸约为 10～15cm 的钢筋网格，每个相邻网格的边框依次焊接在一起。这种布置在 10kHz～30MHz[7.10]之间的磁场衰减可达 15～30dB，衰减的大小取决于网格与网格之间、网格与金属框架之间的连接以及对各种孔、洞（窗、门等）等细节的处理。

实现低成本高频屏蔽的另一种方法是使用金属丝网（例如 chicken netting）。

阴极射线管的使用，需要对低频磁场加以抑制，但衰减甚低频（50Hz 和60Hz）磁场非常困难。使用如上所述的钢筋网格只能得到几个分贝的衰减。钢板或钢片会更有效，但难以加工。屏蔽效能与钢板厚度和磁导率的平方根成正比，当厚度为 2.5mm、相对磁导率为 1000 的钢板包围骚扰源或被骚扰设备构成闭合磁路时，可获得 10～20dB 的衰减[7.11]。当磁路本身不闭合时，磁阻增高，在相同条件下，屏蔽效能很少超过 10dB。

在这一方面，使用如同变压器中使用的晶粒取向钢（矽钢片）可以带来重大改进。

另一方面，由于感应涡流也可以起到屏蔽作用，也可以用铝（或铜）板做屏蔽。对于相同的厚度，靠近敏感设备的钢通常效果更好，而铝的性能在较远的距离（例如在几米处）要好一些。

使用高导磁率合金（mu-metal）可以获得非常高的屏蔽效能，但其昂贵的价格使其仅限于用来保护小型设备。

当骚扰源为母线时，抑制干扰的最好的方法是增加骚扰源与受干扰物之间的距离，或者减小不同相线之间的距离（用三相电缆或绝缘母线，见 4.1.2）。

由 WGC4.204 工作组编制的 CIGRE 技术手册 373[7.11]给出了一个针对抑制工频磁场的综合性参考。

7.3.3.1 阴极射线器件的屏蔽

任何带电粒子（以直角）在磁场中运动时，都会受到与其运动方向垂直的偏转力。这是阴极射线管（CRT）内部电子束（水平和垂直偏转是静电控制的）被无效磁场干扰的基本原理。这种影响在稳态和故障条件下均可能发生。经验和已发表的工作表明，典型的磁化率水平为 0.8～1μT[7.12]。较新的技术，如液晶显示器（LCD）和等离子屏幕不受磁场的影响。

磁场干扰可通过以下对策减少：

（1）将受干扰物体（受影响的设备）远离骚扰源。

（2）把骚扰源从受干扰物体身边移开。

（3）相对于骚扰源重新安排受干扰物体的位置。

（4）相对于受干扰物体重新安排骚扰源的位置。

（5）用不受磁场影响的显示器（如液晶显示器或等离子显示器）代替阴极射线管。

（6）屏蔽骚扰源（有源或无源屏蔽）。

（7）屏蔽受干扰物体（有源或无源屏蔽）。

（8）将监视器的帧扫描频率与不需要的磁场同步，将使干扰不那么明显。但是，较低的帧扫描频率会导致图像闪烁。

（9）注入电流，在监视器周围形成抵消电磁场环，以此主动抵消干扰点磁场[7.13]。

屏蔽的主要目的是改变有害磁力线在空间分布，如第 5 章所述。

使用高导磁率和高导电率材料的组合材料，可以在成本和屏蔽效能之间折中选择。注意以下示例：组合材料制作的屏蔽的成本，约为南非进口的合金（mu-metal）屏蔽材料费用的 30%[7.12],[7.14]。组合屏蔽材料由（高磁导率）硅钢层（硅铁，95%在贸易中也称为 M5-30 变压器钢）和（高导电率）铝层组成，铝层在屏蔽层外部支撑硅钢。

有两种型号材料已商业化[7.14]，规格见表 7-2。

表 7-2	规　　格		
屏蔽罩 A			
商品名	MAGNA IMPRES（MI）*		
屏蔽系数	17		dB
应用程序	保护计算机显示器免受外部工频磁场的影响		
适用于最强骚扰磁场强度	7		μT
模型	MI14S	MI17S	
适合显示器尺寸	14	17	in（1in=2.54cm）
质量	11	15	kg
尺寸（宽×高×深）	410mm×410mm×505mm	460mm×500mm×560mm	
屏蔽罩 B			
商品名	大歌剧（MO）		
屏蔽系数	30		dB
应用程序	保护计算机显示器免受外部工频磁场的影响		
适用于最强骚扰磁场强度	45		μT
模型	MO14S	MO17S	
适合显示器尺寸	14	17	in
质量	30	36	kg
尺寸（宽×高×深）	410mm×410mm×505mm	460mm×500mm×560mm	

* 磁环境抗扰度保护器。

屏蔽罩包括一个四面外壳，使得制造和安装都很容易。只有四个侧面时，屏蔽罩的位置必须使椭圆旋转磁场垂直于屏蔽罩的侧面。

在各种位置安装了大约 120 个屏蔽装置，成功地消除了干扰。

Dovan 等人[7.15]报告了 500 多个由高导磁率材料制成的屏蔽（磁盒）的部署情况。

屏蔽罩如图 7-12 所示。

图 7-12　内有 14in 显示器的磁场屏蔽[7.39]

7.3.4　干扰隔离

除了前面章节中所述的综合电缆敷设和屏蔽方法外，有时还需要借助隔离办法，将骚扰电平降至可接受的干扰限值，更为经常的做法是低于介质强度阈值。

这主要发生在电路跨越不同电磁环境的边界时。

根据两种经典策略，干扰隔离可分为三类：

（1）I/O 电路平衡和/或电隔离（开路策略）。

（2）过电压保护（短路策略）。

（3）滤波（上述两种策略）。

7.3.4.1　平衡技术

平衡式 I/O 端口是一种双导体回路，两导线端部相对于大地而言具有相同的阻抗，相对于所有其他导体而言，阻抗也相同。这种类型的 I/O 端口可使共模电流被抵消。平衡电路的详细说明见 5.2.2.2。

平衡技术包括使用双芯绞合线对（或多芯电缆），使不同设备之间的干扰降到最低程度。

7.3.4.2　电隔离

提供隔离的最常用器件如下：

（1）电磁继电器和静态继电器，通常限于"开-合"操作和甚低频下使用，隔离电压不超过 2kV 有效值（50/60Hz）。

（2）光电耦合器，成本低，应用广泛（单独或与其他电子电路一起用）。

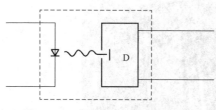

传输信号频率范围可延伸至兆赫兹级、隔离电平可达 5kV。最基本的光电耦合器通常包含一个光源（通常是光电二极管），被一个电路驱动（发光），该光通过透明绝缘体与接收透光的元件紧密耦合。这两个元件封装在一个模块里，如图 7-13 所示。

图 7-13　光电耦合器器示意图[7.39]

光电耦合器在数字电路中特别有用，但不太适用于模拟量装置，因为它不总是能够保持线性耦合。在装置应用中，应注意不要通过电源线引入干扰。

有时，输入和输出之间的寄生电容（高达几皮乏）可能严重限制高频下的共模抑制比，好的设计是在输入和输出之间加屏蔽。

（3）隔离变压器❶应用最广，它可对现有电路不做任何改动的情况下，很容易地接入到任何现有电路，其输出端一般也不要求功率馈入。隔离变压器可用于信号和交流电源电路。

在信号电路中使用隔离变压器的主要缺点是带宽有限。特别是，当需要信号持续无间断性时，在直流或甚低频下隔离变压器不适用。传输信号频率范围：从数赫兹到数兆赫兹，隔离电平有时超过 20kV。

一次绕组和二次绕组之间的寄生电容高于光耦（高达几百皮乏），但也可以通过（绕组间）屏蔽接地来消除影响，如图 7-14 所示[7.16]。

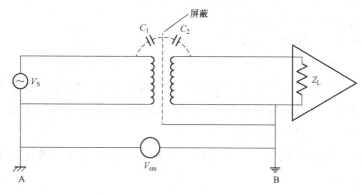

图 7-14　屏蔽接地的隔离变压器[7.39]

---

❶ 在一些国家，用中和变压器代替隔离变压器。这些装置将电压引入通信电路对，以中和地电位抬升或纵向感应电压，同时允许低频或直流信号通过。更多详情见文献［7.38］。

大多数隔离变压器都有一个中间抽头的绕组（译者注级间屏蔽层），通过将此抽头连同浮空电路的电源及其电路的地（浮空）等一起接地。这在处理共模工频电压时非常重要（见第5章）。

此外，当通信设备呈现出高共模阻抗时，隔离变压器的杂散电容可能会发生引线对地闪络。在这种情况下，有必要在设备侧将隔离变压器的中性点直接或通过电涌保护装置接地。

（4）光纤系统是抵御各种干扰的最佳屏障。

除非用于多路信息的传输（例如局域网），考虑到终端设备，其相对成本较高，只限用于需要宽带传输的复杂系统（例如差动数字保护或远程保护）。

另外，值得注意的是，一些价格较低的（塑料）光纤对用于短距离、低频率，需要很高隔离水平（例如延伸至高压变电站外部的电话电路，见7.3.4.7，以及高压设备上的传感器等）时值得关注。有时，有必要将不同类型的电气隔离器件结合使用，如隔离变压器和继电器或光耦合器，甚至光纤。例如，传输直流信号的电话回路就有这种需要。

7.3.4.3 过电压保护或浪涌保护器（SPD）

浪涌保护器与电气隔离的概念完全不同，只要浪涌保护器动作，就将浪涌电流泄放入地，并且在整个干扰持续的时间内传输信号的电气特性被破坏（这可能是电压被箝位、源阻抗改变甚至短路）。需要注意的是，当泄放电流较大时，有时会导致共阻抗耦合或地电位升高，从而在其他地方造成干扰问题。

通常用到的三种过电压保护（单独或相互结合）为：

（1）（气隙）避雷器。

（2）（金属氧化物）压敏电阻。

（3）雪崩二极管。

表7-3概括了这三种组件的主要特性。

表7-3 过电压保护装置的主要特点

性能	气隙避雷器	压敏电阻	二极管
通流容量	高	中	差
响应时间	低	中	高
保护电平（PL）	高（与波形有关）	不限（与电流有关）	不限
动态PL/静态PL	>1	≈1	≈1
电容	非常低（1~3pF）	高	中
泄漏电流	无	有	无

气隙避雷器或充气放电管主要用于要求高通流容量的保护方案中（雷电或电网故障引起的骚扰）。这些器件是一个里面充有惰性气体（氩、氖）的小型密封火花间隙。当其上出现的电压脉冲高于避雷器保护电平时，气体被击穿。但是，从施加电压开始到间隙击穿变为低阻抗，这可能需要一点时间。因此，快速上升的脉冲电压波作用下的击穿电压会比缓慢上升的脉冲电压波作用下的击穿电压值更高。它们的最低直流闪络电压典型值约为90V，而其动态闪络电压在1kV/μs时通常超过500V，最高可达10kV。由于此残余瞬态电压太高，并且泄放入地电流较大，通常不推荐在设备内安装这种保护器件。它们最好用做整个设施的初级保护，安装在建筑物（房间）电缆入口处。

压敏电阻器是由氧化锌（与其他金属氧化物混合）的烧结块制成的非线性电阻元件。压敏电阻变为低阻抗与气隙避雷器击穿相比，压敏电阻的优点是不会将信号短路，并且表现出良好的动态特性。因此，它们被广泛使用，主要用于电源电路。压敏电阻的速度比雪崩二极管慢，而且残余电压比二极管高，高达2kV。重复多次的承受额定峰值负载会降低其性能。此外，由于它们电容大，不适合高频电路（例如：2Mbit/s的PCM电路）使用。

雪崩二极管不能通过大电流，但其箝位电压可以很低，并且与电流无关。因此，它们主要在靠近受保护设备或电路处用做浪涌抑制器（二级保护）（见下文）。具有动作速度快的二极管瞬态抑制器用于保护400V及以下的低压电路。对于高压，使用雪崩/齐纳二极管。它们的性能不错，但只能承受小脉冲电流，而且极间电容很大（500～2000pF）。

上述不同器件性能各异，处于不同的级别范围，常有必要将它们结合配置使用，以此达到良好的保护效果。

例如，图7–15显示了一个10kV浪涌施加在24V线路上，首先受到放电火花间隙保护；其次是压敏电阻，最后是二极管。这幅图清楚地表明了浪涌的峰值通过这一组合式保护器件是如何衰减的。

对滤波器和I/O接口设备提出的接地位置和最低接地阻抗的要求，也适用于浪涌保护器件。

如果保护装置用于信号电路则应注意，在不同的导线间使用积分方式工作。工作的保护器件以此尽量降低差模干扰。

为了保护敏感设备免受浪涌损害，在建筑物入口处安装了通常被称为（雷电流）避雷器或Ⅰ型浪涌保护器（根据IEC 1312）的高能量浪涌保护器（SPD），以泄放浪涌能量的主要部分，同时也安装了低能量浪涌保护器（通常被称为过电压避雷器、抑制器或 II 型浪涌保护器，安装在受保护设备附近❶），从而实现多级级联保护。

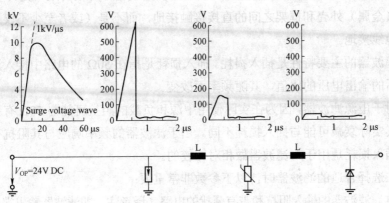

图 7-15　10kV 脉冲通过浪涌保护组合装置的衰减[7.17]

这种保护方案介于避雷器和抑制器之间，需要一定的配合，以使得浪涌能量在各器件之间合理分配。协调分配中必须考虑到各器件的箝位电压、响应时间和通流能量，以及它们之间的波阻抗和入侵浪涌的波形，如图 7-15所示。这个协调问题并不总是容易解决的。有关导则已由 IEC 相关技术委员会编制，主要在 SC37A（低压浪涌保护装置）和 TC81（雷电保护）中提供了指导。

7.3.4.4　滤波器

与上述两种保护方法相反，滤波器不能用于过电压保护，只是作为干扰防护。有关滤波器应用中的主要概念是，电路的带宽一定不要超出该电路的信号频谱。许多电磁兼容问题的产生是因为干扰通过电路和端口穿透设备，而这些电路和端口的频谱处理能力并没有受到限制。

应用最广泛的一种滤波器是安装在大多数电子设备电源端口的低通滤波器。

此滤波器通常有两个功能：

（1）衰减差模骚扰。

（2）衰减共模骚扰。

虽然第一个功能通常很容易实现（直接取决于滤波器的传递特性），但第

---

❶ 此处更倾向于在这里使用避雷器和抑制器，而不是一次和二次保护，以避免与配电网中常用的表达方式相混淆。在配电网中，一次避雷器安装在变压器的高压侧，二次避雷器安装在建筑物的供电入口。

二个功能主要是取决于滤波器的安装方式和在设备内的接线方式。

确保正确地抑制共模传导干扰的唯一方法是直接将滤波器安装到电缆进入设备的入口处（或安装在电缆进入设备的机架或箱体屏柜的入口处），并使滤波器（金属）外壳和框架之间的直接接触接地，而不是（或者至少不仅是）仅以接地线接地。

滤波器的主要特性是插入损耗。插入损耗是指在 50Ω 的电路中接入滤波器前、后的输出电压的比值，其随频率而改变。

对于电源滤波器，因为在实际使用中源和负载的阻抗可能与 50Ω 有显著差异，其实际衰减可能与插入损耗不同。由于滤波器的频率响应与其阻抗有关，因此插入损耗是用于对滤波器做相对比较的。

在选择合适的滤波器时，以下参数非常重要：

（1）滤波器的输入阻抗和带有骚扰的电路（译者注：即滤波器输出端接入的电路）的输入阻抗之间失配最大。

（2）应选定适当的电压/电流额定值和绝缘电阻。

图 7-16 显示了用于不同被保护电路的不同低通滤波器。为达到最大失配，可用以下各种方式：

（1）电容输入（输出）必须与高阻抗（大于数欧姆）源（负载）相连。

（2）电感输入（输出）必须与低阻抗（小于数欧姆）源（负载）相连。

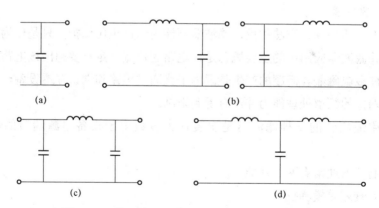

(a)   (b)

(c)   (d)

图 7-16　基于输入阻抗不同的各种滤波器类型[7.39]

（a）电容器；（b）Γ 形滤波器；（c）π 形滤波器；（d）T 形滤波器

典型的电源线用滤波器结构如图 7-17 所示。

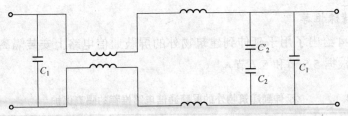

图 7-17　典型电源线用滤波器布置[7.39]

因为滤波器应具有高阻抗特征（以达到高插入损耗），所以在输入和输出引线之间的任何寄生电容（或互感）都可以形成低阻抗旁路，降低滤波器效果，如图 7-18（a）所示。

因此，对任一滤波器而言，重要的是保持输出连接远离其输入连接。在噪声电流被传导到屏蔽（外壳）上，屏蔽（外壳接地）连接的质量至关重要，如图 7-18（b）中所示的 T 型网络。

如图 7-18（c）所示，任何阻抗 Z_g 都会降低滤波器性能。

滤波器常犯的通病在任何 I/O 接口装置（隔离变压器、光隔离器等）上也很容易碰到，因此正确地选定元件布位非常重要。例如，如果 I/O 接口要接地，则应尽量减少接地阻抗，以保证该装置的效率。

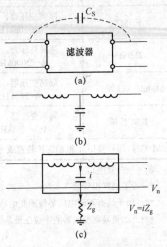

图 7-18　滤波器安装的一些
常犯的通病[7.17]
（a）寄生电容降低滤波器效果；
（b）滤波器外壳屏蔽接地的 T 型网络；
（c）滤波器接地阻抗降低其性能

7.3.4.5　通用推荐

（1）所有 I 型雷电保护（避雷器）必须与装有电子设备屏柜或框架隔开安装，并尽可能靠近房间或建筑物的入口。仅有 II 型保护（抑制器）方可安装在设备（译者注：屏柜）内部。

（2）电缆敷设必须与安装的干扰隔离器件相适应，特别是当使用隔离变压器时，必须注意输入、输出的接线之间保持一定距离，考虑到隔离器件的隔离范围的必要，以减少二者之间的电容和电感耦合。

（3）只要有可能，与一根电缆相关的所有电路必须尽可能以相同的方式进行保护。当只有其中的一部分电路用了隔离变压器保护，而另一部分电路没有用，或配有浪涌保护装置时，电路之间的绝缘电平必须至少等于隔离变压器提供的隔离水平。

253

7.3.4.6　特殊推荐

表7-4给出了用于延伸到建筑物外的屏蔽通信电路上安装隔离保护的推荐举例（根据5.5节和5.7节）。

表7-4　　　　延伸到建筑物外的屏蔽通信电路推荐的隔离保护

电路	环境		
	同一接地网*	不同接地网**	混合有地线中的电路
FDM[①]	隔离变压器，2kV 4～108kHz	隔离变压器，6kV	隔离变压器，20kV***
2Mbit/s	隔离变压器，2kV 6～2000kHz	隔离变压器，6kV	隔离变压器，20kV***
64kbit/s（G 703）	隔离变压器，2kV 6～252kHz	隔离变压器，6kV	隔离变压器，20kV***
E/M 音频	隔离变压器，2kV 0.3～3.4kHz	隔离变压器，6kV	隔离变压器，20kV***
E/M 信号，用户接口	浪涌保护装置或专用设备	浪涌保护装置或专用设备	浪涌保护装置或专用设备

①　频分复用。

*　设备通常拟安装在5.7所定义的B类环境中，能够承受C级环境的设备不需要隔离防护。

**　属于具有不同电压等级的变电站的接地网连在一起，不一定能被视为已构成一个单一的接地网。

***　如果隔离变压器的中点在设备侧通过SPD接地，则应能承受10kA，8/20μs的浪涌电流。

7.3.4.7　对延伸至变电站外部的非屏蔽电路的保护

当雷击变电站时,雷电流的低频分量会导致接地网的电位升高(见4.1.3.1),此地电位升高大致上等于电流幅值和接地电阻的乘积。

对于 1Ω 及以上的接地电阻，变电站的电位升高很容易超过几十千伏。电位升高将扩展到接地网以外的土壤中，并随着距离的增加而减小，在距离 d 大于接地网典型长度 2 倍的地方，可说是按 $1/d$ 规则衰减（见图7-19）。

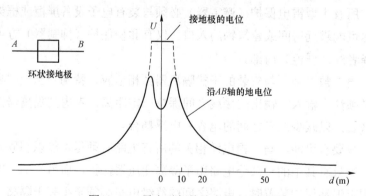

图7-19　雷击引起的地电位上升[7.39]

其结果是每个进入这个电位"锥"（或"火山口"）内的电缆芯线对地电位差等于当地电位升的电位差，特别是，所有进入变电站的电缆都要承受整个电位升。

如果该电缆没有适当的电流隔离（例如隔离变压器）保护，或假如发生了击穿，电涌保护装置动作放电，其电路将承受变电站的电位，并将此电位"转移"到"火山口"外，造成进一步的破坏（见图7-20）。

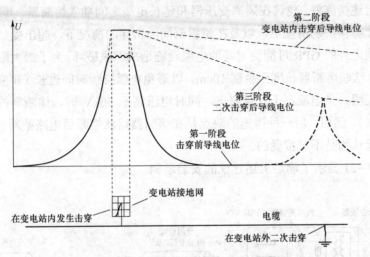

图7-20　将地电位上升转移到远方接地网[7.39]

这类问题通常由 CIGRE 工作组 36-02 和 ITU-T（CCITT）SG 5 处理。

然而，以下缓解措施给出了如何实现初级保护方案的思路：

（1）电缆伸至电位锥内的部分应具有高绝缘水平（典型的工频耐受能力 $20kV_{eff}$）。这部分电缆的长度取决于土壤电阻率、接地网的形状和电阻，以及所需的保护等级；典型值范围为 50～300m，对于非常大的变电站，最大值为 1000m。

（2）隔离变压器（或者专用设备，例如：电话中继器中的 d.c.信号装置）也应设计为具有高介电强度。然而，由于爬电距离问题，很难设计具有介电强度大于 $20kV_{eff}$（50Hz）或 50kV（冲击）的设备。此外，此类设备必须始终安装在建筑物内或配备加热元件，以防止凝雾。

（3）在隔离变压器的电缆一侧，以共模方式安装具有高放电电压（例如 40kV）的避雷器，以保护其免受过电压的影响。这种保护可以是一个简单的空气间隙（弱绝缘），接在线对终端与接地之间，或者是隔离变压器中心抽头与接地之间。

（4）在上述隔离变压器的同一侧，以差模方式或在中心抽头与端部之间，安装具有标准箝位电压（例如 90V 或 230V）的气体避雷器或压敏电阻（例如 90V 或 230V），以保护隔离变压器绕组并避免线之间的过电压。

（5）在"常规"电缆和"专用"电缆结合处，以共模方式安装火花放电电压与"常规"电缆（例如 PTT 电缆）绝缘水平相当的电涌保护器或排流线圈❶。如果当地接地电阻过高（比如高于 10Ω），后一种保护就没有意义。

除上述措施外，建议在隔离变压器和延长电缆之间插入熔断器。其原因是，在没有此类保护的情况下，以及在避雷器间隙击穿的情况下，超出受到良好保护的设施之外的 GPR 可能会对其他电缆设施造成严重破坏。为了最大限度地发挥作用，这些熔断器长度至少需 10cm，以避免电弧持续时间过长（事实上，实践经验表明，当电流高于几百安培，同时电压高于 50kV 时，熔断器的有效性就会消失）。然而，后一种措施的缺点是在熔断器熔丝熔断后电路被断开，某些用户可能认为是不可接受的。

图 7-21 显示了满足上述建议的安装示例。

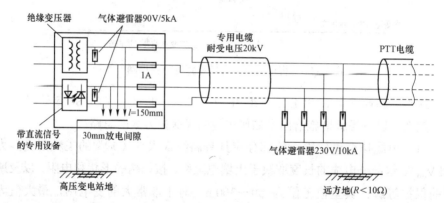

图 7-21　延伸至变电站外部的通信电路保护示例[7.39]

最后值得注意的是，所有前述的缓解措施均指非屏蔽电缆，或无铠装电缆，或屏蔽连续性不够的电缆（例如公用电话线）。

电力部门使用的大多数电缆都是屏蔽电缆，具有足够的抗扰能力。在这种情况下，屏蔽效能通常是足够的，只使用简单的中压隔离变压器（例如 6kV）即可，无需其他保护。

---

❶ 在一些国家，除了习惯于在线间安装 SPD 外，还要安装中点接地的排流线圈。当出现电压浪涌（50/60Hz，闪电）期间，它们降低导线过电压，并迫使 SPD 同时动作，从而使噪声降至最低。

7.3.5 变电站通信设施对地电位升高的保护

变电站的接地网通常设计为将稳态和故障条件下产生的跨步和接触电位保持在安全范围内[7.8]。然而，当金属通信线路连接到变电站时，如 3.5.2 所述，线路和变电站大地之间出现了 GPR。接地网的设计使得 GPR 不超过某一特定值，通常为 5kV 或 6kV，以免危及通信设施和人员安全。图 7-22 显示了由 GPR 引起的危险电压。

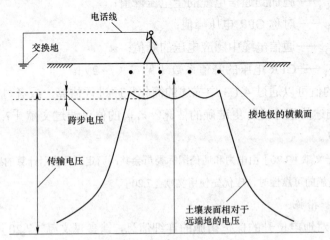

图 7-22　跨步电压和传输电压到通信设施[7.39]

7.3.5.1　GPR 估算

当变电站区外的电力线单相对地短路时，通常会产生 GPR。如 4.1.3 所述，变电站中的 GPR 由其接地网阻抗和流过大地的短路电流决定。变电站的接地阻抗不仅由接地网电极决定，还由其他可能连接到电网的导体（如配电线路的中性线和输电线路的架空地线）的分流作用所决定，如 IEEE 81.2 所述[7.18]。由于GPR 是一种低频现象（基本上是在工频范围内），接地阻抗的电阻分量通常占主导地位，即使对于大型变电站也是如此[7.19]。

为了计算流过大地的短路电流，有必要估算故障阻抗和电力系统的 X/R 比。短路阻抗决定了故障电流的工频分量，而 X/R 比决定了直流分量。在确定非周期分量时，故障起始时的工频电压瞬时值也很重要，通常认为故障发生在电压过零时（更为不利）[7.5],[7.6]。工频分量和非周期分量的叠加导致故障电流不对称。不对称故障电流峰值与其工频分量峰值之比称为峰值系数 F_p，它是电力系统 X/R 比的函数，如式（7-2）所示

$$F_P = 1 + \exp\left[\frac{-\pi}{X/R}\right] \qquad (7-2)$$

当通信电缆同时受到 GPR 和故障电流引起的过电压时，应将这两种过电压合成全电压施加在电缆上，这里称为 V_{MAX}。考虑到对称 GPR 电压（V_{SGPR}）几乎与故障电流同相，且感应电压（V_{IND}）滞后故障电流 $90°$，这些分量的组合应如式（7-3）所示

$$V_{MAX} = \sqrt{V_{SGPR}^2 + V_{IND}^2} + V_{SGPR}(F_P - 1) \qquad (7-3)$$

式中 V_{MAX} ——施加到通信电缆的全电压峰值；

  V_{SGPR} ——对称 GPR 电压峰值；

  V_{IND} ——通信电缆中感应电压的峰值；

  F_P——GPR 电压的峰值系数［见式（7-2）］。

V_{SGPR} 的值可以通过 4.1.3 中描述的简化程序进行估算，或者可以通过文献［7.19］中描述的程序进行更准确的估算。V_{IND} 的值可通过文献［7.19］或文献［7.20］估算。

注：由于文献［7.20］由电力和通信国际委员会共同商定，当使用计算的感应电压来确定应用缓解措施的可靠性时，应优先使用文献［7.20］。

7.3.5.2 保护措施

有关针对地电位升的保护措施的详细信息，请参见文献［7.20］—［7.22］。以下给出了一些一般性措施，这些措施被归类为电力系统应用或通信系统应用。

1. 电力系统

（1）降低接地阻抗。由于 GPR 是通过变电站接地阻抗产生的电压降（见4.1.3），降低 GPR 的有效措施是降低该阻抗。然而，由于接地阻抗的降低引起的短路电流的增加部分抵消了 GPR 的降低，因此该措施的有效性受到限制。此外，接地极间的传导耦合和成本约束限制了接地网阻抗的降低。

（2）中性点经电阻接地。变压器的中性点经电阻接地，可以减少对地短路电流（以及由此产生的 GPR）。该措施必须考虑以下几方面：

1）由于线路对地电压的主要部分将通过该电阻产生，因此对其绝缘水平和耗散功率应给予合理设计。

2）线路对地故障的保护不能基于诸如熔断器之类的装置。

3）在单相对地短路期间，其他相的对地电压将接近线电压的值，因此结构和设备应达到相应的绝缘水平。

（3）中性线搭接到接地系统。变电站中性线搭接变电站接地系统（译者注：

国内一般不采用该接地方式），并向外扩展直到低电压电路多个中性点接地相联系的范围，为变电站地网分流短路电流提供了路径，以及降低 GPR（见文献[7.18]）。然而，在应用该措施之前，必须评估其对电力系统运行（尤其是对继电保护）的影响。

2. 通信系统

（1）线路中 SPD 的安装。一种简单的保护技术是在变电站的外部和内部线路之间安装浪涌保护器（SPD），并将其与变电站本地接地搭接。这些浪涌保护器通常为过电压型（见 7.3.4.3）。尽管过电压保护在限制变电站内通信设备的过电压方面是有效的，但通信线路中注入的大电流可能足以损坏线路和/或保护器，导致服务中断和维护，并危及操作人员。Eq.7.4 给出了一种标准，以估算由于 GPR 和感应引起的单个通信导体所承载的最大电流

$$I_{MAX} = \frac{V_{MAX}}{R_{COND} + Z_{GG} \times N_{COND}}$$ （7-4）

式中 I_{MAX} ——通信导体最大电流的峰值；

V_{MAX} ——施加到通信电缆上的总电压峰值 [见式（7-2）]；

R_{COND} ——通信线导体的电阻；

Z_{GG} ——变电站接地网的阻抗（见文献 [7.18]）；

N_{COND} ——连接到变电站的通信导体数量。

注：式（7-4）忽略了通信电缆金属铠装层在分担故障电流方面的作用，因为经验表明，该装层至设备外部的电连续性不可靠。

R_{COND} 是由通信线路单位长度的导体电阻乘以从变电站到安装在通信线路上的下一个 SPD 的导体长度得出的，该 SPD 可以在机柜或者在交换机的主配线架（MDF）处跨接在两线间。

V_{MAX} 和 I_{MAX} 的值应与通信设备的硬件和导体的可承受值以及人员安全限值进行比较（见文献 [7.20] 和文献 [7.23]）。如果计算值在限值范围内，则 SPD 可用于保护通信线路免受 GPR 和感应电压的影响。否则，必须使用其他保护技术，如下所述。

（2）安装中和变压器。只要安装的中和变压器设计的 V_{MAX} 值和式（7-3）中给出的 V_{MAX} 相符，即可有效地保护变电站的通信设施免受 GPR 的影响[7.38]。尽管这种保护技术已在世界各地的许多变电站中使用，但它有以下缺点：

1）由于中和变压器上必须承受 GPR 的电压，所以它通常是一个体积庞大、价格昂贵的装置。

2）中和变压器引入的插入损耗可能会影响数据传输，特别是对于高速率

系统。

3）在安装了新的通信线路的情况下，保护方案的升级可能需要额外的中和变压器。

（3）光纤连接。一个有效的解决办法是用光缆接入变电站。从保护的角度来看，这个解决方案是非常有效的。它的缺点来自经济方面的考虑，因为安装光缆和相关设备很昂贵。

（4）通过无线链路连接。这是一种类似于光纤的解决方案。直到最近，通过无线电连接接入通信网络的选择非常有限。然而，近年来商用无线接入系统的发展为这种解决方案提供了极大的便利。

（5）安装电隔离。电隔离是将变电站内的通信设施与外部线路隔离的一种保护措施。信息（有时是电源）可以流过由特定电路构成的隔离屏障。由于它对通信服务（对于给定的频率带宽）不昂贵和透明，所以它通常是最合适的解决方案。电绝缘装置必须能承受 V_{MAX} 电压［见式（7-3）］，并且通常配备后备避雷器，以避免由于雷电过电压引起的介电击穿。

7.3.6 气体绝缘变电站

7.3.6.1 气体绝缘变电站的接地和搭接

7.3.1 所述的所有原则均适用于 GIS。然而，有关 GIS 主要接地做法的更详细说明，参见文献［7.24］。

在 GIS 中，实现良好的等电位连接或综合接地平面（IGP）是特别重要的。该 IGP 可由混凝土中的连续焊接钢筋网、格栅或一层或多层金属板组成。钢筋混凝土内预埋钢筋如果网格面积不大于 5m×5m，可用于实现该接地层，甚至可以构成 IGP 的基础。该 IGP 与常规保护接地互连形成的搭接网络的平均网格尺寸不得超过 2m×2m。

所有金属框架应至少两点接地，尤其是导电电缆托盘或桥架应在两端接地，并且每次与其他金属元件交叉时都应接地。

GIS 设备金属外壳本身将连接到每个支架底部的搭接网。这些连接必须非常短，最好通过多个导体（3 个或 4 个）实现。

在与架空线路的连接处，GIS 的金属外壳必须电气延伸至 IGP。这可以通过将 GIS 的金属外壳本身用分布在其周围的 6～8 条短带与几平方米的金属板（低阻抗）连接，再将金属板连接到 IGP 来实现。

7.3.6.2 气体绝缘开关设备电缆敷设

7.3.2 中讨论的所有电缆敷设原则均适用于 GIS，但必须进加强以应对 GIS

内更为严峻的条件（见 4.5.1.2）。根据电缆屏蔽层是否连接到本地接地，可以区分两种情况。

1. 屏蔽层接当地的地

避免重大干扰的唯一方法是将电缆屏蔽与 GIS 外壳做到圆周同轴连接。如果不这样做，即如果电缆屏蔽层"仅"与接地网相连时，屏蔽层和 GIS 外壳之间的电压差很容易超过 50kV（在 150kV 变电站中），并增加了绝缘击穿的风险。

环形电流互感器的存在或使连接可拆卸的必要性使得同轴连接并不总是可能的。在这种情况下，它可以沿圆周用至少 4 个短连线（例如 50mm×3mm 铜带）做近似的同轴连接。

即使如此，如果屏蔽端和外壳之间的距离小于 10cm，也还是存在绝缘击穿的风险。

为了避免不受控制的放电，建议在电缆上安装"电晕"环（如图 7-23 所示的圆柱形火花间隙）与外壳之间留有 2～5mm 的小间隙。这样的电晕环用做高通滤波器，并能良好控制低能量火花（50/60Hz 分量流过外部的"同轴"连接）。

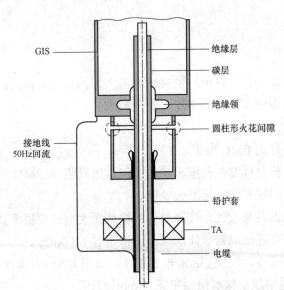

图 7-23　带有电流互感器的 GIS/电缆过渡的简化示意图[7.39]

如有必要，可通过用总电阻值为几欧姆的电阻环将间隙桥接来完全抑制火花[7.25]。

2. 屏蔽层不接当地的地

当电缆屏蔽层未连接到本地的地时，有必要在屏蔽层和 GIS 外壳之间安装浪涌保护器（例如压敏电阻、电容器或电阻器）。

该方法也可用于金属外壳中的绝缘旁路连接。

在所有情况下，与旁路部件的连接应尽可能短。

3. GIS 辅助电路

如 7.3.2.2 中所说明的，必须使用高质量的屏蔽电缆，而且电缆的屏蔽层必须在两端同轴接地。

这些电缆的路径应始终平行于接地良好的金属结构。

应为每个间隔和每种类型的电路使用单独的电缆。

7.4 发电厂导则

7.4.1 接地和电缆敷设的总原则

第 5 章和 7.2 节中讨论的所有内容都可以应用于发电厂。

7.4.2 接地实施

7.4.2.1 接地网

与高压变电站一样，发电厂的接地网需实现的主要目标是：

（1）限制跨步电压和接触电压（安全要求）。

（2）承受短路电流。

（3）达到良好的 EMC 电平。

尽管所有这些目标都是紧密相关的，但这里只强调 EMC 需要，而将安全要求留给现有的国家和国际标准去处理。

特别是高压设备邻近处，接地导体的横截面大小通常根据高压故障电流大小来确定，结果有时造成铜导体横截面面积超过 $1000mm^2$。

从电磁兼容的需要（包括雷电保护），如果是钢带/棒，横截面面积需 $100mm^2$；如果是铜线，横截面面积需 $70mm^2$ 即可。

发电厂的整个区域要有一个户外接地网。其网格密度将取决于安装的不同设备的重要性（依据易损性）。室外接地网一般在每个建筑物周围设计环形或网状接地极，埋在土壤中 $0.5\sim1m$ 深处。

基础接地电极安装在每栋建筑最底层的混凝土层中，网格尺寸不超过 10m。

这些接地电极通过至少两条不同路径的埋地导线与主接地网相连。

发电厂附近的高压变电站也用至少两条导线与主接地网互联。这个措施同样适用于与主设备有一些电气连接但不共享同一接地网的所有设施（建筑物、储罐等）。

7.4.2.2 外部雷电保护系统（LPS）

外部防雷可基于众所周知的电气几何（EG）模型。该模型根据一些研究已被部分经验性证实[7.26]，当然，它将考虑其他雷电参数，以及国家和国际标准规定的安全规则。

外部 LPS 由一个户外终端系统和一些接地引下线组成。户外终端用于拦截闪电，接地引下线将雷电流导入大地。

户外终端系统基本上是一组导体，形成一个网状法拉第笼，导体之间的间距取决于所需的 LPS 保护级别。后者取决于 LPS 可能截获的雷击电流的最小值。

下行先导端部和雷击点之间的击距 d 和雷击电流的峰值有关，其简化表达式为

$$d(m)=9.4\times I^{2/3}\ (kA) \tag{7-5}$$

因此，对于一给定的网距，预期电流越大，网格截获电流的概率就越高。

目前所知，高于 8kA 的雷击电流的概率约为 90%（世界平均值[7.27]），并且保护发电厂内部的电气或电子电路免受小于 8kA 雷击电流的直接影响并不困难，因此以 I=8kA 计算网格间距是合理的。应用式（7-5），代入 I=8kA，得到 d=37m。

简化 EG 模型，并且为了避免对每一个个案重复计算，可推荐选择一个保守网距 d。

然而，实际上，建筑物的每个边缘都将配备一个户外终端导体。此外，每一个金属结构，如通风设备、栏杆、空调管道、管道工程钢筋，都将连接到 LPS，导致实际网格间距接近 20m。

如有必要，内部有非常灵敏的设备（或者安全等级要求很高的设备）的建筑物可以使用网距较密的 LPS 来保护，网格间距不超过 15m。

其他方法，如滚球法，也可以用来决定更准确的外部防雷系统。

对于给定的保护结构的所有引下线，数量必须超过 2 根，必须连接到环形接地电极上。

此外，钢筋混凝土墙和柱中的钢筋必须分别焊接或绑在基础电极和环形接地电极上，在顶部和屋顶的和户外终端系统焊接或铆接在一起，粗钢筋可用做"自然的"引下线。

应强调的是，外部 LPS 的网格间距不仅决定了拦截雷击电流的概率，而且在外部 LPS 被击中后确定雷击电流的分流以及保护区内感应电流的大小方面也起着重要作用。

引下线数量越大，每根导体中的电流越小，导体附近的磁场也越小。

另外，如 5.2.1 所述，不同的理论和实践研究表明，雷击电流在 LPS 的不同分支之间的分流，在分支的等效横截面保持不变的情况下，粗略地讲，如果分支的等效截面相同，分支电流与长度成反比。这一重要的陈述对计算流过部分雷击电流的接地导体附近的电磁场时非常有用。

每个烟囱应安装两根引下线和至少一个环形导体（户外终端系统）。烟囱的接地网（通常是环形）和主厂房接地网之间提供良好的互连（使用至少两根 50mm² 导体相连）。

尽管冷却塔不需要与其他建筑物有相同的保护等级，但冷却塔也将配备 2 根（最好是 4 根）引下线，并在顶部配备一个环形导体，以混凝土钢筋与之相连。

烟囱和冷却塔的防护对整个发电厂提供有效的大雷电流（$I > 8kA$）直击的保护作用比为其自身提供的保护作用还要大。

7.4.2.3 室内接地及等电位搭接

如第 4 章所述，对新发电厂推荐的一般接地总则是基于三维网状网络，尽可能实现所有设备之间的等电位搭接。

20 世纪 90 年代这一领域获得了重要的发展。多年来，电子设备是基于使用低频模拟信号，并且所知的骚扰仅来自工频。因此，通过采用星形结构和所谓的将安全、电气和电子地"隔开"来避免 50/60Hz 的电流回路似乎是很自然的。

如今随着现代电子设备的增加，以及它们对高频干扰更为敏感，同时也随着人们对影响机理的进一步了解，这种接地方法已不再适用。相反，废弃它不仅有助于解决电磁兼容问题，而且大大简化了电缆敷设，避免了隔离不同接地导体的烦琐[7.28]。

特别是将直流电源地（参考电位）、电缆屏蔽和设备框架或机柜等隔开的做法应明确废止（见 5.4.2.4）。

良好等电位搭接网络实际确保了"寄生"电流总是通过最低阻抗（通常是最短的）路径返回其源，从而降低了电流环路可能出现共阻抗耦合的风险。

实际上，多点接地系统不会避免电流环路。这些环路与一点接地（星形接法）系统中的环路相比，数量大得多，而且尺寸更小，所以它们不再是个问题，甚至反而是对抗感应干扰的必要手段。为了方便起见，这里重复以下几点：

（1）为了降低高频干扰，电缆屏蔽层应多点接地。

（2）对于短距离电缆，这种接地必须在两端进行，而对于长距离电缆，由于有容性返回通路，有时只在电缆连接的最敏感端即安装电子设备的一端，将屏蔽接地就足够了。

（3）由于事实上在发电厂中，许多电缆连接的两端都涉及有源部件（将来，随着"智能"传感器的出现以及将全部或部分开关设备和控制传动相关联的辅助设备用电子装置来替代，这种情况将更普遍）。因此，无论电缆的长与短，将大部分电缆的屏蔽（非电路）在两端接地成为必要。

（4）所有电缆（除了低电平、低频电路，如热电偶和一些同轴连接除外）的屏蔽都系统性接地，于是就要求有一个良好的等电位搭接网，多点接地的屏蔽层反过来又加强了搭接网。

因此，即使在电缆屏蔽层不需要接地的某一特定端（因为在该端设备不易受到干扰或不能成为其他设备的骚扰源），仍然建议推广这种接地做法。

为了实现良好等电位搭接网，要求对下述各项进行电气连接（建筑、金属结构设备、电缆等）：

（1）建筑结构部件，如钢导轨和钢柱。

（2）金属管道和导槽。

（3）配电盘和开关设备的金属外壳。

（4）装有电气设备和仪表的金属柜。

（5）台子、电缆支架、电缆托盘、垂直升降器、支撑结构等。

一方面，对于电缆托盘，或者更广泛地说，对于作为 PEC 的所有金属部件，重要的不仅是需要接地，还需要保证沿其全长的电连续性。所有金属部件之间必须进行搭接，重要的不是固定这些部件的电位，而是允许骚扰电流沿着与电路相同的路径流动，这样做可以使有源电路与接地电路之间的面积尽可能小（见图 7-24）。

另一重要方面是关于金属配件相互搭接的方式。最好的连接方式是螺栓连接，在不同结构之间形成直接连接，确保接触良好。如有必要，锯齿垫圈或锁紧垫圈有助于在金属表面的保护涂层没有（充分）去除时确保良好的接触。只有当金属结构物件之间不可能直接接触时，才需要使用铜导体搭接。

基于内部安装设备的类型和与外部防雷系统的邻近程度下的电磁环境的不同，有可能将室内搭接网（内部 LPS）分割成具有网格密度不同的区域[7.29]。

特别值得注意的是，对于安装在特殊房间中的敏感的电子设备，不仅需要在各个机柜之间或机柜与电缆托盘之间建立良好的连接，而且还需要在各列机柜（或电缆托盘）之间每隔一定距离（如 2m）加以连接（例如通过铜带），将这种连接的整体与安装在房间周围的环形接地母线（连接带）互相连接。

这样的接地母线可以安装在每个保护区和整个建筑的边界处，使得区域之间的多重互连更加容易。

同样，室内搭接网络必须在多个点（至少 4 个）连接到安全接地系统（safety grounding system）和户外接地系统（outdoor grounding system）。

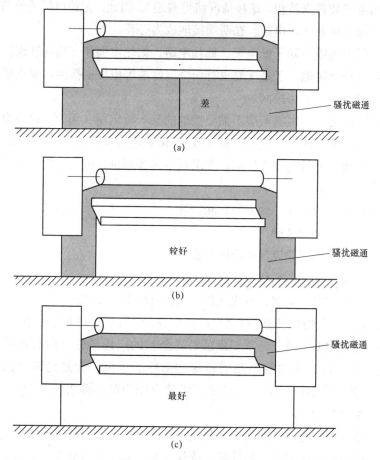

图 7-24　电缆托盘接地[7.39]

7.4.2.4　蓄电池供电电路接地

为了能够检测到单极接地故障，可能需要将直流电源电路仅在一个点上（通常在电池上）接地。

在这种情况下，确保高频电磁兼容性的唯一方法是在电源线和框架之间安装去耦电容器（根据必须覆盖的干扰频谱的频率下限，从 10nF 到 1F）。然而这样的系统仍然容易受到操作浪涌电流的影响。

因此，更值得推荐的办法是每个机柜中最好使用直流/直流转换器（电流隔离），以便能够对电路进行局部接地。

7.4.2.5 大功率设备或系统的接地

网状搭接网的一个经常遇到的问题就是敏感的电子设备与大功率系统（电机、焊接设备等）之间的接地回路和共（地）阻抗耦合，从而容易受到干扰。

事实上，只要把搭接网做成良好的等电位，以上缺点也就不成为问题。为此，需要把钢筋混凝土的钢筋、建筑钢材、接地导体、电缆桥架、电缆屏蔽层、管道、沟槽、支架、构架等相互连接起来即可。

当然，7.2 节规则四所述的隔离原则在这里仍然适用。例如，可能流过大故障电流的电机不应与特别敏感电子设备搭接到同一接地导体上，同时可能还需要对大功率设备附近的接地网（earthing network）进行局部加强。

如有必要，可对敏感电路或可能的骚扰源附加平行接地导体（PEC）。

图 5-42 中描述的解耦原则在这里应用更多，即在网格良好的地网中，骚扰电流将通过最短的路径返回其源。建立的路径越多，源和受干扰体之间的共阻抗耦合风险越小。

7.4.3 电缆敷设

7.4.3.1 内部电缆敷设

内部电缆敷设包括位于如图 7-2 所示的主厂房（控制室、电能生产区）中的辅助电路。所有针对高压变电站推荐的电缆敷设总原则在这里基本上都适用。

然而，发电厂的某些特定特征有时会要求选择其他类型的电缆或其他安装方式。这些特征可概括如下：

（1）一般地，发电厂的电磁环境通常不像高压变电站的电磁环境那么恶劣。

（2）由于相互连接的金属部件较多，发电厂主厂房内的等电位搭接网质量理应比户外变电站的质量要好。

（3）发电厂使用的电缆数量比变电站要多得多。这意味着在实际中，出于经济原因，发电厂通常不可能达到如同变电站一样的电缆屏蔽等级。

（4）智能传感器和调节器的出现将导致电子设备的分散性增加，因此更多的电缆屏蔽层需多点接地。

7.4.3.1.1 电缆类型

根据所携带信号的类型（见 7.1.2），推荐以下不同的电缆类型：

（1）1a 型：同轴或双绞线对电缆，屏蔽质量至少相当于 7.3.2.2（4）。

（2）1b 型：高品质的同轴电缆或三同轴电缆（有可能是同轴电缆再加一层连续的铜管保护）。有时使用高磁导率或高损耗材料（铁氧体粉末、坡莫合金）可以避免屏蔽回路中的谐振。

（3）类型 2：带有铝箔或铝带屏蔽层绞线的电缆（见图 5-47），或更好的带铜编织屏蔽层的电缆。如温度测量这样的低电平电路应该单独屏蔽。

（4）类型 3：屏蔽双绞线。

（5）类型 4：带或不带屏蔽的多芯线电缆。

一根返回路导线可供多个回路使用。

7.4.3.1.2　电缆托盘的使用

将电缆安装在具有电流连续的电缆托盘上可大大减少外来骚扰。

托盘的连续性好坏、托盘的接地方式（见图 7-24），以及托盘是敞开还是加盖，屏蔽效能将有很大的不同（为 100kHz～10MHz，从小于 10dB 到大于 30dB）。

电缆托盘在降低不同电路的交调失真上也有很大作用。

最好的布置是把易受干扰的信号（7.1.2 第 1 类和第 2 类电缆）和"噪声"信号（第 4 类，低压交流或直流电源电缆）分开敷设在不同电缆托盘里。

如果不同类型的电路共用同一电缆托盘，必须将不同类型的电缆分别集合成束，并保持各束间的距离尽可能远。

这里应该强调的是，只要安装在一个托盘的电缆彼此不是靠得太近，金属托盘可在一定程度上起到降低电缆间的耦合作用。

7.4.3.1.3　电缆屏蔽层接地

如 5.3.3 所述，并假设已实现良好的等电位搭接网络，大多数电缆屏蔽层都应该就近搭接到它们所连接设备的接地金属外壳上。

此规则的例外情况主要涉及传输低频、低电平模拟量信号（如温度测量）的电缆。在这种情况下，屏蔽层必须在最不平衡端或电路本身接地处接地。

如果电缆包含有单独的屏蔽绞线对，内层屏蔽应在一端接地，而其他屏蔽应两端接地。

与无源传感器或非电子执行器（继电器、电机等）连接的电缆有时只能在一端接地（传感器或执行器的对端），但通常应避免这种做法，因为这不利于实现良好的等电位搭接网络。此外，在屏蔽层单点接地的情况下，低频骚扰有激发谐振的风险。

长同轴电缆通常也可以在一点接地，但应在它们连接到的每一个设备处提供一个电容性高频接地。

7.4.3.2 外部电缆敷设

外部电缆覆盖了外部辅助设备的所有连接（见 7.1.1.2），还包括发电设备的外露部分，如烟囱天线、电除尘器、地面照明等。

外部电缆敷设遇到的主要问题是雷击。

尽管保护外部电路的最佳方法是基于不同接地网之间实现良好的互联，但如果没有额外的保护措施，如浪涌抑制器和电流隔离，则无法做到完全的防护。使用（屏蔽效能好的）多点接地屏蔽电缆是一个必要条件。

金属电缆托盘或者更好的金属导管，也将有助于大大降低设备上的共模电压。

来自主建筑户外的电缆应将其屏蔽层在建筑物入口附近直接接地，以避免大的瞬态电流流入建筑物内部。

与烟囱上设备连接的电缆应安装在一个电缆桥架上，此桥架为建筑物和烟囱的两个外部防雷系统之间提供了一个接地连接，或应将电缆穿入在地下的金属导管内。

7.5 电磁兼容费用

7.5.1 安装阶段费用

为缓解高压变电站和发电厂的电磁骚扰，在设计阶段和装配阶段均需增加费用。

适用于新建厂（站）的电磁骚扰缓解措施的一些经济参数如下：

（1）改善高压电力设备的接地网和接地连接。这部分费用包括增加接地连接、接地网的导体材料费用，以及这些导体在厂站敷设费用（实际上，这部分费用只是接地系统花费的很小一部分）。

（2）高压变电站信号回路采用屏蔽电缆。根据使用的电缆类型及屏蔽型式、与非屏蔽电缆比较所增加的费用为 10%～20%。

（3）发电厂中低电平信号电缆的保护。现实中的屏蔽作用通常是对一组电缆采取措施，如，使用金属电缆托盘。通常电缆托盘总是要用的，附加费用是用在增加电缆托盘搭接金属部件上，包括专用金属盖板。

（4）使用光纤传输信号。对于所有的电磁骚扰，这个方案给出了最好的效果。使用本措施增加的费用应只占电磁兼容费用的少部分为宜。

在一些情况下，将适用于居住环境的商用设备用于高压变电站或发电厂，由于原设计对电磁兼容性考虑不足，可能需要增加特殊措施。在特定情况下，电站内可建设一个专用的"防护区"，采用诸如屏蔽和滤波等措施。这种解决方案非常昂贵，还需要定期维护，因此仅在特殊情况下考虑使用。建议进行专门经济核算，比较不同方案，才能确定选用。

将降缓电磁骚扰的措施用于旧电厂是非常困难的。应该利用厂（站）为了其他更多的目的进行升级改造的时机，将电磁兼容考虑其中，进行这方面的改造，以及增设与新添设备相同的降缓措施。

有时，由于电磁干扰的问题，需要为缓解电磁骚扰而进行一些调查研究，以便采取措施。相关花费可能非常之高，这包括昂贵的现场调研费和随后的改造工程费。经济评估应针对个案，逐案进行。

7.5.2 电子系统的附加费用

工业应用的自动化和控制系统通常是根据电磁兼容要求设计的，其包括抗扰性和发射骚扰两方面。对用于发电厂和变电站的电子设备而言，由于电磁环境复杂，必须有一套较为完整的抗扰性要求。

为了满足这些抗扰性要求，制造商采用了众多具体措施，包括专用的 I/O 接口、屏蔽和滤波等。

对设计阶段拟定的预防措施，在电子设备装配阶段即可付诸实施。例如，将适用于一般住宅和工业环境的通用型可编程逻辑控制器，用于高压变电站或发电厂，即属于此情况。

自动化系统设计，以及验收试验意味着附加费用。

如果采用大规模的电磁兼容措施，制造商可优化设计并降低附加费用。

进行电磁兼容型式实验也需要附加费用。在这方面，电子系统持续改进和新技术和方法的引进意味着要反复进行性能测试。制造商应在确定产品更新、现代化生产方略时，考虑这些附加费用。

等待电子系统安装完成以后再来解决电磁干扰问题要比设计阶段采取措施的花费要昂贵得多。因为在组装好的电子系统中再加入特别的电磁兼容措施，如滤波器、接口设备或防护单元等，并将它们完全融合到系统中是困难的。

为了强调这一概念，图 7-25 展示了在自动化系统在其产品开发和使用过程（设计阶段、原型改进、生产和工作周期）中采取电磁兼容措施的技术可能性及其相关费用的变化趋势。

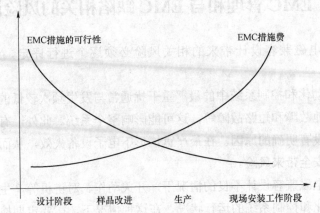

图 7-25　自动化系统设计和整个工作阶段内电磁兼容措施的可行性和成本[7.39]

7.5.3　电磁屏蔽对机柜温升和设备平均实效时间的影响

电磁干扰控制对于保证电子设备的可靠性至关重要，但这也取决于其自身电子元件（晶体管、变压器、电容器等）的可靠性。诸如晶体管和集成电路（IC）之类的有源元件的可靠性受到电气和机械因素的影响，在这方面，结温（因此环境温度）是一个重要问题。

此外，由于电子模块的尺寸减小以及使用高性能光纤和能力增强的通信协议（如 IEC 61850），在建设过程中将电子模块分布在高压主设备附近似乎是一种选择（这可能是未来的趋势），这样可以减少整个开关场的电缆和电缆沟。由于该区域电磁环境中通常会存在高频分量，这种选择需要有效的屏蔽，这就意味着外壳是没有通风孔的无缝隙密封。此外，将电子设备放置在暴露在户外自然气候条件下的机柜中，这些机柜也要求密封，并且由于直接的太阳辐射，机柜内部温度进一步上升，而导致需要额外的散热。

在有源器件（集成电路、晶体管、二极管等）中，故障率（或平均无故障时间、平均失效间隔时间）取决于其结温，进而取决于功耗、热阻和环境温度。这种温度依赖性由阿伦尼乌斯方程（Arrhenius equation）描述，温度每改变 10°将引起故障率数倍增长[7.30]。

因此，考虑到上述结果以及将配置有电子设备的机柜直接分散布置到开关场中，或者嵌入暴露在外的电气设备上，电子设备运行的热环境将是一个可能减少系统使用寿命的重要因素。此外，应在实际温度环境条件下对经受高温的电子设备进行电磁兼容测试，以评估设备抗扰度降低的可能性。

7.6 EMC 管理和与 EMC 缺陷相关的风险评估

不足的电磁兼容设计带来的相关风险必须逐个进行评定，评估步骤示例如下：

（1）自动化和控制系统中的最严重干扰通常与发生频次较低的现象有关，如雷击、接地故障和短路故障等，这可能影响整个系统。此外，有些偶然出现的干扰可能没有明确的原因。在最严重情形下电子设备失效，从而给发电厂运行的效率和安全带来风险。

（2）在电磁兼容设计不良的情况下，开关动作、对讲机等产生的高频干扰会影响自动化和控制系统的运行状况。在这种情况下，需要定期检查和校核，以确保自动化和控制系统正常运行。为此增加的费用对于遥控电站/厂来说，可能特别重要。

（3）偶然性干扰会造成电子系统的可靠性下降，影响操作人员对自动控制和远程控制的信心。因此，导致操作员排斥它们，拒不使用，以手动操作取而代之。

完备的电磁兼容问题应包括对相关技术人员进行适当的教育和培训；为达到良好的电磁兼容性，在设计阶段应制订一整套技术策略；制造产品时，要确保产品质量达到要求，在组装和安装过程中时应做相应的检验和校核。

为此，现在已有若干手册和文献涉及 EMC 的各个方面，这些手册通常各有侧重，如电子设计、实验室测试等，供按需选用。

有关电磁兼容安装导则、设计准则、测试程序等的技术参考资料均由国际上有关组织（IEC、ITU、UIE、CIRED 等）出版发布，包括技术报告、标准以及导则等。

至于培训材料、本课题的一般介绍已有很多教材，以及对某些工业运行人员特别需要了解的问题也有更详尽的教材，多由大学、相关机构或 EMC 实验室编写。

7.7　未　来　发　展

在许多情况下，变电站环境中遇到的干扰是由于引入了基于微处理器的设备引起的，这些设备更易受到变电站严酷电磁环境的干扰。因此，消除此类干扰的办法通常旨在提高设备的抗扰性，而很少尝试解决干扰源。致力于解决干扰源问题就要提到"智能场站（smart yard）"的概念[7.31]。

最初将微处理器引入变电站产品（如保护装置等）中，以提高主要设备的性能。通信设施的新技术开发和完善，改进了与 SCADA 设备的连接，减少了硬接线。为了实现在变电站不同设备间交换数据的进一步发展，开始使用"变电站自动化"术语。

7.7.1 减少骚扰源发射

"智能场站"是一个高压场，其设计和运行能使一次设备产生的电磁骚扰对二次设备被电磁干扰的威胁得到显著降低。此外，这可能意味着，由于一次设备的整体电磁发射水平降低，二次设备的电磁兼容规范要求可能会放宽。例如，先前被要求满足严酷等级三级环境要求的二次设备，现在与"智能场站"一起有效地运行的二次设备重新指定为满足严酷等级二级环境要求即可（严酷程度三级的环境比严酷程度二级的环境表现出更严重的电磁干扰）[7.31]。

7.7.1.1 阻性阻尼

控制在隔离开关一侧骚扰源的干扰是可行的，并可进一步用于实现建立"智能场站"的目标[7.32]。对隔离开关骚扰源采取的电阻阻尼并非新话题[7.33]，可用于解决设备损坏和设备误操作的问题。通过在隔离开关臂上预先接入电阻，可将母线干扰电流降低 88%以上。变电站中其他相关地方的共模干扰电流可减少约 70%。

7.7.1.2 接地网的局部加强

通过仿真和按比例建立的变电站物理模型验证，变电站控制室中的共模骚扰电流可以通过在骚扰源（隔离开关）处增加地网导体密度而降低[7.34]。

骚扰电流的降低主要是通过减小骚扰源端处接地网电感和利用邻近效应来实现的。

研究表明，遵循以下准则可使控制室中的有害（高达 10MHz）骚扰电流降低约 55%[7.34]：

（1）在骚扰源位置增加接地网的导体密度。

（2）增加导体的数量应在 10～15 个。

（3）新安装的导体应在骚扰源处与母线平行。

（4）理想的情况下，新安装导体的间距应在 0.5～1.5m。

（5）在地面上的设备和新安装导体之间应安装双接地引下线。

（6）合理利用软件模型，以验证所做的修改不会引入在较低频率下的有害谐振。

7.7.2 变电站自动化

变电站自动化是一个变电站用的术语，是指在变电站中，通过通信网络互联的分布式智能电子设备（IED）之间执行操作管理的系统。变电站自动化系统具有三层逻辑结构，这些层次结构在大多数情况下由可见的物理层实现。过程层是指变电站内以过程接口为代表的各电力系统设备。间隔层由承载相关功能的间隔保护和控制装置组成。站控层涉及变电站全部任务，通常由具有集中功能的变电站计算机、人机接口、与电网控制中心连接的网关构成。站控层和间隔层通过站控层总线连接在一起。目前，间隔层和过程层仍通过许多并行的铜芯电缆连接，但未来将通过过程总线连接[7.35]。目前为此已开发出一套 IEC 61850 系列的综合标准，规定了变电站中此类通信网络和系统要求。

在当前的变电站中，常规互感器在过程层提供标准化的模拟量信号以传输给间隔层。但基于非常规互感器（NCIT）的其他电气或光学原理的电压和电流传感器，可提供另一种形式信号。使用过程总线时，测量点上（如线路一端）互感器的所有类型信号在附近过程层的智能终端（IED）合并单元（MU）中转换并合并。依据 IEC 61850-9-2，所有信号被转换为同步采样信号流，其中输入和算法要求取决于所连互感器类型。虽然这样取消了互感器长电缆，减少了一些电磁兼容问题，但在设计过程总线中仍需要考虑电磁兼容问题。例如，电源与智能电子设备单元的连接，以及智能电子设备单元与变电站地网接地连接布置。对于变电站通信网络，强烈建议使用光纤电缆。屏蔽铜芯双绞线限制用于机柜内连接[7.37]。

参 考 文 献

[7.1] IEC 60050 International electrotechnical vocabulary-reference 195-01-08（1998）.

[7.2] IEEE STANDARD 1143-1994-IEEE guide on shielding practice for low voltage cables.

[7.3] R.Anders，I.Trulsson. Electrical installation design procedures for minimal interference in associated electronic equipment，ASEA-Industrial Electronics Division，1981.

[7.4] M.A.Van Houten. Electromagnetic compatibility in high voltage engineering，Ph.D.thesis，Eindhoven University of Technology，October 1990.

[7.5] D.Maciel. Etude et modélisation des risques électromagnétiques supportés par des câbles de transmission d'informations contenus dans des chemins métalliques installés sur des sites industriels，Thèse de doctorat n° 1093-USTL Lille，Francc，1993.

〔7.6〕 M.J.A.M.Van Helvoort. Earthing structures for the EMC protection of cabling and wiring，Ph.D.thesis. Eindhoven University of Technology，November 1995.

〔7.7〕 W.G.Duff. Fundamental of electromagnetic compatibility. Control Technologies，Inc.Gainsville，Virginia，1988.

〔7.8〕 IEEE STANDARD 80－2000－IEEE Guide for Safety in AC Substation Grounding.

〔7.9〕 L.Grcev. Transient voltages coupling to shielded cables connected to large substation earthing.

〔7.10〕 F.M.Tesche，M.Ianoz，T.Karlsson. EMC analysis methods and computational models（Wiley 1997），chapter 10.4.

〔7.11〕 CIGRE technical brochure 373—mitigation techniques of power-frequency magnetic fields originated from electric power systems by WG C4.204，February 2009.

〔7.12〕 Pretorius，P H. Passive Shielding：A Solution to magnetic field interference with computer monitors. IEEE South Africa-SAIEE Joint Energy Chapter，Workshop on EMC：DC to Visible Light，Johannesburg，South Africa，1 October 1996.

〔7.13〕 EdF/CIGRE work on CRT active magnetic field cancellation.

〔7.14〕 The Shielding of Objects. Republic of South Africa Patent Application 98－1894，5 March 1998.

〔7.15〕 Dovan，T，R，Owen，K Nuttall，B Howard. VDU interference and power frequency magnetic field design considerations for provate electrical facilities. Electra，No.181，December 1998.

〔7.16〕 H.W.Ott. Noise Reduction techniques in electronic systems. John Wiley & Sons，1976.

〔7.17〕 P.A.Chatterton，M.A.Houlden. EMC electromagnetic theory to practical design. John Wiley & Sons，1992.

〔7.18〕 IEEE STANDARD 81.2－1991－IEEE Guide to the measurement of impedance and safety characteristics of large，extended or interconnected grounding systems.

〔7.19〕 IEEE STANDARD 367－1996－IEEE Recommended practice for determining the electric power station ground potential rise and induced voltage from a power fault.

〔7.20〕 International Telecommunication Union（ITU）ITU-T Recommendations K Series-Protection against interference.

〔7.21〕 IEEE STANDARD. 487－2000－IEEE Recommended practice for the protection of wire-line communication facilities serving electric supply locations.

〔7.22〕 Electrical protection of communication facilities serving power stations-Bell Communications Research（Bellcore）－ST-NPL－000004，1986.

［7.23］ ITU Standardisation（ITU-T）Handbook—Protection against electromagnetic effects-Directives concerning the protection of telecommunication lines against the harmful effects from electric power and electrified railway lines-Volume 6Danger, damage and disturbance（2008）.

［7.24］ Working Group 23.10, Earthing of GIS.An application guide, CIGRE technical brochure 44, ELECTRA n° 151, 1994.

［7.25］ J.M.Wetzer, M.A.van Houten, P.C.T.Van Der Laan. Prevention of Breakdown due to Overvoltages across Interruption of GIS-enclosure, 6th Int.Symp.on Gaseous Dielectrics, paper 77, pp.531−537, Knoxville, September 1990.

［7.26］ G.Berger. C.Gary. Considérations sur le concept de distance d'amorçage. Symposium Foudre et Montagne（S.E.E.）Chamonix, France, 6−9, Juin 1994.

［7.27］ IEC 62305−1（2010）Protection against lightning—Part 1: General Principles.

［7.28］ S.Benda. Earthing, earthing and shielding of process control and communication circuits, ABB Review, October 1995.

［7.29］ IEC 62305−4（2010）Protection against lightning—Part 4: Electrical and electronic systems within structures.

［7.30］ D.J.Smith. Reliability, Maintainability and Risk（Butterworth Heineman）6th edition, Chapter 11.2.

［7.31］ P.H.Pretorius, A.C.Britten, J.P.Reynders. Smart yards-HV substations with reduced EMI levels: Concept, initial characterisation and feasibility. CIGRE Regional Conference, Somerset West, Oct 2002.

［7.32］ Pretorius, P H. Analysis and control of electromagnetic interference generated in high voltage substations during the repetitive breakdown of disconnector air gaps, PhD thesis. University of the Witwtatersrand, April 2000.

［7.33］ R.T.Lythall. J & P Switchgear Book. 7th Edition, Newnes-Butterworths, ISBN 0 408 00069 4, 1976.

［7.34］ P H Pretorius, A C Britten, K R Hubbard, M E Mathebula. Novel earth electrodes in substations for improved Electromagnetic Compatibility（EMC）. CIGRE Symposium on Transients in Power Systems, Zagreb, Croatia, 18−20, Apr. 2007.

［7.35］ K.P.Brand, C.Brunner, I.De Mesmaeker. How to complete a substation automation system with an IEC 61850 process bus. Electra No.255, Apr. 2011.

［7.36］ IEC 61850.1（2003）Communications networks and systems in substations—Part 1: Introduction and overview.

[7.37] CIGRE Technical Brochure 460. The use of Ethernet Technology in the power utility environment，WG D2.23 April 2011，section 11.3 Electromagnetic Compatibility（EMC）.

[7.38] J.E.Brunssen. Performance of the neutralising transformer from a volt-time area approach，IEEE Trans.on Power Apparatus and Systems，PAS－97 No.2，392，March/April 1978.

[7.39] CIGRE Technical Brochure 124. Guide on EMC in Power Plants and Substations WG 36.04.